高等职业教育土建类“教、学、做”理实一体化特色教材

市政工程计量与计价

主　编　倪宝艳　代齐齐　陈庆涛
主　审　张思梅

·北京·

内 容 提 要

本书主要内容包括：市政工程造价基础知识；市政工程造价构成；市政工程计价方法；市政工程量定额计量；市政工程量清单计量；市政工程量清单计价综合案例等。本书采用了我国最新的工程造价领域的规范和标准，对工程量清单、计量与计价方法进行了全面、系统的讲述，内容的深度和难度按照高水平大学建设要求，根据职业教育的特点，着重于工程造价实践应用中的市政工程计量与计价，培养学生编制市政工程招标工程量清单与招标控制价、投标报价的能力。

本书紧扣规范、结合实际、简明扼要，可作为高等职业技术院校市政工程技术、工程造价、工程监理等土木工程类专业的教材，也可作为造价员培训教材或工程造价技术人员的自学参考书。

图书在版编目（CIP）数据

市政工程计量与计价 / 倪宝艳，代齐齐，陈庆涛主编. -- 北京 : 中国水利水电出版社，2017.7(2023.3重印)
高等职业教育土建类“教、学、做”理实一体化特色教材
ISBN 978-7-5170-5708-6

Ⅰ. ①市… Ⅱ. ①倪… ②代… ③陈… Ⅲ. ①市政工程－工程造价－高等职业教育－教材 Ⅳ. ①TU723.3

中国版本图书馆CIP数据核字(2017)第188008号

书　名	高等职业教育土建类“教、学、做”理实一体化特色教材 **市政工程计量与计价** SHIZHENG GONGCHENG JILIANG YU JIJIA
作　者	主　编　倪宝艳　代齐齐　陈庆涛　　主　审　张思梅
出版发行	中国水利水电出版社 （北京市海淀区玉渊潭南路 1 号 D 座　100038） 网址：www. waterpub. com. cn E - mail：sales@ waterpub. com. cn 电话：(010) 68367658（营销中心）
经　售	北京科水图书销售中心（零售） 电话：(010) 88383994、63202643、68545874 全国各地新华书店和相关出版物销售网点
排　版	中国水利水电出版社微机排版中心
印　刷	北京市密东印刷有限公司
规　格	184mm×260mm　16 开本　17 印张　424 千字
版　次	2017 年 7 月第 1 版　2023 年 3 月第 4 次印刷
印　数	5001—7500 册
定　价	**54.00** 元

前言

本书是安徽省地方技能型高水平大学建设项目重点建设专业——工程造价、市政工程、工程监理专业建设与课程改革的重要成果，是“教、学、做”理实一体化特色教材。“市政工程计量与计价”是一门实践性很强的专业课，也是高等职业院校工程造价、市政工程、工程监理的核心课程之一。为增强学生的职业能力，培养高素质技能型专业人才，本书的编写着重提高学生的职业岗位技能，以适应企业对工程造价岗位职业能力的需求。因此，本书在编写过程中，按照高水平大学建设要求，力求理论联系实际，综合运用工程计价的最新理论知识，以学生实践能力培养为主题，精选内容，具有以下特点：

（1）按照“教、学、做”一体化的课程编排思路，便于基于工作过程为导向的项目教学实施，注重课程内容对学生市政工程工程量清单计量与计价实践操作能力的培养，突出了应用性。

（2）每个章节列举了大量的分部分项工程案例，突出了新颖性和可操作性。

（3）结合国家现行《建设工程工程量清单计价规范》（GB 50500—2013）、《市政工程工程量计算规范》（GB 50857—2013）、《关于印发〈建筑安装工程费用项目组成的通知〉》（建标〔2013〕44 号）、《全国统一市政工程预算定额》等规范、标准和市政工程实际，坚持课程内容的理论知识与实务训练相结合，突出了先进性和实用性。

本书由安徽水利水电职业技术学院倪宝艳、代齐齐，国网安徽省电力公司陈庆涛任主编；安徽水利水电职业技术学院樊宗义、孙梅，安徽省水利部淮河水利委员会水利科学研究院（安徽省建筑工程质量监督检测站）束兵，安徽水利水电职业技术学院王凤娇，安徽省交通控股集团有限公司马天任副主编。具体编写分工为：倪宝艳编写第 1 章；王凤娇编写第 2 章；陈庆涛编写第 3 章；樊宗义编写第 4 章；代齐齐编写第 5 章；马天编写第 6 章；束兵编写第 7 章；孙梅编写第 8 章；安徽水利水电职业技术学院王丽娟、安徽水利水电职业技术学院赵慧敏编写第 9 章；安徽水利水电职业技术学院汪晓霞、安徽水利水电职业技术学院张志编写第 10 章；倪宝艳、安徽省交通规划设计研究总院股份有限公司陶磊编写第 11 章。全书由倪宝艳统稿并校定；由安徽水利水电职业技术学院张思梅审核。

本书编写过程中引用大量规范、专业文献和资料，书中未能一一注明出处，在此对有关作者和所有支持和帮助本书编写的人员表示深深的谢意。

限于编者的水平有限，书中难免有不足之处，恳切希望广大读者批评指正。

编者

2017 年 3 月

目录

前言

第 1 章　市政工程造价基础知识 …… 1

1.1　市政工程概述 …… 1

1.2　市政工程建设与项目组成 …… 4

1.3　工程造价的概念 …… 10

1.4　造价工程师执业要求 …… 16

第 2 章　市政工程造价构成 …… 20

2.1　建筑安装工程费用构成和计算 …… 20

2.2　设备及工器具购置费用的构成和计算 …… 30

2.3　工程建设其他费用的构成和计算 …… 35

2.4　预备费和建设期利息的计算 …… 42

第 3 章　建设工程计价方法及计价依据 …… 45

3.1　工程计价方法 …… 45

3.2　工程量清单计价与计量规范 …… 51

3.3　建筑安装工程人工、材料及机械台班定额消耗量 …… 61

3.4　建筑安装工程人工、材料及机械台班单价 …… 66

3.5　工程计价定额 …… 69

第 4 章　土石方工程 …… 78

4.1　土石方工程简介 …… 78

4.2　土石方工程定额工程量计算规则 …… 82

4.3　土石方工程清单工程量计算规则 …… 86

4.4　土石方工程计算实例 …… 90

复习思考题与习题 …… 103

第 5 章　道路工程 …… 105

5.1　道路工程简介 …… 105

5.2　道路工程定额工程量计算规则 …… 106

5.3　道路工程清单工程量计算规则 …… 108

5.4　道路工程计算实例 …… 121

复习思考题与习题 …… 134

第 6 章　桥涵工程 …… 135
6.1　桥涵工程简介 …… 135
6.2　桥涵工程定额工程量计算规则 …… 136
6.3　桥涵工程清单工程量计算规则 …… 143
6.4　桥涵工程计算实例 …… 164
复习思考题与习题 …… 175
第 7 章　隧道工程 …… 176
7.1　隧道工程简介 …… 176
7.2　隧道工程定额工程量计算规则 …… 177
7.3　隧道工程清单工程量计算规则 …… 186
7.4　隧道工程计算实例 …… 200
复习思考题与习题 …… 204
第 8 章　管网工程 …… 205
8.1　管网工程简介 …… 205
8.2　管网工程定额工程量计算规则 …… 206
8.3　管网工程清单工程量计算规则 …… 218
8.4　管网工程计算实例 …… 226
复习思考题与习题 …… 233
第 9 章　水处理工程 …… 235
9.1　水处理工程简介 …… 235
9.2　水处理工程定额工程量计算规则 …… 235
9.3　水处理工程清单工程量计算规则 …… 238
复习思考题与习题 …… 244
第 10 章　生活垃圾、路灯、钢筋、拆除工程 …… 245
10.1　生活垃圾处理工程 …… 245
10.2　路灯工程 …… 246
10.3　钢筋、拆除工程 …… 252
10.4　工程计算实例 …… 254
第 11 章　措施项目 …… 257
11.1　打拔工具桩 …… 257
11.2　围堰工程 …… 259
11.3　支撑工程 …… 261
11.4　脚手架及其他工程 …… 261
11.5　护坡、挡土墙及防洪墙 …… 264
参考文献 …… 265

第 1 章　市政工程造价基础知识

1.1　市 政 工 程 概 述

1.1.1　市政工程的概念

城市公共基础设施建设工程简称市政工程。市政建设工程按照专业不同，通常主要包括道路工程、桥涵工程、隧道工程、管网工程、水处理工程、生活垃圾处理工程、路灯工程等。市政建设工程属于建筑行业范畴，是国家工程建设的一个重要组成部分，也是城市发展和建设水平的一个衡量标准。在新建、扩建的城市中，如果没有相应配套的市政基础设施，城市居民是无法生活和工作的。改革开放将近 40 年来，我国各级人民政府加强了市政建设的力度和建设步伐，并取得了辉煌成就：道路宽了，路面平了；生活供水足了，污水雨水排泄通畅了；桥梁、隧道多了；路灯亮了，出行安全了……

1.1.2　市政工程的内容

市政工程一般包括道路、桥涵、给水、排水、燃气、供热、路灯及地铁等专业。

1. 道路工程

道路是供各种车辆和行人通行的工程设施。按其作用和特点，道路可分为公路、城市道路、厂矿道路、林区道路和乡村道路等。

城市道路是指建在城市范围内，供车辆和行人通行的具备一定技术条件和设施的道路。按照城市道路在道路网中的地位、交通功能以及沿线建筑物的服务功能等，我国目前将城市道路分为快速路、主干路、次干路及支路 4 类，见表 1.1。

表 1.1　　城市道路按功能分类表

类别	主　要　功　能	布　局　要　求
快速路	为城市中大量、长距离、快速交通服务	要求对向行车道之间设中间分车带，其进、出口应采取全控制。路两侧建筑物的进、出口应加以控制
主干路	为连接城市各主要分区的干路，以交通功能为主	自行车交通量大时，宜采用机动车与非机动车分隔形式，如三幅路或四幅路。路两侧不应设置吸引大量车流人流的公共建筑物的进出口
次干路	与主干路配合组成道路网，起集散交通的作用，兼有服务功能	自行车交通量大时，宜采用机动车与非机动车分隔形式，如三幅路或四幅路
支路	为次干道与街坊的连接线，解决局部地区交通，以服务功能为主	可采用机动车与非机动车混合行驶方式，如单幅路

城市道路是市政工程建设的重要组成部分。它不仅是城市交通运输的基础，而且也为街道绿化、地上杆线、地下管网及其他附属设施提供容纳空间。此外，它还把城市的土地按不同的功能进行分区，为城市生产、通风、采光、绿化和居民居住、休憩提供环境空间，并为

城市防火、防震提供隔离、避难、抢救的防灾空间。

2. 桥涵工程

桥梁、涵洞是指跨越河流、铁路和其他道路等障碍物的人工构筑物。根据其长度和跨径，桥涵可分为特大桥、大桥、中桥、小桥和涵洞。

城市桥梁是城市道路的重要组成部分。桥梁按结构体系可分为梁式桥、拱桥、刚架桥、悬索桥和斜拉桥等；按上部结构使用的材料可分为木桥、混凝土桥、钢筋混凝土桥、预应力混凝土桥、钢桥等；按上部结构的车行道位置可分为上承式桥、中承式桥和下承式桥；按跨越障碍的性质可分为跨河桥、跨线桥（立体交叉）、高架桥、地道桥等；按用途可分为公路桥、城市道路桥、铁路桥、公路（城市道路）铁路两用桥、人行桥和管线桥等。

3. 市政给水工程

市政给水工程是城市人民生活生产的生命线，是市政基础工程中的一项重要工程，具有投资额大、施工工期长、质量要求高的特点。

4. 市政排水工程

市政排水工程是将城市的污水、降水（雨水、冰雪融化水等）用完善的管渠系统、泵站及处理厂等各种设施，有组织地加以排除和处理，保障人们的正常生产和生活的工程。市政排水工程关系到城市的生存、发展和安全，其工程特点是管线长、管径大、开挖土方量大、涉及面广、周期长、资金投放量大，应对其进行细致、周密的施工组织设计。

5. 市政燃气输配工程

市政燃气是指供给城市中生活、生产等使用的天然气、液化石油气、人工煤气（煤制气、重油制气）等气体燃料。市政燃气供应分配系统是复杂的综合设施，主要由低压、中压和高压燃气管网、燃气分配站和调压室等组成。按其功能，该系统可分为单级管网系统、两级管网系统、三级管网系统和多级管网系统。

6. 市政供热管网工程

市政供热管网工程主要承担向热用户输（配）送热媒介质，满足热用户对热量的需求。市政供热管网工程施工具有涉及面大，包含工种多，如起吊、焊接、防腐、绝热、管架制作与安装，质量要求高等特点。其管道敷设有架空敷设、地沟敷设和直埋敷设。

7. 路灯工程

路灯工程是城市道路照明工程，包括变配电设备工程、架空线路工程、电缆工程、照明器具安装工程等。

8. 地铁工程

地铁属于城市快速轨道交通的一部分，因其运量大、快速、正点、低能耗、少污染、乘坐舒适方便等优点，常被称为“绿色交通”，地铁工程由土建工程、轨道工程、通信工程和信号工程 4 部分组成。

1.1.3　市政工程的特点

1. 市政工程主要特点

（1）综合性。根据城市建设总体规划，市政工程建设是将平面及空间充分利用，将园林绿化、公共设施综合起来统一考虑，减少了投资，加快了城市建设速度，美化了城市，提高了市政设施功能。

（2）多样性。在不同的地区建造，受不同地区的影响，市政设施往往表现出差异性。例

如，有幽静的园林步道及建筑小品；有供车辆行驶的不同等级道路；有跨越河流为联系交通或架设各种管道用的桥梁；有为疏通交通、提高车速的环岛及多种形式的立交工程；有供生活生产用的上下水管道；有供热煤气、电信等综合性管沟；有污水处理厂与再生水厂、防洪堤坝等。

(3) 流动性。市政工程作业面层次多，战线长，全年在不同工地上、不同地区辗转流动，所以流动性很强。

(4) 露天作业，受自然条件影响大。市政工程施工是露天作业，受自然气候影响大。冬季需要考虑防寒措施，雨季需要制订防雨、排水计划，否则工期、质量、经济核算都将直接受到影响。

(5) 协作性强。市政工程要求地上地下工程的配合，材料、供应、水源、电源、运输和交通的配合以及与工程附近工厂、市民的配合，因此需要协作支持。

(6) 施工条件变化大，可变因素多。例如，自然条件（地形、地质、水文、气候等）、技术条件（结构类型、施工工艺、技术装备、材料性能）和社会条件（特效供应、运输能力、协作条件、环境等诸多因素）等，对施工组织计划的影响较大，有随时调整的可能。

2. 市政工程建设项目的特点

市政工程建设属建筑行业的范畴，但从设计、施工等方面与建筑工程相比较，它有以下几个方面的特点。

(1) 涉及面广。市政工程建设项目覆盖面广，受益的用户多。如建设一条给水干管或集中供热干管，沿线的用户可以是一个区域以至一个地区或半个城市（镇），当然用户是很多的。而建设一幢楼房或一个小区建筑群体只限于一个局部范围内，与市政工程项目相比较，受益者少，设计师构思的方方面面因素就少，施工期间给市民带来的诸多不便，影响面当然也小。

(2) 建设环境复杂。市政工程施工特别是老城区，地下管网、线路交错纵横，收集掌握的地下管网、线路资料有限，且其准确性难以保证，这给新建项目施工都会造成不便，如果处理失误，将会导致极大的不良后果。

(3) 不安全因素多。市政工程建设项目多数是建在地下的隐蔽工程，如地下隧道、涵洞、管沟、线缆沟等，都是挖掘很深的土方。土方工程不仅工程量大、劳动强度大，需要劳动力多，而且施工条件复杂多变，极易形成塌方，造成人员伤亡事故，如某市××路供水管道管沟施工中一名安徽籍青年农民工被塌方夺去了生命。

(4) 工期要求紧迫。市政工程一般多位于市区，管路、线路埋地沟槽开挖，道路铺设作业，桥梁、隧道、涵洞施工等均会给城市（镇）交通及市民生活带来一定程度的影响，这就要求项目施工必须以最短的工期完成，从而使其对城市生产、市民生活的影响降到最低程度。

(5) 安全文明施工要求高。市政建设施工项目一般都为公共工程，具有很大的公益性，且其施工过程直接暴露在民众的视野中，为市民所密切关注，从而对项目的安全文明施工要求很高。

1.1.4 市政工程的作用

(1) 市政工程是国家的基本建设，是组成城市的重要部分，又是城市基础设施和供城市生产和人民生活的公用工程。

(2) 市政工程解决了城市交通运输、给排水问题，促进工农业生产，改善了城市环境卫生，提高了城市文明程度。

(3) 市政工程使得城市林荫大道成网、给排水管网成为系统，绿地成片，水源丰富，光源充足，堤防巩固，供气、供热，起到了为工农业生产服务、为人民生活服务、为交通运输服务、为城市文明建设服务的作用。

1.2　市政工程建设与项目组成

1.2.1　市政工程的建设程序

市政工程建设程序是指一个拟建项目从设想、论证、评估、决策、设计、施工到竣工验收、交付使用整个过程中各项工作进行的先后顺序。这个先后顺序是对市政工程建设工作的科学总结，是市政工程建设过程所固有的客观规律的集中表现，是市政工程建设项目科学决策和顺利建设的重要保证。其内容如下。

1. 项目建议书

项目建议书是对拟建市政工程项目的设想。项目建议书的主要作用在于市政建设部门根据国民经济和社会发展的长久规划，市、区、县城发展规划，结合工业、农业等生产资源条件和现有给水、排水、供热等的供给能力和布局状况，城市公共交通运输能力和布局状况，在广泛调查、预测分析、收集资料、勘察地址、基本弄清项目建设的技术、经济条件后，通过项目建议书的形式，向国家推荐项目。它是确定建设项目和建设方案的重要文件，也是编制设计文件的依据。项目建议书通常包括以下内容。

(1) 提出建设项目的目的、意义和依据。

(2) 建设规模、主要工程内容、工程用地、居民拆迁安置的初步设想。

(3) 城市性质、历史特点、行政区划、人口规模及社会经济发展水平。

(4) 建设所需资金的估算数额和筹措设想。

(5) 项目建设工期的初步安排。

(6) 要求达到的技术水平和预计取得的经济效益和社会效益。

2. 可行性研究

顾名思义，可行性研究就是对工程项目的投资兴建在技术上是否先进，经济上是否合理，效益上是否合算的一种科学论证方法。可行性研究是建设项目前期工作的一项重要工作，是工程项目建设决策的重要依据，必须运用科学研究的成果，对拟建项目的经济效果、社会效益进行综合分析、论证和评价。国家规定："所有新建、扩建大中型项目，不论用什么资金安排的，都必须先由主管部门对项目的产品方案和资源地质情况，以及原料、材料、煤、电、水、运输等协作配套条件，经过反复周密的论证和比较后，提出可行性研究报告"。可行性研究报告的内容随项目性质和行业不同而有所差别，不同行业各有侧重，但基本内容是相同的。市政工程建设可行性研究的内容等分述如下。

(1) 可行性研究的依据。市政工程可行性研究以批准的项目建议书和委托书为依据，其主要任务是在充分调查研究、评价预测和必要的勘察工作基础上，对项目建设的必要性、经济合理性、技术可行性、实施可能性，进行综合性的研究和论证，与不同建设方案进行比较，提出推荐建设方案。

市政工程可行性研究的工作成果是提出可行性研究报告，批准后的可行性研究报告是编制设计任务书和进行初步设计的依据。

(2) 可行性研究的内容。市政工程建设的专业工种较多，各专业工种可行性研究的内容各不相同，以城市道路工程可行性研究报告来说，通常要求的内容如下。

1) 工程项目的背景、建设的必要性以及项目研究过程。

2) 现状评价及建设条件。

3) 道路规划及交通量预测。

4) 采用的规范和标准。

5) 工程建设必要性论证。

6) 工程方案内容（进行多方案比选）。

7) 环境评价。

8) 新技术应用及科研项目建议。

9) 工程建设阶段划分和进度计划安排设想。

10) 征地拆迁及主要工程数量。

11) 资金筹措。

12) 投资估算及经济评价。

13) 评论和存在问题。

(3) 可行性研究的作用。

市政工程建设项目可行性研究报告的作用主要有以下几个方面。

1) 项目投资决策的依据。

2) 向银行申请贷款的依据。

3) 与有关单位商谈合同、协议的依据。

4) 建设项目初步设计的基础。

5) 安排建设计划和开展各项建设前期工作的参考。

3. 工程设计

工程设计就是给拟建工程项目从经济和技术上做一个详细的规划。工程设计是指运用工程设计理论及技术经济方法，按照国家现行设计规范、技术标准以及工程建设的方针政策，对新建、扩建、改建项目的生产工艺、设备选型、房屋建筑、公用工程、环境保护、生产运行等方面所做的统筹安排及技术经济分析，并提供作为建设项目实施过程中直接依据的设计图纸和设计文件的技术活动。

工程设计是把先进科学技术成果运用于国民经济建设的重要途径。工程设计在工程建设工作中处于主导地位，是工程建设工作中的一个重要阶段。设计的质量、深度、技术水平，对未来的工程质量、建设周期、投资效果和经济效益有着决定性的作用，因此，可行性研究报告经批准后，根据建设项目规模的大小，项目的主管部门或业主可委托具有相应设计资质的设计单位按照可行性研究报告规定的内容承担设计任务，编制设计文件。凡是有条件的大中型项目都应采用公开招标方式选择设计单位，以利于进行公平竞争。

工程设计应根据批准的可行性研究报告书进行。大中型建设项目一般采用两阶段设计，即初步设计和施工图设计。对于技术上复杂而又缺乏经验的项目，经主管部门同意，可按三阶段进行设计，即初步设计和施工图设计之间增加技术设计阶段。

(1) 初步设计。初步设计是从技术上和经济上，对建设项目进行综合的全面规划和设计，论证技术上的先进性、可能性和经济上的合理性。初步设计具有一定程度的规划性质，是拟建工程项目的“纲要”设计。建设项目不同，初步设计的内容也就不完全相同，以市政工程建设方面的城市道路工程初步设计来说，其内容主要包括：①设计说明书——道路地理位置图（显示出道路在地区交通网络中的关系及沿线主要建筑物的概略位置）、现状评价及沿线自然地理状况、工程状况、工程设计图；②工程概算；③主要材料及设备表；④主要技术经济指标；⑤设计图纸（包括平面总体设计图、平面设计图、纵断面图、典型横断面设计图等）。

经过批准的初步设计和总概算，是进行施工图设计或技术设计确定建设项目总投资，编制工程建设计划，签订工程总承包合同和工程贷款合同，控制工程价款，进行主要设备订货和施工准备等工作的依据。

经上级主管部门审查批准的初步设计及总概算，一般不得随意修改。凡涉及总平面布置（包括路面和路基宽度、路面结构种类及强度、交通流量情况、车速、排水方式等）、主要设备、建筑面积、技术标准及设计技术指标和总概算等方面的修改，必须经过原设计审批机关批准。

(2) 技术设计。技术设计是对某些技术上复杂而又缺乏设计经验的项目，继初步设计之后进行的一个设计阶段。需要增加技术设计的工程项目，应经主管部门指定方可进行。技术设计是初步设计的深化，它使建设项目的设计工作更具体、更完善，其主要任务是解决类似以下几个方面的问题。

1) 特殊工艺流程、新型设备、材料等的试验、研究及确定。

2) 大型、特殊建（构）筑物中某些关键部位或构件的试验、研究和确定。

3) 某些新技术的采用中需慎重对待的问题的研究和确定。

4) 某些复杂工艺技术方案的逐项落实，关键工艺设备的规格、型号、数量等的进一步落实。

5) 对有关的建筑工程、公用工程和配套工程的项目、内容、规格的进一步研究和确定。

技术设计的具体内容，国家没有统一规定，应根据工程项目的特点和具体需要情况而定，但其设计深度应满足下一步施工图设计的要求，技术设计阶段必须编制修正总概算。

(3) 施工图设计。施工图设计是根据已批准的初步设计或技术设计进行的，也是初步设计或技术设计进一步的具体化。施工图设计是建设项目进行建筑安装施工的依据，设计深度必须满足以下要求。

1) 施工图必须绘制正确、完整，以便据以进行工程施工和安装。

2) 据以安排设备、材料的订货和采购以及非标准设备的制造。

3) 满足工程量清单编制和施工图预算编制。

4. 招标投标

工程建设招标与投标是改革工程建设管理制度以来大力推行的一种承建建设工程的交易方式，在建筑业已基本形成制度。实行工程招标的目的，是为列入计划的建设项目选择一个社会信誉度高、技术装备先进、组织管理水平高的承包单位，使拟建项目能按期优质完成。有关工程招标的特点及优越性等问题见《中华人民共和国招标投标法》及国家计委2000年5月1日发布的《工程建设项目招标范围和规模标准规定》。但市政工程建设项目的勘察、

设计、施工、监理以及与工程建设有关的重要设备、材料等的采购，达到下列标准之一的，必须进行招标。

(1) 施工单项合同估算价在200万元人民币以上的。

(2) 重要设备、材料等货物的采购，单项合同估算价在100万元人民币以上的。

(3) 勘察、设计、监理等服务的采购，单项合同估算价在50万元人民币以上的。

(4) 项目总投资额在3000万元人民币以上，但分标单项合同估算价低于上述(1)～(3)项规定标准的项目原则上也必须招标。

5. 工程施工

工程施工是市政工程建设项目的实施阶段，在做好施工前期工作和施工准备工作后，工程就可全面开工，进入施工和安装阶段。工程施工前期工作虽然千头万绪，但归结起来主要有编制施工组织设计和开工报告两个方面的内容。施工组织设计是施工准备、指导现场施工而编制的技术经济性文件。

施工组织设计可分为施工组织总设计和单位工程施工组织设计两类。单位工程的施工组织设计，要受施工组织总设计的约束和限制。

施工组织设计应根据工程的规模、种类、特点、施工复杂程度等编制，其在内容和深度上差异很大，但一般来说，施工组织设计应主要包括以下内容。

(1) 工程概况、特点和主要工程量。

(2) 工程施工进度、施工方法和施工力量。

(3) 施工组织技术措施，包括：①工程质量措施；②安全技术措施；③环境污染保护措施等。

(4) 施工现场总平面图布置，包括：①设备、材料的运输路线和堆放位置的设计；②场内临时建筑物位置的设计；③合理安排施工顺序，如厂房的施工应先进行土建后进行安装。

(5) 人力、物力的计划与组织。

(6) 调整机构和部署任务。

(7) 对有特殊工艺要求的工人进行技术培训的方案。

6. 验收投产(使用)

任何一个市政工程建设工程项目，建成后都必须办理交工验收手续。工程验收后，还要经过试运转和试生产(使用)阶段，待生产(使用)正常后，经考核全面达到设计要求，由地方和主管部门组织多方协调验收，办理交工验收手续。

(1) 市政建设工程竣工验收和交付需具备的条件如下。

1) 工程质量情况。工程质量应符合国家现行有关法律、行政法规、技术标准、设计合同规定的要求，并经质量监督机构定位合格者或优良者。

2) 任务完成情况。施工企业应完成工程设计和合同中规定的各项工作内容，达到国家规定的竣工条件。

3) 设备、材料使用情况。工程所用的设备和主要材料、构件应具有产品质量出厂检验合格证明和技术标准规定必要的进场试验报告。

4) 完整的设计及施工技术资料档案。

(2) 组织验收。

1) 大中型和限额以上的项目。大中型和限额以上的建设项目和技术改造项目，由国家发展改革委员会或其委托的项目主管部门、地方政府部门组织验收。

2）小型和限额以下的项目。小型和限额以下的工程建设与技术改造项目，由主管部门或地方政府部门组织验收。

3）参加单位。主管单位、建设单位、施工单位、勘察设计单位、施工监理单位及有关单位等参加验收工作。

1.2.2　市政工程建设项目组成

市政工程建设与工业工程建设一样，按照国家主管部门的统一规定，将一项建设工程划分为建设项目、单项工程、单位工程、分部工程、分项工程5个等级，这个规定适用于任何部门的基本建设工程。

1. 建设项目

建设项目通常是指市政工程建设中按照一个总体设计来进行施工，经济上实行独立核算，行政上具有独立组织形式的建设工程，如北京市的“七环路”工程就是一个建设项目、安徽省合肥市地下铁路二号线也是一个建设项目。从行政和技术管理角度来说，它是编制和执行工程建设计划的单位，所以建设项目也称为建设单位。但是严格地讲，建设项目和建设单位并非完全一致，建设项目的含义是指总体建设工程的物质内容，而建设单位的含义是指该总体建设工程的组织者代表。

一个建设项目可能是一个独立工程，也可能包括较多的工程，一般以一个企事业单位或独立的工程作为一个建设项目。例如，在工业建设中，一座工厂为一个建设项目；在民用建设中，一所学校为一个建设项目；在市政建设中，一条城市道路、一条给水或排水管网、一座立交桥、一座涵洞等均为一个建设项目。

2. 单项工程

单项工程又称为工程项目。单项工程是建设项目的组成部分，一般是指在一个建设项目中，具有独立设计文件，竣工后能够独立发挥生产能力或使用效益的工程。工业建设项目的单项工程，一般是指各个主要生产车间、辅助生产车间、行政办公楼、职工食堂、宿舍楼、住宅楼等；非工业建设项目中的商业大厦、影剧院、教学楼、门诊楼、展销楼等；市政建设中的防洪渠、隧道、地铁售票处等。单项工程是具有独立存在意义的一个完整工程，也是一个极为复杂的综合组成体，一般都是由多个单位工程构成。

3. 单位工程

单位工程一般是指具有独立设计文件，可以单独组织施工，但建成后不能独立进行生产或发挥效益的工程。单位工程是单项工程的组成部分。为了便于组织施工，通常根据工程具体情况和独立施工的可能性，可以把一个单项工程划分为若干个单位工程，这样的划分便于按设计专业计算各单位工程的造价。

民用建设项目的单位工程容易划分，如一幢综合办公楼，通常可以划分为一般土建工程、室内给排水工程、暖通空调工程、电气工程和信息网络工程等；工业项目的单位工程也比较容易划分，以一个化工企业的主要生产车间来说，通常可以划分为一般土建工程、工艺设备安装工程、工艺管道安装工程、电动设备安装工程、电气照明工程、防雷接地工程、自动化仪表设备安装工程、给排水工程（含消防）等多个单位工程；但市政项目由于内在关系联系紧密，且有时出现交叉，所以单位工程的划分较为困难。以一条城市道路工程来说，通常可以划分为土石方工程、道路工程、给排水工程、隧道（涵洞）工程、桥梁工程、路灯工

程、树木和草被绿化工程等多个单位工程。但市政工程的单位工程与工业或民用项目的单位工程比较，有其突出的特点，即有的单位工程既是单位工程又是单项工程，还可以是一个建设项目，如道路工程、桥梁工程、隧道（涵洞）工程等。

4. 分部工程

单位工程仍然是由许多结构构件、部件或更小的部分组成的综合体。在单位工程中，按部位、材料和工种或设备种类、型号、材质等进一步分解出来的工程，称为分部工程，如城市道路工程可以分解为路床（槽）整形、道路基层、道路面层、人行道侧平石及其他等分部工程；路灯工程可以分解为变配电设备工程，架空线路工程、电缆工程、配管配线工程、照明器具安装工程、防雷接地工程等多个分部工程。分部工程是由许多分项工程构成的，应做进一步分解。

5. 分项工程

从对市政建设工程估价角度来说，分部工程仍然很大，不能满足估价的需要，因为在每一分部工程中，影响工料消耗多少的因素仍然很多。例如，同样是“石灰、粉煤灰、土基层”，由于拌和方法不同——人工拌和、拌和机拌和、厂拌人铺；石灰、粉煤灰、土配合比不同——12∶35∶53、8∶80∶12；铺设厚度不同——15cm、20cm等，则每一计量单位“石灰、粉煤灰、土基层”工程所消耗的人工、材料、机械等数量有较大的差异。因此，还必须把分部工程按照不同的施工方法、不同的构造、不同的材料及不同的规格等，加以更细致的分解，分解为通过简单的施工过程就能生产出来，并且可以用适当的计量单位计算工料消耗的基本构造要素，如简易路面（磨耗层）、沥青贯入式路面、黑色碎石路面等，都属于分项工程。

分项工程是分部工程的组成部分，它只是为了便于计算市政建设项目工程而分解出来的假定“产品”。在不同的市政建设项目中，完成相同计量单位的分项工程，所需要的人工、材料和施工机械台班等的消耗量，基本上是相同的。因此，分项工程单位是最基本的计量单位。

综上所述，通过对一个市政建设项目由大到小的逐步分解，找出最容易计算工程造价的计量单位，然后分别计算其工程量及价值［$\sum$(工程量×单价)］。按照一定的计价程序计算出来的价值总和，就是市政建筑安装工程的直接工程费。接着再按照国家或地区规定的各项应取费用标准，以直接工程费（或其中的人工费、或人工费＋机械费）为基础，计算出直接费（直接工程费＋措施费）、间接费（规费＋企业管理费）、利润和税金等。直接费、间接费、利润、税金的四项费用之和，就是市政建设工程项目的建筑安装单位工程造价。各个单位建筑安装工程造价（$\sum$单位工程造价）之和，就是一个“工程项目”的造价，各个工程项目造价（$\sum$单项工程造价）之和，再加上国家规定的其他有关费用，就可以得到欲知的市政建设项目总造价。因此，市政建设项目工程造价确定的方法是将一个庞大、复杂的建设项目，由大→小→大，先层层分解、逐项计算，再逐个汇总而求得。

1.2.3 市政工程项目的界限划分

1. 道路、桥梁工程

城市区域内的道路、桥梁、涵洞均属市政工程。由其他有关部门或厂矿企业自行设计、自行投资建设的专用道路、桥梁、涵洞、高速公路不属于市政工程。

2. 给水、排水管道敷设工程

由市政工程设计单位设计、建设的室内外公共给水、排水管道工程设施及其构筑物等属于市政工程。由市政总管或干管接至小区、庭院及厂（矿）区的支线划分是给水工程原则上以水表井为分界线，无水表井者，以与市政管道碰头点为界；排水工程也以与市政管道碰头点为分界线。

3. 燃（煤）气、热力管道敷设工程

从城市燃（煤）气干管至小区、庭院及厂（矿）区的支线以与市政管道的设计红线或碰头点为分界线。

热力管道从热力厂（站）外第一块流量孔板（或管件、焊口）起，至热力用户建筑墙外1.5m止，或户外第一个闸门止为分界线，分界线以外为城市热力工程。

4. 防洪工程

城市内防洪、防汛筑堤及附属设施工程，河、湖围堰及疏浚均属市政工程，但各种公园、旅游点内人造河湖的围堰疏浚等属于园林工程。

1.3　工程造价的概念

1.3.1　市政工程造价的概念

市政建设工程造价就是市政建设工程的建造价格，它具有两层含义。

（1）第一层含义。市政工程造价是指建设一项工程预期开支或实际开支的全部固定资产投资费用，也就是一项市政工程通过策划、决策、立项、设计、施工等一系列生产经营活动所形成相应的固定资产、无形资产所需用的一次性费用的总和。这一含义是从投资者、业主的角度来定义的。投资者选定一个市政投资项目，为了获得预期效益，就要通过项目评估进行决策，然后进行设计招标、施工招标，直至工程竣工验收等一系列投资管理活动。在这一投资管理活动中所支付的全部费用形成了固定资产和无形资产。所有这些开支就构成了市政工程造价，简称“工程造价”。显然，从这个意义上来说，市政工程造价就是市政工程投资费用。非生产性建设项目的工程总造价就是建设项目固定资产投资的总和；而生产性的建设项目的工程总造价是固定资金投资与铺底流动资金投资的总和。

（2）第二层含义。市政工程造价是指为建成一项市政工程，预计或实际在土地市场、设备市场、技术劳务市场以及工程承包市场等交易活动中所形成的市政建筑安装工程的价格和市政建设项目的总价格。显然，这一含义是以社会主义市场经济为前提的，其以市政工程这种特定的商品形式作为交易对象，通过招标、承发包和其他交易方式，在进行多次预估的基础上，最终由市场形成的价格。通常把市政工程造价的第二层含义认定为市政工程承发包价格，它是在建筑市场通过招标投标，由需求主体和供给主体共同认定的价格。应该肯定，在我国建筑领域大力推行招投标承建机制条件下，这种价格是工程造价中一种重要的、最典型的价格形式。因此，市政工程承发包价格被界定为市政工程造价的第二层含义，具有重要的现实意义。也可以说这一含义是在市场经济条件下，从承包商、供应商、土地市场、设计市场供给等主体来定义的，或者说是从市场交易角度定义的。

市政建设工程造价的两层含义是从不同角度把握同一事物的本质。从市政建设工程的投资者角度来说，面对市场经济条件下的市政工程造价就是项目投资，是“购买”项目要付出

的价格，同时也是投资者在作为市场供给主体出售项目时定价的基础。对承包商来说，市政工程造价是他们作为市场供给主体出售商品和劳务价格的总和，或是指特定范围的工程造价，如建筑安装工程造价、园林工程造价、绿化工程造价等。市政工程造价的两层含义是对客观存在的概括。它们既是一个统一体，又是相互区别的，最主要的区别在于需求主体和供给主体在市场上追求的经济利益不同，因而管理的性质和管理的目标不同，从管理性质来看，前者属于投资管理范畴，后者属于价格管理范畴，但两者又相互联系、相互交叉。

1.3.2 市政工程造价分类

市政建设工程造价按照建设项目实施阶段不同，通常分为估算造价、概算造价、预算造价和竣工结算、决算造价等。

1. 估算造价

对拟建市政工程所需要的费用数额在前期工作阶段（编制项目建议书和可行性研究报告）过程中按照投资估算指标进行一系列计算后所形成的金额数量，称为估算造价。投资估算书是项目建议书和可行性研究报告书内容的重要组成部分。市政建设项目估算造价是判断拟建项目可行性和进行项目决策的重要依据之一。

2. 概算造价

在建设项目的初步设计或扩大初步设计阶段，由设计总承包单位根据设计图纸、设备材料一览表、概算定额（或概算指标）、设备材料价格、取费标准及有关造价管理文件等资料，编制出反映建设项目所需费用的文件，称为概算。因为初步设计概算通常都是由设计总承包单位负责编制的，所以又称为设计概算造价。设计概算造价经主管部门批准后，即为控制拟建项目工程造价的最高限额。

初步设计概算书是建设项目初步设计文件的重要组成内容之一，建设单位（业主）在报批设计文件时必须报批初步设计概算。初步设计概算，按照它所反映费用内容范围的不同，通常划分为单位工程概算、单项工程概算和建设项目总概算三级。单位工程概算是确定单项工程中各单位工程造价的文件，是编制单项工程综合概算的依据。市政建设项目单位工程概算分为建筑工程概算和安装工程概算两类。

经批准的初步设计概算造价，是编制市政建设项目年度建设计划、考核项目设计方案合理性和工程招标及签订总承包合同的依据，也是控制施工图预算造价的依据。

3. 预算造价

在施工图设计阶段依据施工图设计的内容和要求并结合市政工程预算定额的规定，计算出每一单位工程的全部实物工程数量（以下简称“工程量”），选套市政工程定额地区单价，并按照市政部门或工程所在地工程建设主管部门发布的有关工程造价管理文件规定，详细地计算出相应建设项目的预算价格，也称为预算造价。由于市政工程预算造价是依据施工设计图纸和预算定额对建设项目所需费用的预先测算，因此又称为施工图预算造价。经审查的预算造价，是编制工程项目年度建设计划、签订施工合同、实行市政工程造价包干和支付工程价款的依据。实行招标承建的工程，施工图预算造价是制定招标控制价的重要基础。

市政工程施工图预算造价与初步设计概算造价的区别主要是：①包括内容不同，初步设计概算一般来说包括建设项目从筹建到竣工验收过程中发生的全部费用，而施工图预算一般来说只编制单位工程预算和单项工程综合预算，因此，施工图预算造价不包括市政工程建设的其他有关费用，如勘察设计费、建设单位管理费、总预备费等；②编制依据不同，初步设计概算采用概算定额或概算指标或已完类似工程预（结）算资料编制，而施工图预算采用预算定额编制；③精确程度不同，初步设计概算精确程度低（按规定误差率为±10%～±15%），而施工图预算精确程度高（误差率要求为5%～10%）；④作用不同，初步设计概算造价起宏观控制作用，而施工图预算造价起微观控制作用，但两者的构成实质却是相同的，即它们都是由商品价值构成的（商品价值＝不变资本＋可变资本＋剩余价值）。

4. 竣工结算造价

市政工程竣工结算造价简称为"结算价"。当一个单项工程施工完毕并经工程质量监督部门验收合格后，由施工单位将该单项工程在施工建造活动中与原设计图纸规定内容产生的一些变化，以设计变更通知单、材料代用单、现场签证单、竣工验收单、预算定额及材料预算价格等资料为依据，编制出反映该工程实际造价经济文件所确定的价格，就称为竣工结算造价。结算价经建设单位（业主）认签后，是建设单位（业主）拨付工程价款和甲、乙双方终止承包合同关系的依据，同时，单项工程结算文件又是编制建设项目竣工决算的依据。

5. 竣工决算造价

市政工程竣工决算造价简称"决算价"。一个建设项目在全部工程或某一期工程完工后，由建设单位根据该建设项目的各个单项工程结算造价文件及有关费用支出等资料为依据，编制出反映该建设项目从立项到交付使用全过程各项资金使用情况的总结性文件所确定的总价值，称为决算造价。决算价是工程竣工报告的组成内容。经竣工验收委员会或竣工验收小组核准的竣工决算造价，是办理工程竣工交付使用验收的依据；是建立新增固定资产账目的依据；是国家行政主管部门考核建设成果和国民经济新增生产（使用）能力的依据。

根据有关文件规定，建设项目的竣工决算是以它的所有工程项目的竣工结算以及其他有关费用支出为基础进行编制的。建设项目或工程项目竣工决算和工程项目或单位工程的竣工结算的区别主要表现在以下几个方面。

（1）编制单位不同。竣工结算由施工单位编制，而竣工决算由建设单位编制。

（2）编制范围不同。竣工结算一般主要是以单位工程或单项工程为单位进行编制，单位工程或单项工程竣工并经初验后即可着手编制，而竣工决算是以一个建设项目（如一座化工厂、一所学校等）为单位进行编制的，只有在整个建设项目所有的工程项目全部竣工后才能进行编制。

（3）编制费用内容不同。竣工结算费用仅包括发生在单位工程或单项工程以内的各项费用，而竣工决算费用包括该项目从开始筹建到全部竣工验收过程中所发生的一切费用，即有形资产费用和无形资产费用两大部分。

（4）编制作用不同。竣工结算是建设单位（业主）与施工单位结算工程价款的依据，是核定施工企业生产成果、考核工程成本的依据，是施工企业确定经营活动最终收益的依据，也是建设单位检查计划完成情况和编制竣工决算的依据。而竣工决算是建设单位考核工程建设投资效果、正确确定有形资产价值和正确计算投资回收期的依据，同时，也是建设项目竣工验收委员会或验收小组对建设项目进行全面验收、办理固定资产交付使用的依据。

1.3.3　市政工程造价作用

1. 项目决策的依据

建设项目投资大、生产和使用周期长等特点决定了项目决策的重要性。工程造价决定着项目的一次性投资费用。投资者是否有足够的财务能力支付这笔费用，是否认为值得支付这

项费用，是项目决策中要考虑的主要问题。财务能力是一个独立的投资主体必须首先解决的问题。如果建设工程的价格超过投资者的支付能力，就会迫使他放弃拟建的项目，如果项目投资的效果达不到预期目标，他也会自动放弃拟建的工程。因此，在项目决策阶段，工程造价就成为项目财务分析和经济评价的重要依据。

2. 制订投资计划和控制投资的依据

工程造价在控制投资方面的作用非常明显。工程造价是通过多次预估，最终通过竣工决算确定下来的。每一次预估的过程就是对造价的控制过程，而每一次估算都不能超过前一次估算的一定幅度。这种控制是在投资者财务能力的限度内为取得既定的投资效益所必需的。建设工程造价对投资的控制也表现在利用制订各类定额、标准和参数，对建设工程造价的计算依据进行控制。在市场经济利益风险机制的作用下，造价对投资控制作用成为投资的内部约束机制。

3. 筹集建设资金的依据

投资体制的改革和市场经济的建立，要求项目的投资者必须有很强的筹资能力，以保证工程建设有充足的资金供应。工程造价基本决定了建设资金的需要量，从而为筹集资金提供了比较准确的依据。当建设资金来源于金融机构的贷款时，金融机构在对项目的偿贷能力进行评估的基础上，也需要依据工程造价来确定给予投资者的贷款数额。

4. 评价投资者效果的重要指标

工程造价是一个包含着多层次工程造价的体系，就一个工程项目来说，它既是建设项目的总造价，又包含单项工程的造价，同时，也包含单位生产能力的造价，或单位建筑面积的造价等。所有这些，使工程造价自身形成了一个指标体系。它能够为评价投资效果提供多种评价指标，并能够形成新的价格信息，为今后类似项目的投资提供参考。

5. 合理分配利益和调节产业结构的手段

工程造价的高低，涉及国民经济各部门和企业间的利益分配。在计划经济体制下，政府为了用有限的财政资金建成更多的工程项目，总是趋向于压低建设工程造价，使建设中的劳动消耗得不到完全补偿，价值不能得到完全实现。而未被实现的部分价值则被重新分配到各个投资部门，为项目投资者人所占有。这种利益的再分配有利于各产业部门按照政府的投资导向加速发展，也有利于按宏观经济的要求调整产业结构。但是也会严重损害建筑企业等的利益，从而使建筑业的发展长期处于落后状态，与整个国民经济的发展不相适宜。在市场经济中，工程造价也无一例外地受供求状况影响，并在围绕价值的波动中实现对建设规模、产业结构和利益分配的调节。加上政府正确的宏观调控和价格政策导向，工程造价在这方面的作用会充分发挥出来。

1.3.4 市政工程造价的特点

1. 大额性

能够发挥投资效用的任一项市政工程，不仅实物体形庞大，而且造价高昂。动辄数百万、数千万、数亿、数十亿，特大型工程项目的造价可达百亿、千亿元人民币。市政工程造价的大额性使其关系到有关各方面的重大经济利益，同时，也会对宏观经济产生重大影响，这就决定了工程造价的特殊地位，也说明了造价管理的重要意义。

2. 个别性、差异性

任何一项市政工程都有它特定的用途、功能、规模。因此，对每一项市政工程的结构、造型、空间分割、设备配置和装饰装修都有具体的要求，因而使工程内容和实物形态都具有个别性、差别性。工程的差异性决定了工程造价的个别性。同时，每项工程所处地区、地段和地理环境的不相同，使得工程造价的个别性更加突出。

3. 动态性

任何一项市政工程从决策到竣工交付使用，都有一个较长的建设期，而且由于不可控因素的影响，在预计工期内，许多影响工程造价的动态因素，如工程变更、设备材料价格、工资标准以及费率、利率、汇率会发生变化。这种变化必然会影响到造价的变动。所以，市政工程造价在整个建设期中处于不确定状态，直至竣工决算后才能最终确定工程的实际造价。

4. 层次性

市政工程造价的层次性取决于市政工程的层次性。一个市政建设项目往往含有多个能够独立发挥设计效能的单项工程（隧道、过人天桥、立交桥等）。一个单项工程又是由能够各自发挥专业效能的多个单位工程（土建工程、管道安装工程等）组成。与此相适应，市政工程造价有 3 个层次，即建设项目总造价、单项工程造价和单位工程造价。如果专业分工更细，单位工程（如土建工程）的组成部分——分部、分项工程也可以成为交换对象，如大型土方工程、基础工程、路灯工程等，这样，工程造价的层次就增加分部工程和分项工程而成为 5 个层次。

5. 兼容性

市政工程造价的兼容性首先表现在它具有两层含义，其次表现在工程造价构成因素的广泛性和复杂性。在工程造价中，成本因素非常复杂，其中为获得建设工程用地支出的费用、项目可行性研究和规划设计费用、与政府一定时期政策（特别是产业政策和税收政策）相关的费用占有相当的份额，再次盈利的构成也较为复杂，资金成本较大。

1.3.5 工程造价的职能

工程造价的职能除一般商品价格职能外，还有自己特殊的职能。

1. 预测职能

工程造价的大额性和多变性，无论是投资者还是承办商都要对拟建工程进行预先测算，投资者预先测算的工程造价不仅作为项目决策依据，同时也是筹集资金、控制造价的依据。承包商对工程造价的测算，既为投标决策提供依据，也为投标报价和成本管理提供依据。

2. 控制职能

工程造价的控制职能表现在两个方面：一方面，是它对投资的控制，即在投资的各个阶段，根据对造价的多次性预估，对造价进行全过程、多层次的控制；另一方面，是对以承包商为代表的商品和劳务供应企业的成本控制。在价格一定的条件下，企业实际成本开支决定企业的盈利水平。成本越高，盈利越低。成本高于价格，就会危及企业的生存。所以，企业要以工程造价来控制成本，利用工程造价提供的信息资料作为控制成本的依据。

3. 评价职能

工程造价是评价总投资和分项投资合理性和投资效益的主要依据之一。评价土地价格、工程产品和设备价格的合理性时，就必须利用工程造价资料；在评价建设项目偿贷能力、获利能力和宏观效益时，也要依据工程造价。工程造价也是评价工程建设施工企业管理水平和经营成果的重要依据。

4. 调节职能

工程建设直接关系到经济增长，也直接关系到国家重要资源分配和资金流向，对国计民生都产生重大影响。所以，国家对建设规模、结构进行宏观调节是在任何条件下都不可缺少的，对政府投资项目进行直接调控和管理也是非常必要的。这些都要通过工程造价来对工程建设中的物资消耗水平、建设规模、投资方向等进行调节。

1.3.6 市政工程造价计价特征

了解市政工程造价的特征，对市政工程造价的确定与控制是非常必要的。市政工程造价主要具有以下计价特征。

1. 单件性

市政工程项目生产过程的单件性及其产品的固定性，导致了其不能像一般商品那样统一定价。每一项工程都有其专门的功能和用途。都是按不同的使用要求、不同的建设规模、标准、造型等，单独设计、单独生产的。即使用途相同，按同一标准设计和生产的产品，也会因其具体建设地点的水文地质及气候等条件不同，引起结构及其他方面的变化，这就造成工程项目在建造过程中，所消耗的活劳动和物化劳动差别很大，其价值也必然不同。首先为衡量其投资效果，就需要对每项工程产品进行单独定价；其次每一项工程，其建造地点在空间上是固定不动的，这势必导致施工生产的流动性，施工企业必须在一个个不同的建设地点组织施工，各地不同的自然条件和技术经济条件，使构成工程产品价格的各种要素变化很大，如地区材料价格、工人工资标准、运输条件等。另外，工程项目建设周期长、程序复杂、环节多、涉及面广，在项目建设周期的不同阶段构成产品价格的各种要素差异大，最终导致工程造价的千差万别。总之，工程项目在实物形态上的差别和构成产品价格要素的变化，使得工程产品不同于一般产品，不能统一定价，只能就各个项目，通过特殊的程序和方法单件计价。

2. 多次性

市政建设工程周期长、规模大、造价高，因此按建设程序要分阶段进行，相应地，也要在不同阶段多次性计价，以保证工程造价确定与控制的科学性。多次性计价是个逐步深化、逐步细化和逐步接近实际造价的过程。其过程如图 1.1 所示。

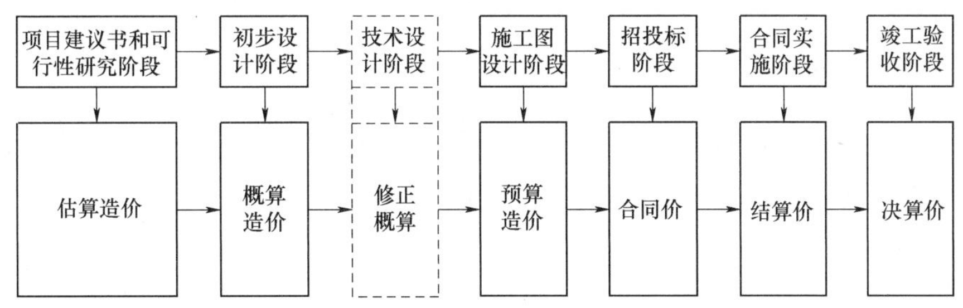

图 1.1 工程多次性计价示意图

→多次计价流程及逐步深化过程；┆┆经批准才可增加的设计阶段

3. 组合性计价

市政工程造价的计算是分步组合而成的，这一特征和建设项目的组合性有关。一个建设项目是一个工程综合体。这个综合体可以分解为许多有内在联系的独立使用和不能独立使用的工程。建设项目的这种组合决定了计价的过程是一个逐步组合的过程。这一特征在计算概算造价和预算造价时尤为明显，所以也反映到合同价和结算价，其计算过程和计算顺序是：分部分项工程合价（工程量×定额单价）→单位工程造价→单项工程造价→建设项目总造价。

4. 计价方法的多样性

市政工程为适应多次性计价有各不相同计价依据，以及对造价的不同精确度要求，计价方法有多样性特征。计算和确定概算、预算造价有两种基本方法，即单价法和实物法。计算和确定投资估算造价的方法也有设备系数法、资金周转率法和系数估算法等。不同的方法利弊不同，适应条件也不同，所以计价时要结合具体情况加以选择。

5. 计价依据的复杂性

由于影响造价的因素多，计价依据复杂，种类较多，除《建设工程工程量清单计价规范》(GB 50500—2013)（以下简称《计价规范》）规定的依据外，实际工作中主要还有以下7类。

(1) 计算设备和工程量依据，包括项目建议书、可行性研究报告、设计文件等。

(2) 计算人工、材料、机械等实物消耗量依据，包括投资估算指标、概算定额、预算定额、工程量消耗定额等。

(3) 计算工程单价的价格依据，包括人工单价、材料价格、材料运杂费、机械台班费等。

(4) 计算设备单价依据，包括设备原价、设备运杂费、进口设备关税等。

(5) 计算间接费和工程建设其他费用的依据，主要是相关的费用定额和费率。

(6) 政府规定的税费。

(7) 物价指标和工程造价指数、造价指标。

工程造价计价依据的复杂性不仅使计算过程复杂，而且要求计价人员熟悉各类依据，并加以正确利用。

1.4 造价工程师执业要求

造价工程师是经全国造价工程师执业资格统一考试合格，并注册取得“造价工程师注册证”，从事建设工程造价活动的人员。未经注册的人员，不得以造价工程师的名义从事建设工程造价活动。凡从事工程建设活动的建设、设计、施工、工程造价咨询等单位，必须在计价、评估、审查（核）、控制等岗位配备有造价工程师执业资格的专业技术人员。

1.4.1 造价工程师的素质与能力要求

1. 造价工程师应具备的素质

(1) 造价工程师在执业过程中，往往要接触许多工程项目，这些项目的工程造价高达数千万、数亿，甚至数百亿、数千亿元人民币。造价确定是否准确、造价控制是否合理，不仅关系到国力，关系到国民经济发展的速度和规模，而且关系到多方面的经济利益关系。这就要求造价工程师具有良好的思想修养和职业道德，既能维护国家利益，又能以公正的态度维护有关各方合理的经济利益，绝不能以权谋私。

(2) 造价工程师要有健康的身体，以适应紧张而繁忙的工作。同时，应具有肯于钻研和积极进取的精神面貌，这就要求造价工程师应有较好的整体素质。

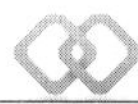

2. 造价工程师应具备的能力

造价工程师专业能力主要体现在以专业知识和技能为基础的工程造价管理方面上，具体应掌握和了解的知识包括相关的经济理论、项目投资管理和融资、建筑经济与企业管理、财政税收与金融实务、招投标与合同管理、工程造价管理相关法律法规和政策等。

1.4.2 造价工程师的工作内容

1. 建设前期阶段

在建设前期阶段进行建设项目的可行性研究，对拟建项目进行财务评价（微观经济评价）和国民经济评价（宏观经济评价）。

2. 设计阶段

在设计阶段，提出设计要求，用技术经济方法组织评选设计方案，协助选择勘察、设计单位，商鉴勘察、设计合同并组织实施、审查设计。

3. 施工招标阶段

在施工招标阶段，准备与发送招标文件，协助评审投标书，提出决标意见，协助建设单位与承建单位签订承包合同。

4. 施工阶段

在施工阶段，审查承建单位提出的施工组织设计、施工技术方案和施工进度计划，提出改进意见；督促检查承建单位严格执行工程承包合同，调解建设单位与承建单位之间的争议，检查工程进度和施工质量，验收分部分项工程，签署工程付款凭证，审查工程结算，提出竣工验收报告等。

1.4.3 我国造价工程师注册考试制度

1. 申请报考条件

凡中华人民共和国公民，工程造价或相关专业大学毕业，从事工程造价业务工作满四年，均可申请参加造价工程师执业资格考试。

2. 考试内容

(1) 考试科目。按照我国住房和城乡建设部、人力资源和社会保障部的思想，造价工程师应该是既懂工程技术又懂经济、管理和法律，并且有实践经验和良好职业道德的复合型人才。因此，造价工程师注册考试内容主要包括以下几项。

1) 建设工程造价管理，如投资经济理论、经济法与合同管理、项目管理等知识。

2) 建设工程计价，除掌握基本概念外，主要体现全过程造价确定与控制思想，以及对工程造价管理信息系统的了解。

3) 建设工程技术与计量（土建或安装），主要掌握土建专业和安装专业基本技术知识与计量方法。

4) 建设工程造价案例分析，含计算或审查专业工程的工程量，编制或审查专业工程投资估算、概算、预算、招标控制价、结（决）算，投标报价评价分析，设计或施工方案技术经济分析等。

(2) 考试办法。造价工程师 4 个科目分别考试、单独计分。参加全部科目考试的人员，需在连续的两个考试年度通过；参加免试部分考试科目的人员，需在一个考试年度内通过应试科目。

(3) 相关规定。对于长期从事工程造价业务工作的专业技术人员，凡符合一定的学历和专业年限条件的人员，可免试“建设工程造价管理”“建设工程技术与计量（土建或安装）”两个科目，只参加“建设工程计价”和“建设工程造价案例分析”两个科目的考试。

3. 注册

造价工程师执业资格实行注册登记制度，住房和城乡建设部及各省（自治区、直辖市）和国务院有关部门的建设行政主管部门为造价工程师的注册管理机构，造价工程师的具体工作委托中国建设工程造价管理协会办理。省（自治区、直辖市）人民政府建设行政主管部门（以下简称省级注册机构）负责本行政区域内的造价工程师注册管理工作。特殊行业的主管部门（以下简称“部门注册机构”）经国务院建设行政主管部门认可，负责本行业内造价工程师注册管理工作。考试合格人员取得证书3个月内，持有关资料到当地省级或部级造价工程师注册管理机构办理注册登记手续申请初始注册。超过规定期限申请初始注册的，还应提交国务院建设行政主管部门认可的造价工程师继续教育证明。

造价工程师的初始注册有效期为2年，自核准之日起计算，造价工程师注册有效期满要求继续执业的，应当在注册有效期满前2个月向省级注册机构或者部门注册机构申请续期注册，再次注册者应持有从事工程造价活动的业绩证明和工作总结及国务院建设行政主管部门认可的工程造价继续教育证明。

（1）有下列情况之一的，不予以续期注册。

1）在注册期内参加造价工程师执业资格年检不合格的。

2）无业绩证明和工作总结。

3）同时在两个以上单位执业的。

4）未按规定参加造价工程师继续教育或者继续教育未达到标准的。

5）允许他人以本人名义执业的。

6）在工程造价活动中有弄虚作假行为的。

7）在工程造价活动中有过失，造成重大损失的。

（2）续期注册，应按以下相关程序办理。

1）申请人向聘用单位提出申请。

2）聘用单位审核同意后连同规定的材料一并上报省级注册机构或者部门注册机构。

3）省级注册机构或者部门注册机构对有关材料进行审核，对符合条件的予以续期注册。

4）省级注册机构或者部门注册机构应当在准予续期注册后30日内，将予以续期注册的人员名单，报国务院建设行政主管部门备案。

（3）遇到下列情况之一者，要由所在单位到注册机构办理注销手续。

1）死亡。

2）服刑。

3）脱离造价工程师岗位连续两年（含两年）以上。

4）因健康原因不能坚持造价工程师岗位的工作。

（4）造价工程师变更工作单位，应当在变更工作单位后两个月内到省级注册机构或者部门注册机构办理变更注册，其具体的办理程序如下。

1）申请人向聘用单位提出申请。

2）聘用单位审核同意后，连同申请人与原聘用单位的解聘证明，一并上报省级注册机构或者部门注册机构。

3）省级注册机构或者部门注册机构对有关情况进行审核，情况属实的，予以变更注册。

4）省级注册机构或者部门注册机构应当在准予变更之日起30日内，将变更注册人员情况报国务院建设行政主管部门备案。造价工程师办理变更注册后一年内再次申请变更的，不予办理。

4. 造价工程师的权利与义务

（1）造价工程师的权利体现在以下几个方面。

1）有独立依法执行造价工程师岗位业务并参与工程项目经济管理的权力。

2）有在所经办的工程造价成果文件上签字的权利；凡经造价工程师签字的工程造价文件需要修改时，应经本人同意。

3）有使用造价工程师名称的权利。

4）有依法申请开办工程造价咨询单位的权利。

5）造价工程师对违反国家有关法律法规的意见和决定，有提出劝告、拒绝执行并有向上级或有关部门报告的权利。

（2）造价工程师应履行的义务体现在以下几个方面。

1）必须熟悉并严格执行国家有关工程造价的法律、法规和规定。

2）恪守职业道德和行业行为规范，遵纪守法，秉公办事。对经办的工程造价文件质量负有经济和法律的责任。

3）及时掌握国内外新技术、新材料、新工艺的发展应用，为工程造价管理部门制订、修订工程定额提供依据。

4）自觉接受继续教育，更新知识，积极参加职业培训，不断提高业务技术水平。

5）不得参与与经办工程有关的其他单位事关本项工程的经营活动。

6）严格保守执业中得知的技术和经济秘密。

第2章 市政工程造价构成

建设项目总投资是为完成工程项目建设并达到使用要求或生产条件，在建设期内预计或实际投入的全部费用总和。生产性建设项目总投资包括建设投资、建设期利息和流动资金3部分；非生产性建设项目总投资包括建设投资和建设期利息两部分。其中建设投资和建设期利息之和对应于固定资产投资，固定资产投资与建设项目的工程造价在数量上相等。工程造价基本构成包括用于购买工程项目所含各种设备的费用，用于建筑施工和安装施工所需支出的费用，用于委托工程勘察设计应支付的费用，用于购置土地所需的费用，也包括用于建设单位自身进行项目筹建和项目管理所花费的费用等。总之，工程造价是按照确定的建设内容、建设规模、建设标准、功能要求和使用要求等将工程项目全部建成，在建设期预计或实际支出的建设费用。

工程造价中的主要构成部分是建设投资，建设投资是为完成工程项目建设，在建设期内投入且形成现金流出的全部费用。根据国家发展改革委员会和建设部发布的《建设项目经济评价方法与参数（第三版）》（发改投资〔2006〕1325号）的规定，建设投资包括工程费用、工程建设其他费用和预备费3部分。工程费用是指建设期内直接用于工程建造、设备购置及其安装的建设投资，可以分为建筑安装工程费和设备及工器具购置费；工程建设其他费用是指建设期发生的与土地使用权取得、整个工程项目建设以及未来生产经营有关的构成建设投资但不包括在工程费用中的费用；预备费是在建设期内为各种不可预见因素的变化而预留的可能增加的费用，包括基本预备费和价差预备费。建设项目总投资的具体构成内容如图2.1所示。

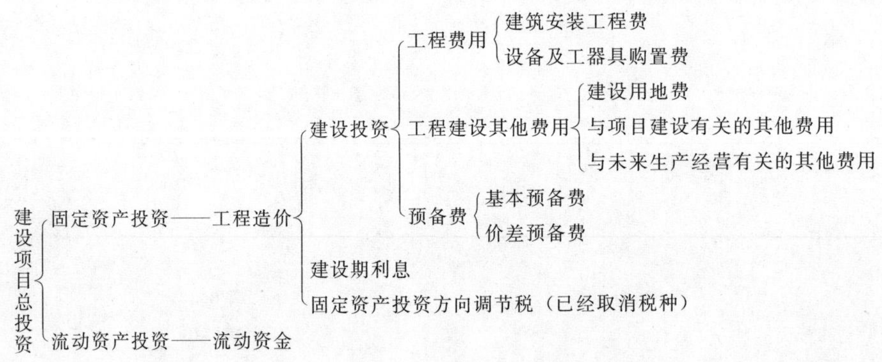

图2.1 我国现行建设项目总投资构成

2.1 建筑安装工程费用构成和计算

2.1.1 建筑安装工程费用的构成

1. 建筑安装工程费用内容

建筑安装工程费是指为完成工程项目建造、生产性设备及配套工程安装所需的费用。

(1) 建筑工程费用内容。

1) 各类房屋建筑工程和列入房屋建筑工程预算的供水、供暖、卫生、通风、煤气等设备费用及其装设、油饰工程的费用，列入建筑工程预算的各种管道、电力、电信和电缆导线敷设工程的费用。

2) 设备基础、支柱、工作台、烟囱、水塔、水池、灰塔等建筑工程以及各种炉窑的建筑工程和金属结构工程的费用。

3) 为施工而进行的场地平整，工程和水文地质勘察，原有建筑物和障碍物的拆除以及施工临时用水、电、气、路和完工后的场地清理，环境绿化、美化等工作的费用。

4) 矿井开凿、井巷延伸、露天矿剥离，石油、天然气钻井，修建铁路、公路、桥梁、水库、堤坝、灌渠及防洪等工程的费用。

(2) 安装工程费用内容。

1) 生产、动力、起重、运输、传动和医疗、实验等各种需要安装的机械设备的装配费用，与设备相连的工作台、梯子、栏杆等设施的工程费用，附属于被安装设备的管线敷设工程费用，以及被安装设备的绝缘、防腐、保温、油漆等工作的材料费和安装费。

2) 为测定安装工程质量，对单台设备进行单机试运转，对系统设备进行系统联动无负荷试运转工作的调试费。

2. 我国现行建筑安装工程费用项目组成

根据住房和城乡建设部、财政部颁布的“关于印发《建筑安装工程费用项目组成》的通知”(建标〔2013〕44号)，我国现行建筑安装工程费用项目按两种不同的方式划分，即按费用构成要素划分和按造价形成划分，其具体构成如图2.2所示。

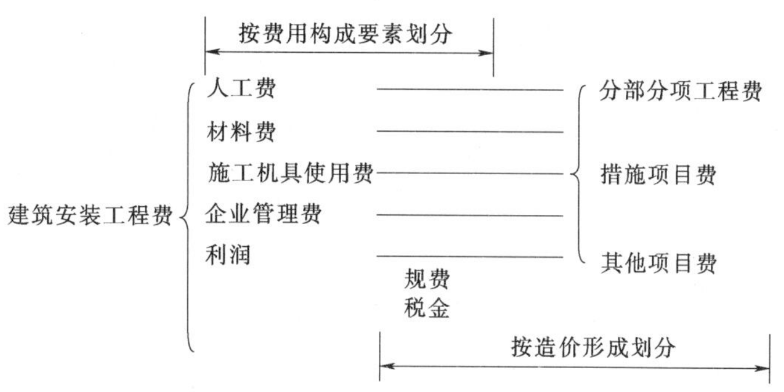

图2.2 建筑安装工程费用项目构成

2.1.2 按费用构成要素划分建筑安装工程费用项目构成和计算

按照费用构成要素划分，建筑安装工程费包括人工费、材料费(包含工程设备，下同)、施工机具使用费、企业管理费、利润、规费和税金。

1. 人工费

建筑安装工程费中的人工费，指按照工资总额构成规定，支付给直接从事建筑安装工程施工作业的生产工人和附属生产单位工人的各项费用。计算人工费的基本要素有两个，即人工工日消耗量和人工日工资单价。

(1) 人工工日消耗量。是指在正常施工生产条件下，生产建筑安装产品(分部分项工程或结构构件)必须消耗的某种技术等级的人工工日数量。它由分项工程所综合的各个工序劳动定额包括的基本用工、其他用工两部分组成。

(2) 人工日工资单价。它是指施工企业平均技术熟练程度的生产工人在每个工作日（国家法定工作时间内）按规定从事施工作业应得的日工资总额。

人工费的基本计算公式为

$$人工费=\sum(工日消耗量\times 日工资单价) \tag{2.1}$$

2. 材料费

建筑安装工程费中的材料费，指工程施工过程中耗费的各种原材料、辅助材料、构配件、零件、半成品或成品、工程设备的费用。计算材料费的基本要素是材料消耗量和材料单价。

(1) 材料消耗量。它是指在合理使用材料的条件下，生产建筑安装产品（分部分项工程或结构构件）必须消耗的一定品种、规格的原材料、辅助材料、构配件、零件、半成品或成品等的数量。它包括材料净用量和材料不可避免的损耗量。

(2) 材料单价。它是指建筑材料从其来源地运到施工工地仓库直至出库形成的综合平均单价，其内容包括材料原价（或供应价格)、材料运杂费、运输损耗费、采购及保管费等。

材料费的基本计算公式为

$$材料费=\sum(材料消耗量\times 材料单价) \tag{2.2}$$

(3) 工程设备。它是指构成或计划构成永久工程一部分的机电设备、金属结构设备、仪器装置及其他类似的设备和装置。

3. 施工机具使用费

建筑安装工程费中的施工机具使用费，是指施工作业所发生的施工机械、仪器仪表使用费或其租赁费。

(1) 施工机械使用费。它是指施工机械作业发生的使用费或租赁费。构成施工机械使用费的基本要素是施工机械台班消耗量和机械台班单价。施工机械使用费的基本计算公式为

$$施工机械使用费=\sum(施工机械台班消耗量\times 机械台班单价) \tag{2.3}$$

施工机械台班单价通常由折旧费、大修理费、经常修理费、安拆费及场外运输费、人工费、燃料动力费和税费组成。

(2) 仪器仪表使用费。它是指工程施工所需使用的仪器仪表的摊销及维修费用。仪器仪表使用费的基本计算公式为

$$仪器仪表使用费=工程使用的仪器仪表摊销费+维修费 \tag{2.4}$$

4. 企业管理费

(1) 企业管理费的内容。

企业管理费是指建筑安装企业组织施工生产和经营管理所需的费用。内容包括以下几项。

1) 管理人员工资。它是指按规定支付给管理人员的计时工资、奖金、津贴补贴、加班加点工资及特殊情况下支付的工资等。

2) 办公费。它是指企业管理办公用的文具、纸张、账表、印刷、邮电、书报、办公软件、现场监控、会议、水电、烧水和集体取暖降温（包括现场临时宿舍取暖降温）等费用。

3) 差旅交通费。它是指职工因公出差、调动工作的差旅费、住勤补助费，市内交通费和误餐补助费，职工探亲路费，劳动力招募费，职工退休、退职一次性路费，工伤人员就医

路费，工地转移费以及管理部门使用的交通工具的油料、燃料等费用。

4）固定资产使用费。它是指管理和试验部门及附属生产单位使用的属于固定资产的房屋、设备、仪器等的折旧、大修、维修或租赁费。

5）工具用具使用费。它是指企业施工生产和管理使用的不属于固定资产的工具、器具、家具、交通工具和检验、试验、测绘、消防用具等的购置、维修和摊销费。

6）劳动保险和职工福利费。它是指由企业支付的职工退职金、按规定支付给离休干部的经费，集体福利费、夏季防暑降温、冬季取暖补贴、上下班交通补贴等。

7）劳动保护费。它是指企业按规定发放的劳动保护用品的支出，如工作服、手套、防暑降温饮料以及在有碍身体健康的环境中施工的保健费用等。

8）检验试验费。它是指施工企业按照有关标准规定，对建筑以及材料、构件和建筑安装物进行一般鉴定、检查所发生的费用，包括自设实验室进行实验所耗用的材料等费用。不包括新结构、新材料的试验费，对构件做破坏性试验及其他特殊要求检验试验的费用和建设单位委托检测机构进行检测的费用，对此类检测发生的费用，由建设单位在工程建设其他费用中列支。但对施工企业提供的具有合格证明的材料进行检测不合格的，该检测费用由施工企业支付。

9）工会经费。它是指企业按《中华人民共和国工会法》规定的全部职工工资总额比例计提的工会经费。

10）职工教育经费。它是指按职工工资总额的规定比例计提，企业为职工进行专业技术和职业技能培训，专业技术人员继续教育、职工职业技能鉴定、职业资格认定以及根据需要对职工进行各类文化教育所发生的费用。

11）财产保险费。它是指施工管理用财产、车辆等的保险费用。

12）财务费。它是指企业为施工生产筹集资金或提供预付款担保、履约担保、职工工资支付担保等所发生的各种费用。

13）税金。它是指企业按规定缴纳的房产税、车船使用税、土地使用税、印花税等。

14）其他。其包括技术转让费、技术开发费、投标费、业务招待费、绿化费、广告费、公证费、法律顾问费、审计费、咨询费、保险费等。

（2）企业管理费的计算方法。

企业管理费一般采用取费基数乘以费率的方法计算，取费基数有3种，分别是以分部分项工程费为计算基础、以人工费和机械费合计为计算基础及以人工费为计算基础。企业管理费费率计算方法如下。

1）以分部分项工程费为计算基础，即

$$\text{企业管理费费率}(\%)=\frac{\text{生产工人年平均管理费}}{\text{年有效施工天数}\times\text{人工单价}}\times\text{人工费占分部分项工程费比例}(\%) \tag{2.5}$$

2）以人工费和机械费合计为计算基础。

$$\text{企业管理费费率}(\%)=\frac{\text{生产工人年平均管理费}}{\text{年有效施工天数}\times\text{人工单价}+\text{每一工机械使用费}}\times 100\% \tag{2.6}$$

3）以人工费为计算基础。

$$\text{企业管理费费率}(\%)=\frac{\text{生产工人年平均管理费}}{\text{年有效施工天数}\times\text{人工单价}}\times 100\% \tag{2.7}$$

工程造价管理机构在确定计价定额中的企业管理费时，应以定额人工费或定额人工费与机械费之和作为计算基数，其费率根据历年积累的工程造价资料，辅以调查资料确定，计入分部分项工程和措施项目费。

5. 利润

利润是指施工企业完成所承包工程获得的盈利，由施工企业根据自身需求并结合建筑市场实际自主确定。工程造价管理机构在确定计价定额中利润时，应以定额人工费或定额人工费与机械费之和作为计算基数，其费率根据历年累积的工程造价资料，并结合建筑市场实际确定，以单位（单项）工程测算，利润在税前建筑安装工程费的比例可按不低于5%且不高于7%的费率计算。利润应列入分部分项工程和措施项目费中。

6. 规费

（1）规费的内容。

规费是指国家规定、法律规定，由省级和省政府有关权力部门规定必须缴纳或计取的费用。主要包括社会保险费、住房公积金和工程排污费。

1）社会保险费。包括以下内容。

a. 养老保险费：企业按照国家规定标准为职工缴纳的基本养老保险费。

b. 失业保险费：企业按照国家规定标准为职工缴纳的失业保险费。

c. 医疗保险费：企业按照规定标准为职工缴纳的基本医疗保险费。

d. 生育保险费：企业按照国家规定标准为职工缴纳的生育保险费。

e. 工伤保险费：企业按照国务院制定的行业费率为职工缴纳的工伤保险费。

2）住房公积金：企业按国家规定标准为职工缴纳的住房公积金。

3）工程排污费：企业按规定缴纳的施工现场工程排污费。

（2）规费的计算。

1）社会保险费和住房公积金。社会保险费和住房公积金应以定额人工费计算基础，根据工程所在省（自治区、直辖市）或行业建设主管部门规定的费率计算。

$$社会保险费和住房公积金=\sum(工程定额人工费\times社会保险费和住房公积金费率) \tag{2.8}$$

社会保险费和住房公积金费率可以按每万元发承包价的生产工人人工费和管理人员工资含量与工程所在地规定的缴纳标准综合分析取定。

2）工程排污费。工程排污费应该按工程所在地环境保护等部门规定的标准缴纳，按实际发生计取列入。

其他应列而未列入的规费，按实际发生计取列入。

7. 税金

建筑安装工程税金是指按国家税法规定的应计入建筑安装工程费用营业税、城市维护建设税、教育费附加及地方教育费附加。

（1）营业税。营业税是按计税营业额乘以营业税税率确定。其中建筑安装企业营业税税率为3%。计算公式为

$$应纳营业税=计税营业额\times3\% \tag{2.9}$$

计税营业额是含税营业额，指从事建筑、安装、修缮、装饰及其他工程作业收取的全部收入，包括建筑、修缮、装饰工程所用原材料及其他物质和动力的价款。当以安装设备的价值作为安装工程产值时，也包括所安装设备的价款。但建筑安装工程总承包人将工程分包或

转包给他人的，其营业额中不包括付给分包或转包方的价款，营业税的纳税地点为应税劳务的发生地。

(2) 城市维护建设税。城市维护建设税是为筹集城市维护和建设资金，稳定和扩大城市、乡镇维护建设的资金来源，而对有经营收入的单位和个人征收的一种税。

城市维护建设税是按应纳营业税额乘以适用税率确定，计算公式为

$$\text{应纳税额}=\text{应纳营业税额}\times\text{适用税率} \tag{2.10}$$

城市维护建设税的纳税地点在市区的，其适用税率为营业税的 7%；所在地为县镇的，其适用税率为营业税的 5%。所在地为农村的，其适用税率为营业税的 1%。城市维护建设税的纳税地点与营业税纳税地点相同。

(3) 教育费附加。教育费附加是按应纳营业税额乘以 3%确定，计算公式为

$$\text{应纳税额}=\text{应纳营业税额}\times 3\% \tag{2.11}$$

建筑安装企业的教育费附加要与其营业税同时缴纳。即使办有职工子弟学校的建筑安装企业，也应当先缴纳教育费附加，教育部门可根据企业的办学情况，斟酌返还给办学单位，作为对办学经费的补助。

(4) 地方教育费附加。地方教育费附加通常是按应纳营业税额乘以 2%确定，各地方有不同规定的，应遵循其规定，计算公式为

$$\text{应纳税额}=\text{应纳营业税额}\times 2\% \tag{2.12}$$

地方教育费附加应专项用于发展教育事业，不能从地方教育费附加中提取或列支征收或代征手续费。

(5) 税金的综合计算。在工程造价的计算过程中，上述税金通常一并计算。由于营业税的计税依据是含税营业额，城市维护建设税、教育费附加和地方教育附加计税依据是应纳营业税额，而在计算税金时，往往已知条件是税前造价，即人工费、材料费、施工机具使用费、企业管理费、利润、规费之和。因此，税金的计算往往需要将税前造价先转化为含税营业额，再按相应的公式计算缴纳税金，营业额的计算公式为

$$\text{营业额}=\frac{\text{人工费}+\text{材料费}+\text{施工机具使用费}+\text{企业管理费}+\text{利润}+\text{规费}}{\begin{array}{c}1-\text{营业税率}-\text{营业税率}\times\text{城市维护建设税率}-\text{营业税率}\times\text{教育费附加率}\\-\text{营业税率}\times\text{地方教育费附加率}\end{array}} \tag{2.13}$$

为了简化计算，可以直接将 3 种税合并为一个综合税率，按式 (2.14) 计算应纳税额，即

$$\text{应纳税额}=\text{税前造价}\times\text{综合税率}(\%) \tag{2.14}$$

综合税率的计算因纳税地点所在地的不同而不同。

1) 纳税地点在市区的企业综合税率的计算式为

$$\text{税率}(\%)=\frac{1}{1-3\%-(3\%\times7\%)-(3\%\times3\%)-(3\%\times2\%)}-1 \tag{2.15}$$

2) 纳税地点在县城、镇的企业综合税率的计算式为

$$\text{税率}(\%)=\frac{1}{1-3\%-(3\%\times5\%)-(3\%\times3\%)-(3\%\times2\%)}-1 \tag{2.16}$$

3）纳税地点不在市区、县城、镇的企业综合税率的计算式为

$$税率(\%)=\frac{1}{1-3\%-(3\%\times1\%)-(3\%\times3\%)-(3\%\times2\%)}-1 \tag{2.17}$$

4）实行营业税改增值税的，按纳税地点现行税率计算。

【例 2.1】 某市建筑公司承建某政府办公楼，工程税前造价为1000万元，求该施工企业应缴纳的营业税、城市维护建设税、教育费附加和地方教育费附加分别是多少？

【解】

$$含税营业额=\frac{1000}{1-3\%-(3\%\times5\%)-(3\%\times3\%)-(3\%\times2\%)}=1034.126(万元)$$

$$应缴纳的营业税=1034.126\times3\%=31.024(万元)$$

$$应缴纳的城市维护建设税=31.024\times5\%=1.551(万元)$$

$$应缴纳的教育费附加=31.024\times3\%=0.931(万元)$$

$$应缴纳的地方教育费附加=31.024\times2\%=0.620(万元)$$

实行营业税改增值税的，按纳税地点现行税率计算。

2.1.3 按造价形式划分建筑安装工程费用项目构成和计算

建筑安装工程费按照工程造价形成由分部分项工程费、措施项目费、其他项目费、规费和税金组成。

1. 分部分项工程费

分部分项工程费是指按照各专业工程的分部分项工程应予列支的各项费用。各类专业工程的分部分项工程划分应遵循现行国家或行业计量规范的规定。分部分项工程费通常用分部分项工程量乘以综合单价进行计算，即

$$分部分项工程费=\sum(分部分项工程量\times综合单价) \tag{2.18}$$

综合单价包括人工费、材料费、施工机具使用费、企业管理费和利润以及一定范围的风险费用。

2. 措施项目费

（1）措施项目费的构成。措施项目费是指完成建筑工程施工，发生于该工程施工前和施工过程中的技术、生活、安全、环境保护等方面的费用。措施项目及其包含的内容应遵循各类专业工程的现行国家或行业计量规范。措施项目费可以归纳为以下几项。

1）安全文明施工费。它是指工程施工期间按照国家现行的环境保护、建筑施工安全、施工现场环境与卫生标准和有关规定，购置和更新施工安全防护用具及设施、改善安全生产条件和作业环境所需要的费用。通常由环境保护费、文明施工费、安全施工费、临时设施费组成。

a. 环境保护费，是指施工现场为达到环保部门要求所需要的各项费用。

b. 文明施工费，是指施工现场文明施工所需要的各项费用。

c. 安全施工费，是指施工现场安全施工所需要的各项费用。

d. 临时设施费，是指施工现场为进行建设工程施工所必须搭设的生活和生产用的临时建筑物、构筑物和其他临时设施费用，包括临时设施的搭设、维修、拆除、清理费或摊销费等。

各项安全文明施工费的主要内容见表2.1。

表 2.1　**安全文明施工费的主要内容**

项目名称	工作内容及费用包含范围
环境保护	现场施工机械设备降低噪声、防扰民措施费用
	水泥和其他易飞扬细颗粒建筑材料密闭存放或采取覆盖措施等费用
	工程防扬尘洒水费用
	土石方、建渣外运车辆防护措施费用
	现场污染源的控制、生活垃圾清理外运、场地排水排污措施费用
	其他环境保护措施费用
文明施工	“五牌一图”费用
	现场围挡的墙面美化（包括内外粉刷、刷白、标语等）压顶装饰费用
	现场厕所便槽刷白、贴面砖、水泥砂浆地面或地砖用，建筑物内临时便溺设施费用
	其他施工现场临时设施的装饰装修、美化措施费用
	现场生活卫生设施费用
	符合卫生要求的饮水设备、淋浴、消毒等设施费用
	生活用洁净燃料费用
	防煤气中毒、蚊虫叮咬等措施费用
	施工现场操作场地的硬化费用
	现场绿化费用、治安综合治理费用
	现场配备医药保健器材、物品费用和急救人员培训费用
	现场工人的防暑降温、电风扇、空调等设备及用电费用
	其他文明施工措施费用
安全施工	安全资料、特殊资料专项方案的编制，安全施工标志的购置及安全宣传费用
	“三宝”（安全帽、安全带、安全网）、“四口”（楼梯口、电梯井口、通道口、预留洞口）、“五临边”（阳台围边、楼梯围边、屋面围边、槽坑围边、卸料平台两侧），水平防护架、垂直防护架、外架封闭等防护费用
	施工安全的费用，包括配电箱三级配电、两级保护装置要求、外电防护措施费用
	起重机、塔吊等起重设备（含井架、门架）、外用电梯的安全防护措施（含警示标志）及卸料平台的临边防护、层间安全门、防护棚等设施费用
	建筑工地起重机械的检验检测费用
	施工机具防护棚及其围栏的安全保护设施费用
	施工安全防护通道费用
	工人的安全防护用品、用具购置费用
	消防设施与消防器材的配置费用
	电气保护、安全照明设施费
	其他安全防护措施费用
临时措施	施工现场采用彩色、定型钢板，砖、混凝土砌块等围挡的安砌、维修、拆除费用
	施工现场临时建筑物、构筑物的搭设、维修、拆除，如临时宿舍、办公室、食堂、厨房、厕所、诊疗所、临时文化福利用房、临时仓库、加工场、搅拌台、临时简易水塔、水池等费用
	施工现场临时设施的搭设、维修、拆除，如临时供水管道、临时供电管线、小型临时设施等费用
	施工现场规定范围内临时简易道路铺设，临时排水沟、排水设施安砌、维修、拆除费用
	其他临时设施费搭设、维修、拆除费用

2）夜间施工增加费。它是指因夜间施工所发生的夜班补助费、夜间施工降效、夜间施工照明设备摊销及照明用电等费用。内容由以下各项组成。

a. 夜间固定照明灯具和临时可移动照明灯具的设置、拆除费用。

b. 夜间施工时，施工现场交通标志、安全标牌、警示灯的设置、移动、拆除费用。

c. 夜间照明设备摊销及照明用电、施工人员夜班补助、夜间施工劳动效率降低等费用。

3）非夜间施工照明费。它是指为保证工程施工正常进行，在地下室等特殊施工部位施工时采用的照明设备的安拆、维护及照明用电等费用。

4）二次搬运费。它是指由于施工现场条件限制而发生的材料、成品、半成品等一次运输不能达到堆放地点，必须进行二次或多次搬运的费用。

5）冬雨（风）季施工增加费。它是指冬季或雨季施工需增加的临时设施、防滑、排除雨雪，人工及施工机械效率降低等费用。内容由以下各项组成。

a. 冬雨（风）季施工时增加的临时设施（防寒保温、防雨、防风设施）的搭设、拆除费。

b. 冬雨（风）季施工时，对砌体、混凝土等采用的特殊加温、保温和养护措施费用。

c. 冬雨（风）季施工时，施工现场的防滑处理，对影响施工的雨雪的清除费用。

d. 冬雨（风）季施工时增加的临时设施、施工人员的劳动保护用品、冬雨（风）季施工劳动效率降低等费用。

6）地上、地下设施以及建筑物的临时保护设施费。它是指在工程施工过程中，对已建成的地上、地下设施和建筑物进行的遮盖、封闭、隔离等必要保护措施所发生的费用。

7）已完工程及设备保护费。它是指竣工验收前，对已完工程及设备采取的覆盖、包裹、封闭、隔离等必要保护措施所发生的费用。

8）脚手架费。它是指施工需要的各种脚手架搭、拆、运输费用以及脚手架购置费的摊销（或租赁）费用。通常包括以下内容。

a. 施工时可能发生的场内、场外材料搬运费用。

b. 搭、拆脚手架、斜道、上料平台费用。

c. 安全网的铺设费用。

d. 拆除脚手架后材料的堆放费用。

9）混凝土模板及支架（撑）费。它是指混凝土施工过程中需要的各种钢模板、木模板、支架等的支拆、运输费用及模板、支架的摊销（或租赁）费用。内容由以下各项组成。

a. 混凝土施工过程中需要的各种模板制作费用。

b. 模板安装、拆除、整理堆放及场内外运输费用。

c. 清理模板黏结物及模内杂物、刷隔离剂等费用。

10）垂直运输费。它是指现场所用材料、机具从地面运至相应高度以及职工人员上下工作面等所发生的运输费用。内容由以下各项组成。

a. 垂直运输机械的固定装置、基础制作、安装费。

b. 行走是垂直运输机械轨道的铺设、拆除、摊销费。

11）超高施工增加费。当单层建筑物檐口高度超过 20m，多层建筑物超过 6 层时，可计算超高施工增加费，内容由以下各项组成。

a. 建筑物超高引起的人工工效降低以及由于人工功效降低引起的机械降效费。

b. 高层施工用水加压水泵的安装、拆除及工作台班费。

c. 通信联络设备使用及摊销费。

12）大型机械设备进出场及安拆费。它是指机械整体或分体自停放场地运至施工现场或由一个施工地点运至另一个施工地点，所发生的机械进出场运输、转移费用及机械在施工现场进行安装、拆卸所需的人工费、材料费、机械费、试运转费和安装所需的辅助设施的费用。内容由安拆费和进出场费组成。

a. 安拆费包括施工机械、设备在现场进行安装拆卸所需人工、材料、机械和试运转费用以及机械辅助设施的折旧、搭设、拆除等费用。

b. 进出场费包括施工机械、设备整体或分体自停放地点运至施工现场或由一施工地点运至另一个施工地点所发生的运输、装卸、辅助材料等费用。

13）施工排水、降水费。它是指将施工期间有碍施工作业和影响工程质量的水排到施工场地以外，以及防止在地下水位较高的地区开挖深基坑出现基坑浸水，地基承载力下降在动水压力作用下还可能引起流砂、管涌和边坡失稳等现象，而必须采取有效的降水和排水措施费用。该费用由成井和排水、降水两个独立的费用项目组成。

a. 成井。成井的费用主要包括：①准备钻孔机械、埋设护筒、钻机就位、泥浆制作、固壁，成孔、出渣、清孔等费用；②对接上、下井管（滤管），焊接，安防，下滤料，洗井，连接试抽等费用。

b. 排水、降水。排水、降水的费用主要包括：①管道安装、拆除，场内搬运等费用；②抽水、值班、降水设备维修等费用。

14）其他。根据项目的专业特点或所在地区不同，可能会出现其他的措施项目。如工程定位复测费和特殊地区施工增加费等。

（2）措施项目费的计算。

按照有关专业计量规范规定，措施项目分为应予计量的措施项目和不宜计量的措施项目两类。

1）应予计量的措施项目。基本与分部分项工程费的计算方法相同，公式为

$$措施项目费=\sum(措施项目工程量\times综合单价) \tag{2.19}$$

不同的措施项目，其工程量的计算单位是不同的，分列如下。

a. 脚手架费通常按建筑面积或垂直投影面积以 m^2 为单位计算。

b. 混凝土模板及支架（撑）费通常是按照模板与现浇混凝土构件的接触面积以 m^2 为单位计算。

c. 垂直运输费可根据需要用以下两种方法进行计算。

ⅰ. 按照建筑面积以 m^2 为单位计算。

ⅱ. 按照施工工期日历天数以天为单位计算。

d. 超高施工增加费通常按照建筑物超高部分的建筑面积以 m^2 为单位计算。

e. 大型机械设备进出场及安拆费通常按照机械设备的使用数量以台次为单位计算。

f. 施工排水、降水费分两个不同的独立部分计算：①成井费用通常按照设计图示尺寸以钻孔深度以 m 为单位计算；②排水、降水费用通常按照排、降水日历天数按昼夜计算。

2）不宜计量的措施项目。对于不宜计量的措施项目，通常用计算基数乘以费率的方法予以计算。

a. 安全文明施工费。计算公式为

$$安全文明施工费=计算基数\times安全文明施工费费率 \tag{2.20}$$

计算基数应为定额基价（定额分部分项工程费＋定额中可以计量的措施项目费）、定额人工费或定额人工费与机械费之和，其费率由工程造价管理机构根据各专业工程的特点综合确定。

b. 其余不宜计量的措施项目。其包括：夜间施工增加费，非夜间施工照明费，二次搬运费，冬雨季施工增加费，地上、地下设施、建筑物的临时保护设施费，已完工程及设备保护费等。计算公式为

$$措施项目费=计算基数\times措施项目费费率 \tag{2.21}$$

式（2.21）中的计算基数应为定额人工费或定额人工费与定额机械费之和，其费率由工程造价管理机构根据各专业工程特点和调查资料综合分析后确定。

3. 其他项目费

（1）暂列金额。

暂列金额是指建设单位在工程量清单中暂定并包括在工程合同价款中的一笔款项。用于施工合同签订时尚未确定或者不可预见的所需材料、工程设备、服务的采购，施工中可能发生的工程变更、合同约定调整因素出现时的工程价款调整以及发生的索赔、现场签证确认等的费用。

暂列金额由建设单位根据工程特点，按有关计价规定估算，施工过程中由建设单位掌握使用、扣除合同价款调整后如有余额，归建设单位。

（2）计日工。

计日工是指在施工过程中，施工企业完成建设单位提出的施工图纸以外的零星项目或工作所需的费用。

计日工由建设单位和施工企业按施工过程中的签证计价。

（3）总承包服务费。

总承包服务费是指总承包人为配合、协调建设单位进行的专业工程发包，对建设单位自行采购的材料、工程设备等进行保管以及施工现场管理、竣工资料汇总整理等服务所需的费用。

总承包服务费由建设单位在招标控制价中根据总包服务范围和有关计价规定编制，施工企业投标时自主报价，施工过程中按签约合同价执行。

4. 规费和税金

规费和税金的构成和计算与按费用构成要素划分建筑安装工程费用项目组成部分是相同的。

2.2 设备及工器具购置费用的构成和计算

设备及工器具购置费用是由设备购置费和工器具及生产家具购置组成的，它是固定资产投资中的积极部分。在生产性工程建设中，设备及工器具购置费用占工程造价比例的增大，意味着生产技术的进步和资本有机构成的提高。

2.2.1 设备购置费的构成和计算

设备购置费是指购置或自制的达到固定资产标准的设备、工器具及生产家具等所需的费用。它由设备原价和设备运杂费构成，即

$$设备购置费=设备原价+设备运杂费 \tag{2.22}$$

式中，设备原价指国产设备或进口设备的原价；设备运杂费指除设备原价之外的关于设备采购、运输、途中包装及仓库保管等方面支出费用的总和。

1. 国产设备原价的构成及计算

国产设备原价一般指的是设备制造厂的交货价或订货合同价。它一般根据生产厂或供应商的询价、报价、合同价确定，或采用一定的方法计算确定。国产设备原价分为国产标准设备原价和国产非标准设备原价。

（1）国产标准设备原价。国产标准设备是指按照主管部门颁布的标准图纸和技术要求，由我国设备生产厂批量生产的，符合国家质量检测标准的设备。国产标准设备原价有两种，即带有备件的原价和不带有备件的原价。在计算时，一般采用带有备件的原价。国产标准设备一般有完善的设备交易市场，因此可通过查询相关交易市场价格或向设备生产厂家询价得到国产标准设备原价。

（2）国产非标准设备原价。国产非标准设备是指国家尚无定型标准，各设备生产厂不可能在工艺过程中采用批量生产，只能按订货要求并根据具体的设计图纸制造的设备。非标准设备由于单件生产、无定型标准，所以无法获取市场交易价格，只能按其成本构成或相关技术参数估算其价格。非标准设备原价有多种不同的计算方法，如成本计算估价法、系列设备插入估价法、分部组合估价法、定额估价法等。但无论采用哪种方法都应该使非标准设备计价接近实际出厂价，并且计算方法要简便。成本计算估价法是一种比较常用的估算非标准设备原价的方法。按成本计算估价法，非标准设备的原价由以下各项组成。

1）材料费。其计算公式为

$$材料费=材料净重\times(1+加工损耗系数)\times每吨材料综合价 \tag{2.23}$$

2）加工费，包括生产工人工资和工资附加费、燃料动力费、设备折旧费、车间经费等。其计算公式为

$$加工费=设备总重量\times设备每吨加工费 \tag{2.24}$$

3）辅助材料费（简称辅材费）。其包括焊条、焊丝、氧气、氩气、氮气、油漆、电石等费用。其计算公式为

$$辅助材料费=设备总重量\times辅助材料费指标 \tag{2.25}$$

4）专用工具费。按1)～3）项之和乘以一定百分比计算。

5）废品损失费。按1)～4）项之和乘以一定百分比计算。

6）外购配套件费。按设备设计图纸所列的外购配套件的名称、型号、规格、数量、重量，根据相应的价格加运杂费计算。

7）包装费。按以上1)～6）项之和乘以一定百分比计算。

8）利润。可按1)～5）项加第7）项之和乘以一定利润率计算。

9）税金，主要指增值税。计算公式为

$$增值税=当期销项税额-进项税额 \tag{2.26}$$

$$当期销项税额=销售额\times适用增值税率 \tag{2.27}$$

销售额为1)～8)项之和。

10) 非标准设备设计费：按国家规定的设计费收费标准计算。

综上所述，单台非标准设备原价可用下面的公式表达，即

单台非标准设备原价＝{[(材料费＋加工费＋辅助材料费)×(1＋专用工具费费率)
×(1＋废品损失费费率)＋外购配套件费]×(1＋包装费费率)
－外购配套件费}×(1＋利润率)＋销项税额
＋非标准设备设计费＋外购配套件费　　(2.28)

【例2.2】 某工厂采购一台国产非标准设备，制造厂生产该台设备所用材料费20万元，加工费2万元，辅助材料费4000元，制造厂为制造该设备，在材料采购过程中发生进项增值税额3.5万元。专用工具费费率1.5%，废品损失费费率10%，外购配套件费5万元，包装费费率1%，利润率为7%，增值税率为17%，非标准设备设计费2万元，求该国产非标准设备的原价。

【解】

专用工具费＝(20＋2＋0.4)×1.5%＝0.336(万元)

废品损失费＝(20＋2＋0.4＋0.336)×10%＝2.274(万元)

包装费＝(22.4＋0.336＋2.274＋5)×1%＝0.300(万元)

利润＝(22.4＋0.336＋2.274＋0.3)×7%＝1.772(万元)

销项税额＝(22.4＋0.336＋2.274＋5＋0.3＋1.772)×17%＝5.454(万元)

该国产非标准设备的原价＝22.4＋0.336＋2.274＋0.3＋1.772＋5.454＋2＋5
＝39.536(万元)

2. 进口设备原价的构成及计算

进口设备的原价是指进口设备的抵岸价，即设备抵达买方边境、港口或车站，交纳完各种手续费、税费后形成的价格。抵岸价通常是由进口设备到岸价（CIF）和进口从属费构成。进口设备的到岸价，即抵达买方边境港口或边境车站的价格。在国际贸易中，交易双方所使用的交货类别不同，则交易价格的构成内容也有所差异。进口从属费用包括银行财务费、外贸手续费、进口关税、消费税、进口环节增值税等，进口车辆还需缴纳车辆购置税。

(1) 进口设备的交易价格。在国际贸易中，较为广泛使用的交易价格术语有FOB、CFR和CIF。

1) FOB (Free On Board)，意为装运港船上交货，亦称为离岸价格。FOB术语是指当货物在指定的装运港越过船舷，卖方即完成交货义务。风险转移，以在指定的装运港货物越过船舷时为分界点。费用划分与风险转移的分界点相一致。

在FOB交货方式下，卖方的基本义务有：办理出口清关手续，自负风险和费用，领取出口许可证及其他官方文件；在约定的日期或期限内，在合同规定的装运港，按港口惯常的方式，把货物装上买方指定的船只，并及时通知买方；承担货物在装运港越过船舷之前的一切费用和风险；向买方提供商业发票和证明货物已交至船上的装运单据或具有同等效力的电子单证。买方的基本义务有：负责租船订船，按时派船到合同约定的装运港接运货物，支付运费，并将船期、船名及装船地点及时通知卖方；负担货物在装运港越过船舷后的各种费用以及货物灭失或损坏的一切风险；负责获取进口许可证或其他官方文件，以及办理货物入境手续；受领卖方提供的各种单证，按合同规定支付货款。

2) CFR (Cost and Freight)，意为成本加运费，或称为运费在内价。CFR是指在装运

港货物越过船舷卖方即完成交货，卖方必须支付将货物运至指定的目的港所需的运费和费用，但交货后货物灭失或损坏的风险，以及由于各种事件造成的任何额外费用，即由卖方转移到买方。与FOB价格相比，CFR的费用划分与风险转移的分界点是不一致的。

在CFR交货方式下，卖方的基本义务有：提供合同规定的货物，负责订立运输合同，并租船订舱，在合同规定的装运港和规定的期限内，将货物装上船并及时通知买方，支付运至目的港的运费；负责办理出口清关手续，提供出口许可证或其他官方批准的文件；承担货物在装运港越过船舷之前的一切费用和风险；按合同规定提供正式有效的运输单据、发票或具有同等效力的电子单证。买方的基本义务有：承担货物在装运港越过船舷以后的一切风险及运输途中因遭遇风险所引起的额外费用；在合同规定的目的港受领货物，办理进口清关手续，交纳进口税；受领卖方提供的各种约定的单证，并按合同规定支付货款。

3）CIF（Cost Insurance and Freight），意为成本加保险费、运费，习惯称到岸价格。在CIF术语中，卖方除负有与CFR相同的义务外，还应办理货物在运输途中最低险别的海运保险，并应支付保险费。如买方需要更高的保险险别，则需要与卖方明确地达成协议，或者自行作出额外的保险安排。除保险这项义务之外，买方的义务与CFR相同。

（2）进口设备到岸价的构成及计算。进口设备到岸价的计算公式为

$$\begin{aligned}\text{进口设备到岸价(CIF)} &= \text{离岸价格(FOB)} + \text{国际运费} + \text{运输保险费} \\ &= \text{运费在内价(CFR)} + \text{运输保险费}\end{aligned} \tag{2.29}$$

1）货价。一般指装运港船上交货价（FOB）。设备货价分为原币货价和人民币货价，原币货价一律折算为美元，人民币货价按原币货价乘以外汇市场美元兑换人民币汇率中间价确定。进口设备货价按有关生产厂商询价、报价、订货合同价计算。

2）国际运费。即从装运港（站）到达我国目的港（站）的运费。我国进口设备大部分采用海洋运输，小部分采用铁路运输，个别采用航空运输。进口设备国际运费计算公式为

$$\text{国际运费(海、陆、空)} = \text{原币货价(FOB)} \times \text{运费费率} \tag{2.30}$$

$$\text{国际运费(海、陆、空)} = \text{单位运价} \times \text{运量} \tag{2.31}$$

其中，运费费率或单位运价参照有关部门或进出口公司的规定执行。

3）运输保险费。对外贸易货物运输保险是由保险人（保险公司）与被保险人（出口人或进口人）订立保险契约，在被保险人交付议定的保险费后，保险人根据保险契约的规定对货物在运输过程中发生的承保责任范围内的损失给予经济上的补偿。这是一种财产保险，计算公式为

$$\text{运输保险费} = \frac{\text{原币货价(FOB)} + \text{国外运费}}{1 - \text{保险费费率}} \times \text{保险费费率} \tag{2.32}$$

其中，保险费费率按保险公司规定的进口货物保险费费率计算。

（3）进口从属费的构成及计算。进口从属费的计算公式为

$$\text{进口从属费} = \text{银行财务费} + \text{外贸手续费} + \text{关税} + \text{消费税} + \text{进口环节增值税} + \text{车辆购置税} \tag{2.33}$$

1）银行财务费。一般是指在国际贸易结算中，中国银行为进出口商提供金融结算服务所收取的费用，可按式（2.34）简化计算，即

$$\text{银行财务费} = \text{离岸价格(FOB)} \times \text{人民币外汇汇率} \times \text{银行财务费费率} \tag{2.34}$$

2）外贸手续费。它是指按规定的外贸手续费费率计取的费用，外贸手续费费率一般取

1.5%。计算公式为

$$外贸手续费=到岸价格(CIF)\times人民币外汇汇率\times外贸手续费费率 \tag{2.35}$$

3）关税。由海关对进出国境或关境的货物和物品征收的一种税。计算公式为

$$关税=到岸价格(CIF)\times人民币外汇汇率\times进口关税税率 \tag{2.36}$$

到岸价格作为关税的计征基数时，通常又可称为关税完税价格。进口关税税率分为优惠和普通两种。优惠税率适用于与我国签订关税互惠条款的贸易条约或协定的国家的进口设备；普通税率适用于与我国未签订关税互惠条款的贸易条约或协定的国家的进口设备。进口关税税率按我国海关总署发布的进口关税税率计算。

4）消费税。仅对部分进口设备（如新车、摩托车等）征收，一般计算公式为

$$应纳消费税税额=\frac{到岸价格(CIF)\times人民币外汇汇率+关税}{1-消费税税率}\times消费税税率 \tag{2.37}$$

其中，消费税税率根据规定的税率计算。

5）进口环节增值税。它是对从事进口贸易的单位和个人，在进口商品报关进口后征收的税种。我国增值税条例规定，进口应税产品均按组成计税价格和增值税税率直接计算应纳税额，即

$$进口环节增值税额=组成计税价格\times增值税税率 \tag{2.38}$$

$$组成计税价格=关税完税价格+关税+消费税 \tag{2.39}$$

增值税根据规定的税率计算。

6）车辆购置税。进口车辆需缴进口车辆购置税，其公式为

$$进口车辆购置税=(关税完税价格+关税+消费税)\times车辆购置税率 \tag{2.40}$$

【例 2.3】 从某国进口设备，重量 1000t，装运港船上交货价为 400 万美元，工程建设项目位于国内某省会城市。如果国际运费标准为 300 美元/t，海上运输保险费费率为 3‰，银行财务费费率为 5‰，外贸手续费费率为 1.5%，关税税率为 22%，增值税的税率为 17%，消费税税率为 10%，银行外汇牌价为 1 美元=6.3 元人民币，对该设备的原价进行估算。

【解】

$$进口设备\ FOB=400\times6.3=2520(万元)$$

$$国际运费=300\times1000\times6.3=189(万元)$$

$$海运保险费=\frac{2520+189}{1-3‰}\times3‰=8.15(万元)$$

$$CIF=2520+189+8.15=2717.15(万元)$$

$$银行财务费=2520\times5‰=12.6(万元)$$

$$外贸手续费=2717.15\times1.5\%=40.76(万元)$$

$$关税=2717.15\times22\%=597.77(万元)$$

$$消费税=\frac{2717.15+597.77}{1-10\%}\times10\%=368.32(万元)$$

$$增值税=(2717.15+597.77+368.32)\times17\%=626.15(万元)$$

$$进口从属费=12.6+40.76+597.77+368.32+625.15=1645.6(万元)$$

$$进口设备原价=2717.15+1645.6=4362.75(万元)$$

3. 设备运杂费的构成及计算

(1) 设备运杂费的构成。设备运杂费是指国内采购设备自来源地、国外采购设备自到岸

港运至工地仓库或指定堆放地点发生的采购、运输、运输保险、保管、装卸等费用。通常由下列各项构成。

1）运费和装卸费。国产设备由设备制造厂交货地点起至工地仓库（或施工组织设计指定的需要安装设备的堆放地点）止所发生的运费和装卸费；进口设备则由我国到岸港口或边境车站起至工地仓库（或施工组织设计指定的需安装设备的堆放地点）止所发生的运费和装卸费。

2）包装费。在设备原价中没有包含的，为运输而进行的包装支出的各种费用。

3）设备供销部门的手续费。按有关部门规定的统一费率计算。

4）采购与仓库保管费。指采购、验收、保管和收发设备所发生的各种费用，包括设备采购人员、保管人员和管理人员的工资、工资附加费、办公费、差旅交通费，设备供应部门办公和仓库所占固定资产使用费、工具用具使用费、劳动保护费、检验试验费等。这些费用可按主管部门规定的采购与保管费费率计算。

（2）设备运杂费的计算。设备运杂费按式（2.41）计算，即

$$设备运杂费=设备原价\times设备运杂费费率 \tag{2.41}$$

式中，设备运杂费费率按各部门及省（自治区、直辖市）有关规定计取。

2.2.2 工器具及生产家具购置费的构成和计算

工器具及生产家具购置费，是指新建或扩建项目初步设计规定的，保证初期正常生产必须购置的没有达到固定资产标准的设备、仪器、工卡模具、器具、生产家具和备品备件等的购置费用。一般以设备购置费为计算基数，按照部门或行业规定的工具、器具及生产家具费费率计算。计算公式为

$$工器具及生产家具购量费=设备购置费\times定额费费率 \tag{2.42}$$

2.3 工程建设其他费用的构成和计算

工程建设其他费用，是指从工程筹建起到工程竣工验收交付使用止的整个建设期间，除建筑安装工程费用和设备及工器具购置费用以外的，为保证工程建设顺利完成和交付使用后能够正常发挥效用而发生的各项费用。

2.3.1 建设用地费

任何一个建设项目都固定于一定地点与地面相连接，必须占用一定量的土地，也就必然要发生为获得建设用地而支付的费用，这就是建设用地费。它是指为获得工程项目建设土地的使用权而在建设期内发生的各项费用，包括通过划拨方式取得土地使用权而支付的土地征用及迁移补偿费，或者通过土地使用权出让方式取得土地使用权而支付的土地使用权出让金。

1. 建设用地取得的基本方式

建设用地的取得，实质是依法获取国有土地的使用权。根据我国《房地产管理法》规定，获取国有土地使用权的基本方式有两种：一是出让方式；二是划拨方式。建设土地取得的其他方式还包括租赁和转让方式。

（1）通过出让方式获取国有土地使用权。国有土地使用权出让，是指国家将国有土地使用权在一定年限内出让给土地使用者，由土地使用者向国家支付土地使用权出让金的行为。

土地使用权出让最高年限按下列用途确定。

1）居住用地70年。

2）工业用地50年。

3）教育、科技、文化、卫生、体育用地50年。

4）商业、旅游、娱乐用地40年。

5）综合或者其他用地50年。

通过出让方式获取国有土地使用权又可以分成两种具体方式：一是通过招标、拍卖、挂牌等竞争出让方式获取国有土地使用权；二是通过协议出让方式获取国有土地使用权。

1）通过竞争出让方式获取国有土地使用权。具体的竞争方式又包括3种，即投标、竞拍和挂牌。按照国家相关规定，工业（包括仓储用地，但不包括采矿用地）、商业、旅游、娱乐和商品住宅等各类经营性用地，必须以招标、拍卖或者挂牌方式出让；上述规定以外用途的土地的供地计划公布后，同一宗地有两个以上意向用地者的，也应当采用招标、拍卖或者挂牌的方式出让。

2）通过协议出让方式获取国有土地使用权。按照国家相关规定，出让国有土地使用权，除依照法律、法规和规章的规定应当采用招标、拍卖或者挂牌方式外，还可采取协议方式。以协议方式出让国有土地使用权的出让金不得低于按国家规定所确定的最低价。协议出让底价不得低于拟出让地块所在区域的协议出让最低价。

（2）通过划拨方式获取国有土地使用权。国有土地使用权划拨，是指县级以上人民政府依法批准，在土地使用者缴纳补偿、安置等费用后将该幅土地交付其使用，或者将土地使用权无偿交付给土地使用者使用的行为。

国家对划拨用地有着严格的规定，下列建设用地，经县级以上人民政府依法批准，可以以划拨方式取得。

1）国家机关用地和军事用地。

2）城市基础设施用地和公益事业用地。

3）国家重点扶持的能源、交通、水利等基础设施用地。

4）法律、行政法规规定的其他用地。

依法以划拨方式取得土地使用权的，除法律、行政法规另有规定外，没有使用期限的限制。

2. 取得建设用地所需的费用

建没用地如通过行政划拨方式取得，则须承担征地补偿费用或对原用地单位或个人的拆迁补偿费用；若通过市场机制取得，则不但承担以上费用，还须向土地所有者支付有偿使用费，即土地出让金。

（1）征地补偿费用。建设征用土地费用由以下几个部分构成。

1）土地补偿费。土地补偿费是对农村集体经济组织因土地被征用而造成的经济损失的一种补偿。征用耕地的补偿费，为该耕地被征前3年平均年产值的6～10倍。征用其他土地的补偿费标准，由省（自治区、直辖市）参照征用耕地的补偿费标准规定。土地补偿费归农村集体经济组织所有。

2）青苗补偿费和地上附着物补偿费。青苗补偿费是因征地时对其正在生长的农作物受到损害而作出的一种赔偿。在农村实行承包责任制后，农民自行承包土地的青苗补偿费应付

给本人，属于集体种植的青苗补偿费可纳入当年集体收益。凡在协商征地方案后抢种的农作物、树木等，一律不予补偿。地上附着物是指房屋、水井、树木、涵洞、桥梁、公路、水利设施、林木等地面建筑物、构筑物、附着物等。视协商征地方案前地上附着物价值与折旧情况确定，应根据“拆什么，补什么；拆多少，补多少，不低于原来水平”的原则确定。如附着物产权属个人，则该项补助费付给个人。地上附着物的补偿标准由省（自治区、直辖市）规定。

3）安置补助费。安置补助费应支付给被征地单位和安置劳动力的单位，作为劳动力安置与培训的支出，以及作为不能就业人员的生活补助。征收耕地的安置补助费，按照需要安置的农业人口数计算。需要安置的农业人口数，按照被征收的耕地数量除以征地前被征收单位平均每人占有耕地的数量计算。每一个需要安置的农业人口的安置补助费标准，为该耕地被征收前3年平均年产值的4～6倍。但是，每公顷被征收耕地的安置补助费，最高不得超过被征收前3年平均年产值的15倍。土地补偿费和安置补助费，尚不能使需要安置的农民保持原有生活水平的，经省（自治区、直辖市）人民政府批准，可以增加安置补助费。但是，土地补偿费和安置补助费的总和不得超过土地被征收前3年平均年产值的30倍。

4）新菜地开发建设基金。新菜地开发建设基金指征用城市郊区商品菜地时支付的费用。这项费用交给地方财政，作为开发建设新菜地的投资。菜地是指城市郊区为供应城市居民蔬菜，连续3年以上常年种菜或者养殖鱼、虾等的商品菜地和精养鱼塘。一年只种一茬或因调整茬口安排种植蔬菜的，均不作为需要收取开发基金的菜地。征用尚未开发的规划菜地，不缴纳新菜地开发建设基金。在蔬菜产销放开后，能够满足供应，不再需要开发新菜地的城市，不收取新菜地开发基金。

5）耕地占用税。耕地占用税是对占用耕地建房或者从事其他非农业建设的单位和个人征收的一种税收，目的是合理利用土地资源、节约用地、保护农用耕地。耕地占用税征收范围，不仅包括占用耕地，还包括占用鱼塘、园地、菜地及其农业用地建房或者从事其他非农业建设，均按实际占用的面积和规定的税额一次性征收。其中，耕地是指用于种植农作物的土地。占用前3年曾用于种植农作物的土地也视为耕地。

6）土地管理费。土地管理费主要作为征地工作中所发生的办公、会议、培训、宣传、差旅、借用人员工资等必要的费用。土地管理费的收取标准，一般是在土地补偿费、青苗费、地面附着物补偿费、安置补助费4项费用之和的基础上提取2%～4%。如果是征地包干，还应在4项费用之和后再加上粮食价差、副食补贴、不可预见费等费用，在此基础上提取2%～4%作为土地管理费。

（2）拆迁补偿费。在城市规划区内国有土地上实施房屋拆迁，拆迁人应当对被拆迁人给予补偿、安置。

1）拆迁补偿。拆迁补偿的方式可以实行货币补偿，也可以实行房屋产权调换。

货币补偿的金额，根据被拆迁房屋的区位、用途、建筑面积等因素，以房地产市场评估价格确定。具体办法由省（自治区、直辖市）人民政府制定。

实行房屋产权调换的，拆迁人与被拆迁人按照计算得到的被拆迁房屋的补偿金额和所调换房屋的价格，结清产权调换的差价。

2）搬迁、安置补助费。拆迁人应当对被拆迁人或者房屋承租人支付搬迁补助费，对于在规定的搬迁期限届满前搬迁的，拆迁人可以付给提前搬家奖励费；在过渡期限内，被拆迁人或者房屋承租人自行安排住处的，拆迁人应当支付临时安置补助费，被拆迁人或者房屋法租人使用拆迁人提供的周转房的，拆迁人不支付临时安置补助费。

搬迁补助费和临时安置补助费的标准，由省（自治区、直辖市）人民政府规定。有些地区规定，拆除非住宅房屋，造成停产、停业引起经济损失的，拆迁人可以根据被拆除房屋的区位和使用性质，按照一定标准给予一次性停产停业综合补助费。

（3）出让金、土地转让金。土地使用权出让金为用地单位向国家支付的土地所有权收益，出让金标准一般参考城市基准地价并结合其他因素制定。基准地价由市土地管理局会同市物价局、市国有资产管理局、市房地产管理局等部门综合平衡后报市级人民政府审定通过，它以城市土地综合定级为基础，用某一地价或地价幅度表示某一类别用地在某一土地级别范围的地价，以此作为土地使用权出让价格的基础。

在有偿出让和转让土地时，政府对地价不作统一规定，但坚持以下原则，即：地价对目前的投资环境不产生大的影响；地价与当地的社会经济承受能力相适应；地价要考虑已投入的土地开发费用、土地市场供求关系、土地用途、所在区类、容积率和使用年限等。有偿出让和转让使用权，要向土地受让者征收契税；转让土地如有增值，要向转让者征收土地增值税；土地使用者每年应按规定的标准缴纳土地使用费。土地使用权出让或转让，应先由地价评估机构进行价格评估后，再签订土地使用权出让和转让合同。

2.3.2 与项目建设有关的其他费用

1. 建设管理费

建设管理费是指建设单位为组织完成工程项目建设，在建设期内发生的各类管理性费用。

（1）建设管理费的内容。

1）建设单位管理费。它是指建设单位发生的管理性质的开支。包括工作人员工资、工资性补贴、施工现场津贴、职工福利费、住房基金、基本养老保险费、基本医疗保险费、失业保险费、工伤保险费、办公费、差旅交通费、劳动保护费、工具用具使用费、固定资产使用费、必要的办公及生活用品购置费、必要的通信设备及交通工具购置费、零星固定资产购置费、招募生产工人费、技术图书资料费、业务招待费、设计审查费、工程招标费、合同契约公证费、法律顾问费、咨询费、完工清理费、竣工验收费、印花税和其他管理性开支。

2）工程监理费。它是指建设单位委托工程监理单位实施工程监理的费用。此项费用应按国家发展改革委员会与建设部联合发布的《建设工程监理与相关服务收费管理规定》（发改价格〔2007〕670号）计算。依法必须实行监理的建设工程施工阶段的监理收费实行政府指导价；其他建设工程施工阶段的监理收费和其他阶段的监理与相关服务收费实行市场调节价。

（2）建设单位管理费的计算。建设单位管理费按照工程费用之和（包括设备工器具购置费和建筑安装工程费用）乘以建设单位管理费费率计算，即

$$\text{建设单位管理费}=\text{工程费用}\times\text{建设单位管理费费率} \tag{2.43}$$

建设单位管理费费率按照建设项目的不同性质、不同规模确定。有的建设项目按照建设工期和规定的金额计算建设单位管理费。如采用监理，建设单位部分管理工作量转移至监理单位。监理费用应根据委托的监理工作范围和监理深度在监理合同中商定或按当地或所属行业部门有关规定计算；如建设单位采用工程总承包方式，其总包管理费由建设单位与总包单

位根据总包工作范围在合同中商定，从建设管理费中支出。

2. 可行性研究费

可行性研究费是指在工程项目投资决策阶段，依据调研报告对有关建设方案、技术方案或生产经营方案进行技术经济论证，以及编制、审核可行性研究报告所需的费用。此项费用依据前期研究委托合同计列，或参照《国家计委关于印发〈建设项目前期工作咨询收费暂行规定〉的通知》(计投资〔1999〕1283号规定计算)。

3. 研究试验费

研究试验费是指为建设项目提供或验证设计数据、资料等进行必要的研究实验及按照相关规定在建设过程中必须进行试验、验证所需的费用。包括自行或委托其他部门研究试验所需人工费、材料费、试验设备及仪器使用费等。这项费用按照设计单位根据本工程项目的需要提出的研究试验内容和要求计算。在计算时要注意不包括以下项目。

(1) 应由科技3项费用（即新产品试制费、中间试验费和重要科学研究补助费）开支的项目。

(2) 应在建筑安装费用中列支的施工企业对建筑材料、构件和建筑物进行一般鉴定、检查所发生的费用及技术革新的研究试验费。

(3) 应由勘察设计费或工程费用中开支的项目。

4. 勘察设计费

勘察设计费是指对工程项目进行工程水文地质勘察、工程设计所发生的费用，包括工程勘察费、初步设计费（基础设计费）、施工图设计费（详细设计费）、设计模型制作费。此项费用应按《关于发布〈工程勘察设计收费管理规定〉的通知》(计价格〔2002〕10号）的规定计算。

5. 环境影响评价费

环境影响评价费是指按照《中华人民共和国环境保护法》《中华人民共和国环境影响评价法》等规定，在工程项目投资决策过程中，对其进行环境污染或影响评价所需的费用。包括编制环境影响报告书（含大纲)、环境影响报告表以及对环境影响报告书（含大纲)、环境影响报告表进行评估等所需的费用。此项费用可参照《关于规范环境影响咨询收费有关问题的通知》(计价格〔2002〕125号）规定计算。

6. 劳动安全卫生评价费

劳动安全卫生评价费是指按照劳动部《建设项目（工程）劳动安全卫生监察规定》和《建设项目（工程）劳动安全卫生预评价管理办法》的规定，在工程项目投资决策过程中，为编制劳动安全卫生评价报告所需的费用，包括编制建设项目劳动安全卫生预评价大纲和劳动安全卫生预评价报告书以及为编制上述文件所进行的工程分析和环境现状调查等所需费用。必须进行劳动安全卫生预评价的项目包括以下几项。

(1) 属于《国家计划委员会、国家基本建设委员会、财政部关于基本建设项目和大中型划分标准的规定》中规定的大中型建设项目。

(2) 属于《建筑设计防火规范》(GB 50016) 中规定的火灾危险性生产类别为甲类的建设项目。

(3) 属于劳动部颁布的《爆炸危险场所安全规定》中规定的爆炸危险场所等级为特别危险场所和高度危险场所的建设项目。

（4）大量生产或使用《职业性接触毒物危害程度分级》（GBZ 230）规定的Ⅰ级、Ⅱ级危害程度的职业性接触毒物的建设项目。

（5）大量生产或使用石棉粉料或含有10％以上的游离二氧化硅粉料的建设项目。

（6）其他由劳动行政部门确认的危险、危害因素大的建设项目。

7. 场地准备及临时设施费

（1）场地准备及临时设施费的内容。

1）建设项目场地准备费是指为使工程项目的建设场地达到开工条件，由建设单位组织进行的场地平整等准备工作而发生的费用。

2）建设单位临时设施费是指建设单位为满足工程项目建设、生活、办公的需要，用于临时设施建设、维修、租赁、使用所发生或摊销的费用。

（2）场地准备及临时设施费的计算。

1）场地准备及临时设施费应尽量与永久性工程统一考虑。建设场地的大型土石方工程应计入工程费用中的总体运输费用中。

2）新建项目的场地准备和临时设施费应根据实际工程量估算，或按工程费用的比例计算。改扩建项目一般只计拆除清理费。

$$场地准备和临时设施费=工程费用\times费率+拆除清理费 \tag{2.44}$$

3）发生拆除清理费时可按新建同类工程造价或主材费、设备费的比例计算。凡可回收材料的拆除工程采用以料抵工方式冲抵拆除清理费。

4）此项费用不包括已列入建筑安装工程费用中的施工单位临时设施费用。

8. 引进技术和引进设备其他费

引进技术和引进设备其他费是指引进技术和设备发生的但未计入设备购置费中的费用。

（1）引进项目图纸资料翻译复制费、备品备件测绘费。可根据引进项目的具体情况计列或按引进货价（FOB）的比例估列；引进项目发生备品备件测绘费时按具体情况估列。

（2）出国人员费用。其包括买方人员出国设计联络、出国考察、联合设计、监造、培训等发生的差旅费、生活费等。依据合同或协议规定的出国人次、期限以及相应的费用标准计算。生活费按照财政部、外交部规定的现行标准计算，差旅费按中国民航公布的票价计算。

（3）来华人员费用。其包括卖方来华工程技术人员的现场办公费、往返现场交通费用、接待费用等。依据引进合同或协议有关条款及来华技术人员派遣计划进行计算。来华人员接待费用可按每人次费用指标计算。引进合同价款中已包括的费用内容不得重复计算。

（4）银行担保及承诺费。它指引进项目由国内外金融机构出面承担风险和责任担保所发生的费用，以及支付贷款机构的承诺费用。应按担保或承诺协议计取，投资估算和概算编制时可以担保金额或承诺金额为基数乘以费率计算。

9. 工程保险费

工程保险费是指转移工程项目建设的意外风险，在建设期内对建筑工程、安装工程、机械设备和人身安全进行投保而发生的费用。包括建筑安装工程一切险、引进设备财产保险和人身意外伤害险等。

根据不同的工程类别，分别以其建筑、安装工程费乘以建筑、安装工程保险费费率计算。民用建筑（住宅楼、综合性大楼、商场、旅馆、医院、学校）占建筑工程费的2‰～4‰；其他建筑（工业厂房、仓库、道路、码头、水坝、隧道、桥梁、管道等）占建筑工程

费的3‰～6‰；安装工程（农业、工业、机械、电子、电器、纺织、矿山、石油、化学及钢铁工业、钢结构桥梁）占建筑工程费的3‰～6‰。

10. 特殊设备安全监督检验费

特殊设备安全监督检验费是指安全监察部门对在施工现场组装的锅炉及压力容器、压力管道、消防设备、燃气设备、电梯等特殊设备和设施实施安全检验收取的费用。此项费用按照建设项目所在省（自治区、直辖市）安全监察部门的规定标准计算。无具体规定的，在编制投资估算和概算时可按受检设备现场安装费的比例估算。

11. 市政公用设施费

市政公用设施费是指使用市政公用设施的工程项目，按照项目所在地省级人民政府有关规定建设或缴纳的市政共用设施建设配套费用，以及绿化工程补偿费用。此项费用按工程所在地人民政府规定标准计列。

2.3.3 与未来生产经营有关的其他费用

1. 联合试运转费

联合试运转费是指新建或新增加生产能力的工程项目，在交付生产前按照设计文件规定的工程质量标准和技术要求，对整个生产线或装置进行负荷联合试运转所发生的费用净支出（试运转支出人于收入的差额部分费用）。试运转支出包括试运转所需原材料、燃料及动力消耗、低值易耗品、其他物料消耗、工具用具使用费、机械使用费、保险金、施工单位参加试运转人员工资以及专家指导费等；试运转收入包括试运转期间的产品销售收入和其他收入。联合试运转不包括应由设备安装工程费用开支的调试及试车费用，以及在试运转中暴露出来的因施工原因或设备缺陷等发生的处理费用。

2. 专利及专有技术使用费

（1）专利及专有技术使用费的主要内容。

1）国外设计及技术资料费、引进有效专利、专有技术使用费和技术保密费。

2）国内有效专利、专有技术使用费。

3）商标权、商誉和特许经营权费等。

（2）专利及专有技术使用费的计算。

在专利及专有技术使用费计算时应注意以下问题。

1）按专利使用许可协议和专有技术使用合同的规定计列。

2）专有技术的界定应以省、部级鉴定批准为依据。

3）项目投资中只计算需在建设期支付的专利及专有技术使用费。协议或合同规定在生产期支付的使用费应在生产成本中核算。

4）一次性支付的商标权、商誉及特许经营权费按协议或合同规定计列。协议或合同规定在生产期支付的商标权或特许经营权费应在生产成本中核算。

5）为项目配套的专用设施投资，包括专用铁路线、专用公路、专用通信设施、送变电站、地下通道、专用码头等，如由项目建设单位负责投资但产权不归属本单位的，应做无形资产处理。

3. 生产准备及开办费

（1）生产准备及开办费的内容。在建设期内，建设单位为保证项目正常生产而发生的人员培训费、提前进厂费以及投产使用必备的办公、生活家具用具及工器具等的购置费用。包括以下几项。

1）人员培训费及提前进厂费。包括自行组织培训或委托其他单位培训的人员工资、工资性补贴、职工福利费、差旅交通费、劳动保护费、学习资料费等。

2）为保证初期正常生产（或营业、使用）所必需的生产办公、生活家具用具购置费。

3）为保证初期正常生产（或营业、使用）所必需的第一套不够固定资产标准的生产工具、器具、用具购置费。不包括备品备件费。

（2）生产准备费及开办费的计算。

1）新建项目按设计定员为基数计算，改扩建项目按新增设计定员为基数计算，即

$$\text{生产准备费}=\text{设计定员}\times\text{生产准备费指标} \tag{2.45}$$

2）可采用综合的生产准备费指标进行计算，也可按费用内容的分类指标计算。

2.4　预备费和建设期利息的计算

2.4.1　预备费

按我国现行规定，预备费包括基本预备费和价差预备费。

1. 基本预备费

（1）基本预备费的内容。基本预备费是指针对项目实施过程中可能发生难以预料的支出而事先预留的费用，又称工程建设不可预见费，主要指设计变更及施工过程中可能增加工程量的费用，基本预备费一般由以下4部分构成。

1）在批准的初步设计范围内，技术设计、施工图设计及施工过程中所增加的工程费用；设计变更、工程变更、材料代用、局部地基处理等增加的费用。

2）一般自然灾害造成的损失和预防自然灾害所采取的措施费用。实行工程保险的工程项目，该费用应适当降低。

3）竣工验收时为鉴定工程质量对隐蔽工程进行必要的挖掘和修复费用。

4）运输超规超限设备增加的费用。

（2）基本预备费的计算。基本预备费是按工程费用和工程建设其他费用两者之和为计取基础，乘以基本预备费费率进行计算，即

$$\text{基本预备费}=(\text{工程费用}+\text{工程建设其他费用})\times\text{基本预备费费率} \tag{2.46}$$

基本预备费费率的取值应执行国家及部门的有关规定。

2. 价差预备费

（1）价差预备费的内容。价差预备费是指在建设期内利率、汇率或价格等因素的变化而预留的可能增加的费用，也称为价格变动不可预见费。价差预备费的内容包括：人工费、设备费、材料费、施工机械的价差费，建筑安装工程费及其他费用调整，利率、汇率调整等增加的费用。

（2）价差预备费的测算方法。价差预备费一般根据国家规定的投资综合价格指数，按估算年份价格水平的投资额为基数，采取复利方法计算。计算公式为

$$PF=\sum_{t=1}^{n} I_t\left[(1+f)^m(1+f)^{0.5}(1+f)^{t-1}-1\right] \tag{2.47}$$

式中　PF——价差预备费；

n——建设期年份数；

I_t——建设期中第 t 年的投资计划额，包括工程费用、工程建设其他费用及基本预备费，即第 t 年的静态投资计划额；

f——年涨价率；

m——建设前期年限（从编制估算到开工建设），年。

年涨价率，政府部门有规定的按规定执行，没有规定的由可行性研究人员预测。

【例 2.4】 某建设项目建安工程费为 5000 万元，设备购置费为 3000 万元，工程建设其他费用为 2000 万元，已知基本预备费费率 5%，建设前期年限 1 年，建设期为 3 年，各年投资计划额为：第一年完成 20%，第二年完成 60%，第三年完成 20%。年均投资价格上涨率 6%，求建设项目建设期间价差预备费。

【解】 基本预备费＝(5000＋3000＋2000)×5%＝500(万元)

静态投资＝5000＋3000＋2000＋500＝10500(万元)

建设期第一年完成投资＝10500×20%＝2100(万元)

第一年涨价预备费为：$PF_1=I_1[(1+f)(1+f)^{0.5}-1]=191.8$(万元)

第二年完成投资＝10500×60%＝6300(万元)

第二年涨价预备费为：$PF_2=I_2[(1+f)(1+f)^{0.5}(1+f)-1]=987.9$(万元)

第三年完成投资＝10500×20%＝2100(万元)

第三年涨价预备费：$PF_3=I_3[(1+f)(1+f)^{0.5}(1+f)^2-1]=475.1$(万元)

所以，建设期的价差预备费为：

$$PF=191.8+987.9+475.1=1654.8(\text{万元})$$

2.4.2　建设期利息

建设期利息主要是指在建设期内发生的为工程项目筹措资金的融资费用及债务资金利息。

当总贷款是分年均衡发放时，建设期利息的计算可按当年借款在年中支用考虑，即当年贷款按半年计息，上年贷款按全年计息。计算公式为

$$q_j=\left(P_{j-1}+\frac{1}{2}A_j\right)i \tag{2.48}$$

式中　q_j——建设期第 j 年应计利息；

P_{j-1}——建设期第 $j-1$ 年末累计贷款本金与利息之和；

A_j——建设期第 j 年贷款金额；

i——年利率。

国外贷款利息计算中，还应包括国外贷款银行根据贷款协议向贷款方以年利率的方式收取的手续费、管理费、承诺费，以及国内代理机构经国家主管部门批准的以年利率的方式向贷款单位收取的转贷费、担保费、管理费等。

【例 2.5】 某新建项目，建设期为 3 年，分年均衡进行贷款，第一年贷款 300 万元，第二年贷款 600 万元，第三年贷款 400 万年，年利率为 12%，建设期内利息只计息不支付，计算建设期利息。

【解】 在建设期，各年利息计算如下：

$$q_1=\frac{1}{2}A_1 i=\frac{1}{2}\times 300\times 12\%=18(\text{万元})$$

$$q_2=\left(P_1+\frac{1}{2}A_2\right)i=\left(300+18+\frac{1}{2}\times 600\right)\times 12\%=74.16(万元)$$

$$q_3=\left(P_2+\frac{1}{2}A_3\right)i=\left(318+600+74.16+\frac{1}{2}\times 400\right)\times 12\%=143.06(万元)$$

所以，建设期利息$=q_1+q_2+q_3=18+74.16+143.06=235.22$（万元）

第3章　建设工程计价方法及计价依据

3.1　工程计价方法

工程计价是指按照规定的程序、方法和依据，对工程造价及其构成内容进行估计或确定的行为。工程计价依据是指在工程计价活动中，所要依据的与计价内容、计价方法和价格标准相关的工程计量计价标准、工程计价定额及工程造价信息等。

3.1.1　工程计价基本原理

建设项目是兼具单件性与多样性的集合体。每一个建设项目的建设都需要按业主的特定需要进行单独设计、单独施工，不能批量生产和按整个项目确定价格，只能采用特殊的计价程序和计价方法，即将整个项目进行分解，划分为可以按有关技术经济参数测算价格的基本构造单元（如定额项目、清单项目），这样就可以计算出基本构造单元的费用。一般来说，分解结构层次越多，基本子项目也越细，计算也更精确。

任何一个建设项目都可以分解为一个或几个单项工程，任何一个单项工程都是由一个或几个单位工程组成。作为单位工程的各类建筑工程和安装工程仍然是一个比较复杂的综合实体，还需要进一步分解。单位工程可以按照结构部位、路段长度及施工特点或施工任务分解为分部工程。分解成分部工程后，从工程计价的角度，还需要分部工程按照不同的施工方法、材料、工序及路段长度等，加以更为细致的分解，划分为更为简单细小的部分，即分项工程。分解到分项工程后还可以根据需要进一步划分或组合为定额项目或清单项目，这样就可以得到基本构造单元了。

工程造价计价的主要思路就是将建设项目细分至最基本的构造单元，找到了适当的计量单位及当时当地的单价，就可以采用一定的计价方法，进行分部组合汇总，计算出相应工程造价。工程计价的基本原理就在于项目的分解与组合。

工程计价的基本原理可以用公式的形式表达为

$$分部分项工程费=\sum[基本构造单元工程量(定额项目或清单项目)\times 相应单价] \quad (3.1)$$

工程造价的计价可分为工程计量和工程计价两个环节。

1. 工程计量

工程计量工作包括工程项目的划分和工程量的计算。

（1）单位工程基本构造单元的确定，即划分工程项目。编制工程概算预算时，主要是按工程定额进行项目的划分；编制工程量清单时主要是按照工程量清单计量规范规定的清单项目进行划分。

（2）工程量的计算就是按照工程项目的划分和工程量计算规则，就施工图设计文件和施工组织设计对分项工程实物量进行计算。工程实物量是计价的基础，不同的计价依据有不同的计算规则规定。目前，工程量计算规则包括以下两大类。

1）各类工程定额规定的计算规则。

2）各专业工程计量规范附录中规定的计算规则。

2. 工程计价

工程计价包括工程单价的确定和总价的计算。

（1）工程单价是指完成单位工程基本构造单元的工程量所需要的基本费用。工程单价包括工料单价和综合单价。

1）工料单价也称为直接工程费单价，包括人工、材料、机械台班费用，是各种人工消耗量、各种材料消耗量、各类机械台班消耗量与其相应单价的乘积。用式（3.2）表示，即

$$工料单价=\sum(人材机消耗量\times人材机单价) \tag{3.2}$$

2）综合单价包括人工费、材料费、机械台班费，还包括企业管理费、利润和风险因素。综合单价根据国家、地区、行业定额消耗量和相应生产要素的市场价格来确定。

（2）工程总价是指经过规定的程序或办法逐级汇总形成的相应工程造价。根据采用单价的不同，总价的计算程序有所不同。

1）采用工料单价时，在工料单价确定后，乘以相应定额项目工程量并汇总，得出相应工程直接工程费，再按照相应的取费程序计算其他各项费用，汇总后形成相应工程造价。

2）采用综合单价时，在综合单价确定后，乘以相应项目工程量，经汇总即可得出分部分项工程费，再按相应的办法计取措施项目、其他项目、规费项目、税金项目费，各项目费汇总后得出相应工程造价。

3.1.2　工程计价标准和依据

工程计价标准和依据主要包括计价活动的相关规章规程、工程量清单计价和计量规范、工程定额和相关造价信息。

从目前我国现状来看，工程定额主要用于在项目建设前期各阶段对于建设投资的预测和估计，在工程建设交易阶段，工程定额通常只能作为建设产品价格形成的辅助依据。工程量清单计价依据主要适用于合同价格形成以及后续的合同价格管理阶段。计价活动的相关规章规程则根据其具体内容可能适用不同阶段的计价活动。造价信息是计价活动所必需的依据。

1. 计价活动的相关规章规程

现行计价活动相关的规章规程主要包括建筑工程发包与承包计价管理办法、建设项目投资估算编审规程、建设项目设计概算编审规程、建设项目施工图预算编审规程、建设工程招标控制价编审规程、建设项目工程结算编审规程、建设项目全过程造价咨询规程、建设工程造价咨询成果文件质量标准和建设工程造价鉴定规程等。

2. 工程量清单计价和计量规范

工程量清单计价和计量规范包括《建设工程工程量清单计价规范》（GB 50500）、《房屋建筑与装饰工程量计算规范》（GB 50854）、《仿古建筑工程量计算规范》（GB 50855）、《通用安装工程量计算规范》（GB 50856）、《市政工程量计算规范》（GB 50857）、《园林绿化工程量计算规范》（GB 50858）、《矿山工程量计算规范》（GB 50859）、《构筑物工程量计算规范》（GB 50860）、《城市轨道交通工程量计算规范》（GB 50861）、《爆破工程量计算规范》（GB 50862）等。

3. 工程定额

工程定额主要指国家、省、有关专业部门制定的各种定额，包括工程消耗量定额和工程

计价定额等。

4．工程造价信息

工程造价信息主要包括价格信息、工程造价指数和已完工程信息等。

3.1.3 工程计价基本程序

1．工程概预算编制的基本程序

工程概预算的编制是国家通过颁布统一的计价定额或指标，对建筑产品价格进行计价的活动。国家以假定的建筑安装产品为对象，制定统一的预算和概算定额。然后按概预算定额规定的分部分项子目，逐项计算工程量，套用概预算定额单价（或单位估价表）确定直接工程费，然后按规定的取费标准确定措施费、间接费、利润和税金，经汇总后即为工程概预算价值。工程概预算编制的基本程序如图 3.1 所示。

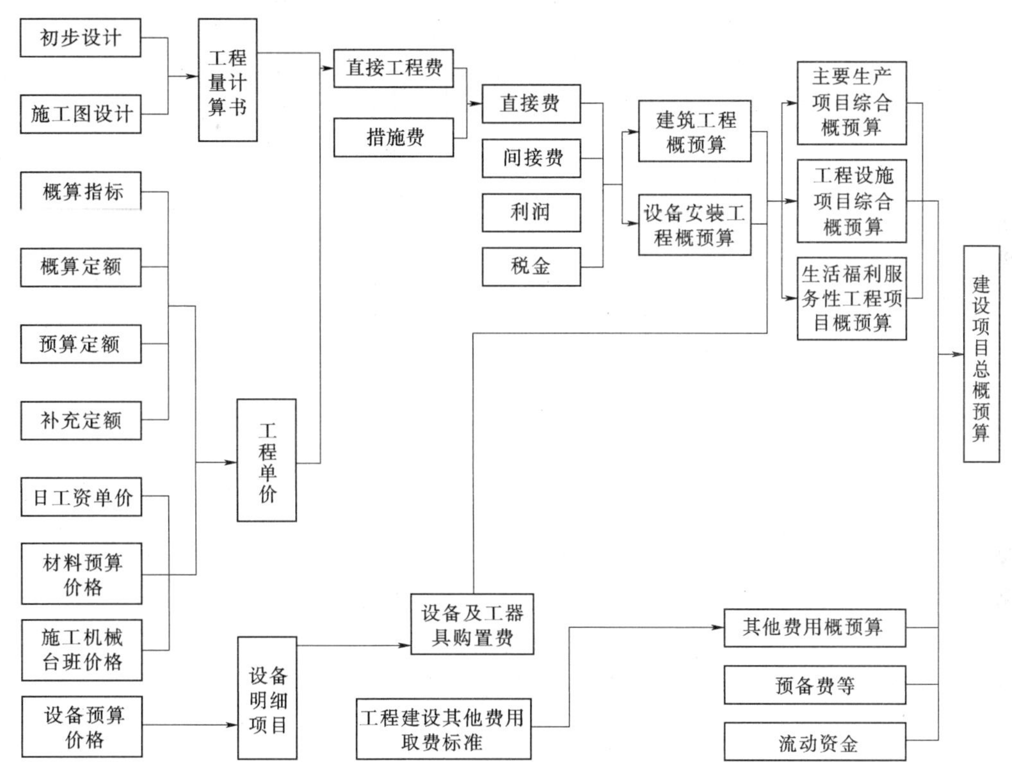

图 3.1　工程概预算编制程序框图

工程概预算单位价格的形成过程，就是依据概预算定额所确定的消耗量乘以定额单价或市场价，经过不同层次的计算形成相应造价的过程。可以用公式进一步明确工程概预算编制的基本方法和程序。

$$\text{每一计量单位建筑产品的基本构造要素(假定建筑产品)的直接工程费单价} = \text{人工费} + \text{材料费} + \text{施工机械使用费} \tag{3.3}$$

其中

$$\text{人工费} = \sum(\text{人工工日数量} \times \text{人工单价}) \tag{3.4}$$

$$\text{材料费} = \sum(\text{材料用量} \times \text{材料单价}) + \text{检验试验费} \tag{3.5}$$

$$\text{机械使用费} = \sum(\text{机械台班用量} \times \text{机械台班单价}) \tag{3.6}$$

$$单位工程直接费=\sum(假定建筑产品工程量\times直接工程费单价)+措施费 \tag{3.7}$$

$$单位工程概预算造价=单位工程直接费+间接费+利润+税金 \tag{3.8}$$

$$单项工程概预算造价=\sum单位工程概预算造价+设备、工器具购置费 \tag{3.9}$$

$$建设项目全部工程概预算造价=\sum单项工程的概预算造价+预备费+有关的其他费用 \tag{3.10}$$

2. 工程量清单计价的基本程序

工程量清单计价的过程可以分为两个阶段，即工程量清单的编制和工程量清单应用两个阶段，工程量清单的编制程序如图 3.2 所示，工程量清单应用过程如图 3.3 所示。

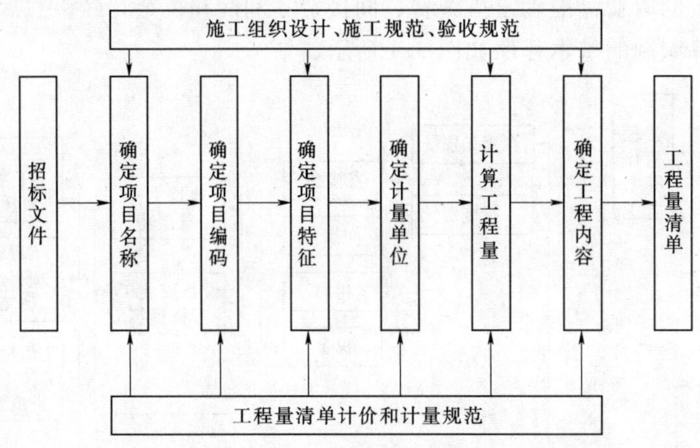

图 3.2 工程量清单编制程序

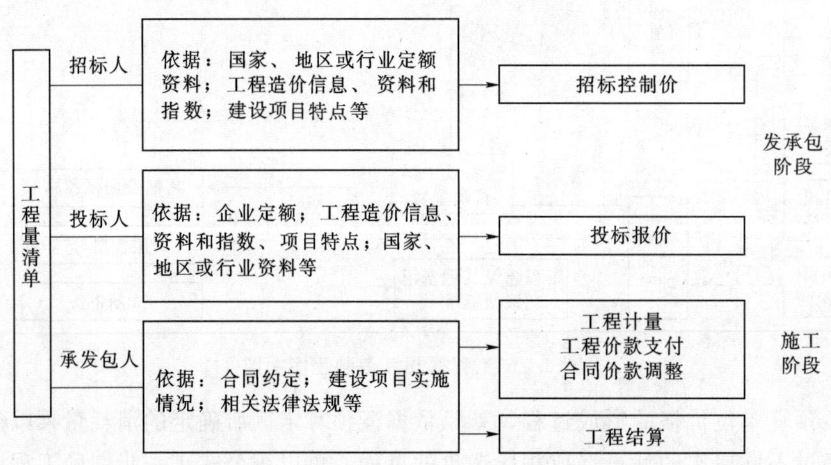

图 3.3 工程量清单应用过程

工程量清单计价的基本原理可以描述为：按照工程量清单计价规范规定，在各相应专业工程计量规范规定的工程量清单项目设置和工程量计算规则基础上，针对具体工程的施工图纸和施工组织设计计算出各个清单项目的工程量，根据规定的方法计算出综合单价，并汇总各清单合价得出工程总价。

$$分部分项工程费=\sum(分部分项工程量\times相应分部分项综合单价) \tag{3.11}$$

$$措施项目费=\sum各措施项目费 \tag{3.12}$$

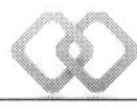

$$其他项目费=暂列金额+暂估价+计日工+总承包服务费 \tag{3.13}$$

$$单位工程报价=分部分项工程费+措施项目费+其他项目费+规费+税金 \tag{3.14}$$

$$单项工程报价=\sum 单位工程报价 \tag{3.15}$$

$$建设项目总报价=\sum 单项工程报价 \tag{3.16}$$

公式中，综合单价是指完成一个规定清单项目所需的人工费、材料和工程设备费、施工机具使用费和企业管理费、利润，以及一定范围内的风险费用。风险费用是隐含于已标价工程量清单综合单价中，用于化解发承包双方在工程合同中约定内容和范围内的市场价格波动风险的费用。

工程量清单计价活动涵盖施工招标、合同管理以及竣工交付全过程，主要包括：编制招标工程量清单、招标控制价、投标报价，确定合同价，进行工程计量与价款支付、合同价款的调整、工程结算和工程计价纠纷处理等活动。

3.1.4 工程定额体系

工程定额是完成规定计量单位的合格建筑安装产品所消耗资源的数量标准。工程定额是一个综合概念，是建设工程造价计价和管理中各类定额的总称，包括许多种类的定额，可以按照不同的原则和方法对它进行分类。

1. 按定额反映的生产要素消耗内容分类

可以把工程定额划分为劳动消耗定额、机械消耗定额和材料消耗定额 3 种。

(1) 劳动消耗定额。简称劳动定额（也称为人工定额），是在正常的施工技术和组织条件下，完成规定计量单位合格的建筑安装产品所消耗的人工工日的数量标准。劳动定额的主要表现形式是时间定额，但同时也表现为产量定额。时间定额与产量定额互为倒数。

(2) 材料消耗定额。简称材料定额，是指在正常的施工技术和组织条件下，完成规定计量单位合格的建筑安装产品所消耗的原材料、成品、半成品、构配件、燃料以及水、电等动力资源的数量标准。

(3) 机械消耗定额。机械消耗定额是以一台机械一个工作班为计量单位，所以又称为机械台班定额。机械消耗定额是指在正常的施工技术和组织条件下，完成规定计量单位合格的建筑安装产品所消耗的施工机械台班的数量标准。机械消耗定额的主要表现形式是机械时间定额，同时也以产量定额表现。

2. 按定额的编制程序和用途分类

可以把工程定额分为施工定额、预算定额、概算定额、概算指标、投资估算指标 5 种。

(1) 施工定额。施工定额是完成一定计量单位的某一施工过程或基本工序所需消耗的人工、材料和机械台班数量标准。施工定额是施工企业（建筑安装企业）组织生产和加强管理在企业内部使用的一种定额，属于企业定额的性质。施工定额是以某一施工过程或基本工序作为研究对象，表示生产产品数量与生产要素消耗综合关系编制的定额。为了适应组织生产和管理的需要，施工定额的划分很细，是工程定额中分项最细、定额子目最多的一种定额，也是工程定额中的基础性定额。

(2) 预算定额。预算定额是在正常的施工条件下，完成一定计量单位合格分项工程和结构构件所需消耗的人工、材料、施工机械台班数量及其费用标准。预算定额是一种计价性定额。从编制程序上看，预算定额是以施工定额为基础综合扩大编制的，同时它也是编制概算定额的基础。

（3）概算定额。概算定额是完成单位合格扩大分项工程或扩大结构构件所需消耗的人工、材料和施工机械台班的数量及其费用标准，是一种计价性定额。概算定额是编制扩大初步设计概算、确定建设项目投资额的依据。概算定额的项目划分粗细，与扩大初步设计的深度相适应，一般是在预算定额的基础上综合扩大而成的，每一综合分项概算定额都包含了数项预算定额。

（4）概算指标。概算指标是以单位工程为对象，反映完成一个规定计量单位建筑安装产品的经济消耗指标。概算指标是概算定额的扩大与合并，以更为扩大的计量单位来编制的。概算指标的内容包括人工、机械台班、材料定额3个基本部分，同时还列出了各结构分部的工程量及单位建筑工程（以体积计或面积计）的造价，是一种计价定额。

（5）投资估算指标。投资估算指标是以建设项目、单项工程、单位工程为对象，反映建设总投资及其各项费用构成的经济指标。它是在项目建议书和可行性研究阶段编制投资估算、计算投资需要量时使用的一种定额。它的概略程度与可行性研究阶段相适应。投资估算指标往往根据历史的预、决算资料和价格变动等资料编制，但其编制基础仍然离不开预算定额、概算定额。

上述各种定额的相互联系见表3.1。

表3.1　各种定额间的相互联系

项目	施工定额	预算定额	概算定额	概算指标	投资估算指标
对象	施工过程或基本工序	分项工程和结构构件	扩大的分项工程或扩大的结构构件	单位工程	建设项目、单项工程、单位工程
用途	编制施工预算	编制施工图预算	编制扩大初步设计概算	编制初步设计概算	编制投资估算
项目划分	最细	细	较粗	粗	很粗
定额水平	平均先进	平均			
定额性质	生产性定额	计价性定额			

3. 按照专业划分

由于工程建设涉及众多的专业，不同的专业所含的内容也不同，因此就确定人工、材料和机械台班消耗数量标准的工程定额来说，也需按不同的专业分别进行编制和执行。

（1）建筑工程定额按专业对象分为建筑及装饰工程定额、房屋修缮工程定额、市政工程定额、铁路工程定额、公路工程定额、矿山井巷工程定额等。

（2）安装工程定额按专业对象分为电气设备安装工程定额、机械设备安装工程定额、热力设备安装工程定额、通信设备安装工程定额、化学工业设备安装工程定额、工业管道安装工程定额、工艺金属结构安装工程定额等。

4. 按主编单位和管理权限分类

工程定额可以分为全国统一定额、行业统一定额、地区统一定额、企业定额、补充定额5种。

（1）全国统一定额是由国家建设行政主管部门综合全国工程建设中技术和施工组织管理的情况编制，并在全国范围内适用的定额。

（2）行业统一定额是考虑到各行业部门专业工程技术特点，以及施工生产和管理水平编制的。一般是只在本行业和相同专业性质的范围内使用。

（3）地区统一定额包括省（自治区、直辖市）定额。地区统一定额主要是考虑地区性特点和全国统一定额水平作适当调整和补充编制的。

（4）企业定额是施工单位根据本企业的施工技术、机械装备和管理水平编制的人工、施工机械台班和材料等消耗标准。企业定额在企业内部使用，是企业综合素质的一个标志。企业定额水平一般应高于国家现行定额，才能满足生产技术发展、企业管理和市场竞争的需要。在工程量清单计价方式下，企业定额作为施工企业进行建设工程投标报价的计价依据，正发挥着越来越大的作用。

（5）补充定额是指随着设计、施工技术的发展、现行定额不能满足需要的情况下，为了补充缺陷所编制的定额。补充定额只能在指定的范围内使用，可以作为以后修订定额的基础。

上述各种定额虽然适用于不同的情况和用途，但是它们是一个互相联系的、有机的整体，在实际工作中配合使用。

3.2 工程量清单计价与计量规范

工程量清单是载明建设工程分部分项工程项目、措施项目和其他项目的名称和相应数量以及规费和税金项目等内容的明细清单。其中由招标人根据国家标准、招标文件、设计文件，以及施工现场实际情况编制的称为招标工程量清单，而作为投标文件组成部分的已标明价格并经承包人确认的称为已标价工程量清单。招标工程量清单应由具有编制能力的招标人或受其委托，具有相应资质的工程造价咨询人或招标代理人编制。采用工程量清单方式招标，招标工程量清单必须作为招标文件的组成部分，其准确性和完整性由招标人负责。招标工程量清单应以单位（项）工程为单位编制，由分部分项工程量清单、措施项目清单、其他项目清单以及规费项目和税金项目清单组成。

3.2.1 工程量清单计价与计量规范概述

工程量清单计价与计量规范由《建设工程工程量清单计价规范》（GB 50500）、《房屋建筑与装饰工程量计算规范》（GB 50854）、《仿古建筑工程量计算规范》（GB 50855）、《通用安装工程量计算规范》（GB 50856）、《市政工程量计算规范》（GB 50857）、《园林绿化工程量计算规范》（GB 50858）、《矿山工程量计算规范》（GB 50859）、《构筑物工程量计算规范》（GB 50860）、《城市轨道交通工程量计算规范》（GB 50861）、《爆破工程量计算规范》（GB 50862）组成。

《建设工程工程量清单计价规范》（GB 50500）（以下简称计价规范）包括总则、术语、一般规定、工程量清单编制、招标控制价、投标报价、合同价款约定、工程计量、合同价款调整、合同价款期中支付、竣工结算与支付、合同解除的价款结算与支付、合同价款争议的解决、工程造价鉴定、工程计价资料与档案、工程计价表格及 11 个附录。

各专业工程量计算规范包括总称、术语、工程计量、工程量清单编制和附录。

1. 工程量清单计价的适用范围

计价规范适用于建设工程发承包及其实施阶段的计价活动。使用国有资金投资的建设工程发承包，必须采用工程量清单计价；非国有资金投资的建设工程，宜采用工程量清单计价；不采用工程量清单计价的建设工程，应执行计价规范中除工程量清单等专门性规定外的其他规定。

国有资金投资的项目包括全部使用国有资金（含国家融资资金）投资或以国有资金投资为主的工程建设项目。

（1）国有资金投资的项目的工程建设项目包括以下内容。

1）使用各级财政预算资金的项目。

2）使用纳入财政管理的各种政府性专项建设资金的项目。

3）使用国有企事业单位自有资金，并由国有资产投资者实际拥有控制权的项目。

（2）国家融资资金投资的工程建设项目包括以下内容。

1）使用国家发行债券所筹资金的项目。

2）使用国家对外借款或者担保所筹资金的项目。

3）使用国家政策性贷款的项目。

4）国家授权投资主体融资的项目。

5）国家特许的融资项目。

（3）国有资金（含国家融资资金）为主的工程建设项目是指国有资金占投资总额50％以上，或虽不足50％但国有投资者实质上拥有控股权的工程建设项目。

2. 工程量清单计价的作用

（1）提供一个平等的竞争条件。采用施工图预算来投标报价，由于设计图纸的缺陷，不同施工企业的人员理解不一，计算出的工程量也不同，报价就更相去甚远，也容易产生纠纷。而工程量清单报价就为投标者提供了一个平等竞争的条件，相同的工程量，由企业根据自身的实力来填不同的单价。投标人的这种自主报价，使得企业的优势体现到投标报价中，可在一定程度上规范建筑市场秩序，确保工程质量。

（2）满足市场经济条件下竞争的需要。招投标过程就是竞争的过程，招标人提供工程量清单，投标人根据自身情况确定综合单价，利用单价与工程量逐项计算每个项目的合计，再分别填入工程量清单表内，计算出投标总价。单价成了决定性的因素，定高了不能中标，定低了又要承担过大的风险。单价的高低直接取决于企业管理水平和技术水平的高低，这种局面促成了企业整体实力的竞争，有利于我国建设市场的快速发展。

（3）有利于提高工程计价效率、能真正实现快速报价。采用工程量清单计价方式，避免了传统计价方式下招标人与投标人在工程量计算上的重复工作，各投标人以招标人提供的工程量清单为统一平台，结合自身的管理水平和施工方案进行报价，促进了各投标人企业定额的完善和工程造价信息的积累和整理，体现了现代工程建设中快速报价的要求。

（4）有利于工程款的拨付和工程造价的最终结算。中标后，业主要与中标单位签订施工合同，中标价就是确定合同价的基础，投标清单上的单价就成了拨付工程款的依据。业主根据施工企业完成的工程量，可以很容易地确定进度款的拨付额。工程竣工后，根据设计变更、工程量增减等，业主也很容易确定工程的最终造价，可在某种程度上减少业主与施工单位之间的纠纷。

(5) 有利于业主对投资的控制。采用现在的施工图预算形式，业主对因设计变更、工程量增减所引起的工程造价变化不敏感，往往等到竣工结算时才知道这些变更对项目投资的影响有多大，但此时常常是为时已晚。而采用工程量清单报价的方式则可对投资变化一目了然，在要进行设计变更时，能马上知道它对工程造价的影响，业主就能根据投资情况来决定是否变更或进行方案比较，以决定最恰当的处理方法。

3.2.2　分部分项工程项目清单

分部分项工程是“分部工程”和“分项工程”的总称。“分部工程”是单位工程的组成部分，系按结构部位、路段长度及施工特点或施工任务将单位工程划分为若干分部的工程。例如，砌筑工程分为砖砌体、砌块砌体，石砌体、垫层分部工程。“分项工程”是分部工程的组成部分，系按不同施工方法、材料、工序及路段长度等分部工程划分为若干个分项或项目的工程，如砖砌体分为砖基础、砖砌挖孔桩护壁、实心砖墙、多孔砖墙、空心砖墙、空斗墙、空花墙、填充墙、实心砖柱、多孔砖柱、砖检查井、零星砌砖、砖散水地坪、砖地沟明沟等分项工程。

分部分项工程项目清单必须载明项目编码、项目名称、项目特征、计量单位和工程量。分部分项工程项目清单必须根据各专业工程计量规范规定的项目编码、项目名称、项目特征、计量单位和工程量计算规则进行编制。其格式见表 3.2，在分部分项工程量清单的编制过程中，由招标人负责前 6 项内容填列，金额部分在编制招标控制价或投标报价时填写。

表 3.2　　分部分项工程和单价措施项目清单与计价表

工程名称：　　　　　　　　　　标段：　　　　　　　　　　第　页　共　页

序号	项目编码	项目名称	项目特征描述	计量单位	工程量	金　额/元		
						综合单价	合价	其中：暂估价

1. 项目编码

项目编码是分部分项工程和措施项目清单名称的阿拉伯数字标识。分部分项工程量清单项目编码以五级编码设置，用 12 位阿拉伯数字表示。一、二、三、四级编码为全国统一，即 1～9 位应按计价规范附录的规定设置；第五级即 10～12 位为清单项目编码，应根据拟建工程的工程量清单项目名称设置，不得有重号，这 3 位清单项目编码由招标人针对招标工程项目具体编制，并应自 001 起按顺序编制。

各级编码代表的含义如下。

(1) 第一级表示专业工程代码（分两位）。

(2) 第二级表示附录分类顺序码（分两位）。

(3) 第三级表示分部工程顺序码（分两位）。

(4) 第四级表示分项工程项目名称顺序码（分 3 位）。

(5) 第五级表示工程量清单项目名称顺序码（分 3 位）。

项目编码结构如图 3.4 所示（以房屋建筑与装饰工程为例）：

当同一标段（或合同段）的一份工程量清单中含有多个单位工程且工程量清单是以单位

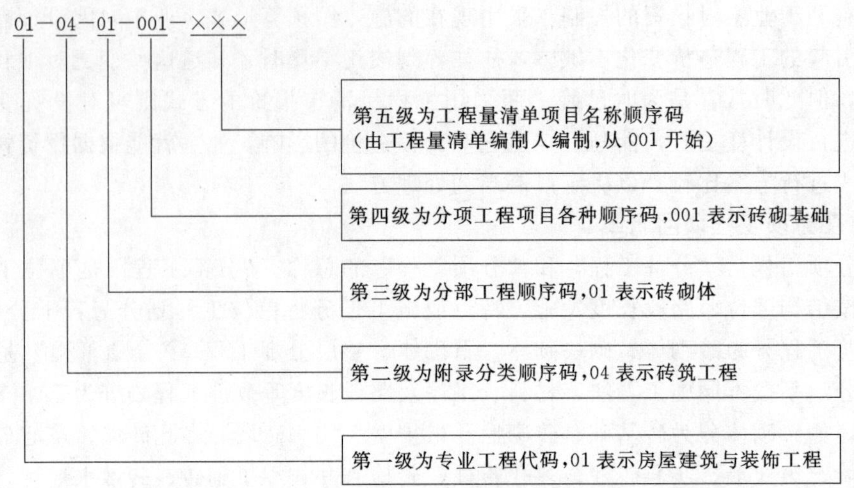

图3.4　工程量清单项目编码结构

工程为编制对象时，在编制工程量清单时应特别注意对项目编码10～12位的设置不得有重码的规定。例如，一个标段（或合同段）的工程量清单中含有3个单位工程，每一单位工程中都有与项目特征相同的实心砖墙砌体，在工程量清单中又需反映3个不同单位工程的实心砖墙砌体工程量时，则第一个单位工程的实心砖墙的项目编码应为010401003001，第二个单位工程的实心砖墙的项目编码应为010401003002，第三个单位工程的实心砖墙的项目编码应为010401003003，并分别列出各单位工程实心砖墙的工程量。

2. 项目名称

分部分项工程量清单的项目名称应按各专业工程计算规范附录的项目名称结合拟建工程的实际确定。附录表中的“项目名称”为分项工程项目名称，是形成分部分项工程量清单项目名称的基础。即在编制分部分项工程量清单时，以附录中的分项工程项目名称为基础，考虑该项目的规格、型号、材质等特征要求，结合拟建工程的实际情况，使其工程量清单项目名称具体化、细化，以反映影响工程造价的主要因素，如“门窗工程”中“特殊门”应区分“冷藏门”“冷冻闸门”“保温门”“变电室门”“隔音门”“人防门”“金库门”等。清单项目名称应表达详细、准确、各专业工程计量规范中的分项工程项目名称如有缺陷，招标人可作补充，并报当地工程造价管理机构（省级）备案。

3. 项目特征

项目特征是构成分部分项工程项目、措施项目自身价值的本质特征。项目特征是对项目的准确描述，是确定一个清单项目综合单价不可缺少的重要依据，是区分清单项目的依据，是履行合同义务的基础。分部分项工程量清单的项目特征应按各专业工程计量规范附录中规定的项目特征，结合技术规范、标准图集、施工图纸，按照工程结构、使用材质及规格或安装位置等，予以详细而准确地表述和说明。凡项目特征中未描述到的其他独有特征，由清单编制人视项目具体情况确定，以准确描述清单项目为准。

在各专业工程计量规范附录中还有关于各清单项目“工作内容”的描述。工作内容是指完成清单项目可能发生的具体工作和操作程序，但应注意的是，在编制分部分项工程量清单时，工作内容通常无需描述，因为在计价规范中，工程量清单项目与工程量计算规则、工作

内容有一一对应关系，当采用计价规范这一标准时，工作内容均有规定。

4. 计量单位

计量单位应采用基本单位，除各专业另有特殊规定外均按以下单位计量。

(1) 以重量计算的项目——吨或千克（t或kg）。

(2) 以体积计算的项目——立方米（m^3）。

(3) 以面积计算的项目——平方米（m^2）。

(4) 以长度计算的项目——米（m）。

(5) 以自然计量单位计算的项目——个、套、块、樘、组、台等。

(6) 没有具体数量的项目——宗、项等。

各专业有特殊计量单位的，另外加以说明，当计量单位有两个或两个以上时，应根据所编工程量清单项目的特征要求，选择最适宜表现该项目特征并方便计量的单位。

计量单位的有效位数应遵循下列规定。

(1) 以“t”为单位，应保留小数点后3位数字，第四位小数四舍五入。

(2) 以“m”“m^2”“m^3”“kg”为单位，应保留小数点后两位数字，第三位小数四舍五入。

(3) 以“个”“件”“根”“组”“系统”等为单位，应取整数。

5. 工程数量的计算

工程数量主要通过工程量计算规则计算得到。工程量计算规则是指对清单项目工程量的计算规定，除另有说明外，所有清单项目的工程量应以实体工程量为准，并以完成后的净值计算；投标人投标报价时，应在单价中考虑施工中的各种损耗和需要增加的工程量。

根据工程量清单计价与计量规范的规定，工程量计算规则可以分为房屋建筑与装饰工程、仿古建筑工程、通用安装工程、市政工程、园林绿化工程、矿山工程、构筑物工程、城市轨道交通工程、爆破工程九大类。

以房屋建筑与装饰工程为例，其计量规范中规定的实体项目包括：土石方工程，地基处理与边坡支护工程，桩基工程，砌筑工程，混凝土及钢筋混凝土工程，金属结构工程，木结构工程，门窗工程，屋面及防水工程，保温、隔热、防腐工程，楼地面装饰工程，墙、柱面装饰与隔断、幕墙工程，天棚工程，油漆、涂料、裱糊工程，其他装饰工程，拆除工程等，分别制订了它们的项目设置和工程量计算规则。

随着工程建设中新材料、新技术、新工艺等的不断涌现，计量规范附录所列的工程量清单项目不可能包括所有项目。在编制工程量清单时，当出现计量规范附录中未包括的清单项目时，编制人应作补充。在编制补充项目时应注意以下3个方面。

(1) 补充项目的编码应按计量规范的规定确定。具体做法如下：补充项目的编码由计量规范的代码与B和3位阿拉伯数字组成，并应从001起按顺序编制。例如，房屋建筑与装饰工程如需补充项目，则其编码应从01B001开始起按顺序编制，同一招标工程的项目不得重码。

(2) 在工程量清单中应附补充项目的项目名称、项目特征、计量单位、工程量计算规则和工作内容。

(3) 将编制的补充项目报省级或行业工程造价管理机构备案。

3.2.3 措施项目清单

1. 措施项目列项

措施项目是指完成工程项目施工，发生于该工程施工准备和施工过程中的技术、生活、安全、环境保护等方面的项目。

措施项目清单应根据相关工程现行国家计量规范的规定编制，并应根据拟建工程的实际情况列项。例如，《房屋建筑与装饰工程量计算规范》（GB 50854）中规定的措施项目，包括脚手架工程，混凝土模板及支架（撑），垂直运输，超高施工增加，大型机械设备进出场及安拆，施工排水、降水，安全文明施工及其他措施项目。

2. 措施项目清单的标准格式

（1）措施项目清单的类别。措施项目费用的发生与使用时间、施工方法或者两个以上的工序相关，如安全文明施工，夜间施工，非夜间施工照明，二次搬运，冬雨季施工，地上、地下设施，建筑物的临时保护设施，已完工程及设备保护等。但是有些措施项目则是可以计算工程量的项目，如脚手架工程，混凝土模板及支架（撑），垂直运输，超高施工增加，大型机械设备进出场及安拆，施工排水、降水等，这类措施项目按照分部分项工程量清单的方式采用综合单价计价，更有利于措施费的确定和调整。措施项目中可以计算工程量的项目清单宜采用分部分项工程量清单的方式编制，列出项目编码、项目名称、项目特征描述、计量单位和工程量计算规则（表3.2）；不能计算工程量的项目清单以“项”为计量单位进行编制（表3.3）。

表3.3　　总价措施项目清单与计价表

工程名称：　　　　　　　　　　　　标段：　　　　　　　　　　　　第　页　共　页

序号	项目编码	项　目　名　称	计算基础	费率/%	金额/元	调整费率/%	调整后金额/元	备注
		安全文明施工费						
		夜间施工增加费						
		二次搬运费						
		冬雨季施工增加费						
		已完工程及设备保护费						
		⋮						
合　计								

编制人（造价人员）：　　　　　　　　　　　　复核人（造价工程师）：

注　1.“计算基础”中安全文明施工费可为“定额基价”“定额人工费”或“定额人工费＋定额机械费”，其他项目可为“定额人工费”或“定额人工费＋定额机械费”。

2. 按施工方案计算的措施费，若无“计算基础”和“费率”的数值，也可只填“金额”数值，但应在备注栏说明施工方案出处或计算方法。

（2）措施项目清单编制。措施项目清单的编制需考虑多种因素，除工程本身的因素外，还涉及水文、气象、环境、安全等因素。措施项目清单应根据拟建工程的实际情况列项。若出现清单计价规范中未列项的项目，可根据工程实际情况补充。

措施项目清单的编制依据主要有以下几个。

1）施工现场情况、地勘水文资料、工程特点。

2）常规施工方案。

3）与建设工程有关的标准、规范、技术资料。

4）拟定的招标文件。

5）建设工程设计文件及相关资料。

3.2.4 其他项目清单

其他项目清单是指除分部分项工程量清单、措施项目清单所包含的内容以外，因招标人的特殊要求而发生的与拟建工程有关的其他费用项目和相应数量的清单。工程建设标准的高低、工程的复杂程度、工程的工期长短、工程的组成内容、发包人对工程管理要求等都直接影响其他项目清单的具体内容。其他项目清单包括：暂列金额，暂估价（包括材料暂估单价、工程设备暂估单价、专业工程暂估价），计日工，总承包服务费。其他项目清单宜按照表 3.4 的格式编制，出现未包含在表格中内容的项目，可根据工程实际情况补充。

表 3.4　　其他项目清单与计价汇总表

序号	项　目　名　称	金额/元	结算金额/元	备　注
1	暂列金额			明细详见表 3.5
2	暂估价			明细详见表 3.6
2.1	材料（工程设备）暂估价/结算价			明细详见表 3.6
2.2	专业工程暂估价/结算价			明细详见表 3.7
3	计日工			明细详见表 3.8
4	总承包服务费			明细详见表 3.9
5	索赔与现场签证			
合　计				

注　材料（工程设备）暂估单价进入清单项目综合单价，此处不汇总。

1. 暂列金额

暂列金额是指招标人在工程量清单中暂定并包括在合同价款中的一笔款项。用于工程合同签订时尚未确定或者不可预见的所需材料、工程设备、服装的采购，施工中可能发生的工程变更、合同约定调整因素出现时的合同价款调整以及发生的索赔、现场签证确认等的费用。不管采用何种合同形式，其理想的标准是，一份合同的价格就是其最终的竣工结算价格，或者至少两者尽可能接近。我国规定对政府投资工程实行概算管理，经项目审批部门批复的设计概算是工程投资控制的刚性指标，即使商业性开发项目也有成本的预先控制问题；否则，无法相对准确预测投资的收益和科学合理地进行投资控制。但工程建设自身的特性决定了工程的设计需要根据工程进展不断地进行优化和调整，业主需求可能会随工程建设进展出现变化，工程建设过程还会存在一些不能预见、不能确定的因素。消化这些因素必然会影响合同价格的调整，暂列金额正是因这类不可避免的价格调整而设立，以便达到合理确定和有效控制工程造价的目标。设立暂列金额并不能保证合同结算价格就不会出现超过合同价格的情况，是否超出合同价格完全取决于工程量清单编制人对暂列金额预测的准确性，以及工程建设过程是否出现了其他事先未预测到的事件。

暂列金额应根据工程特点，按有关计价规定估算。暂列金额可按照表3.5的格式列示。

表3.5　　暂列金额明细表

工程名称：　　　　标段：　　　　第　页　共　页

序号	项目名称	计量单位	暂定金额/元	备注
1				
2				
3				
合计				

注　此表由招标人填写，如不能详列，也可只列暂定金额总额，投标人应将上述暂列金额计入投标总价中。

2. 暂估价

暂估价是指招标人在工程量清单中提供的用于支付必然发生但暂时不能确定价格的材料、工程设备的单价以及专业工程的金额，包括材料暂估单价、工程设备暂估单价和专业工程暂估价；暂估价类似于FIDIC合同条款中的“主要成本项目”，在招标阶段预见肯定要发生，只是因为标准不明确或者需要由专业承包人完成，暂时无法确定价格。暂估价数量和拟用项目应当结合工程量清单“暂估价表”予以补充说明。为方便合同管理，需要纳入分部分项工程量清单项目综合单价中的暂估价应只是材料、工程设备暂估单价，以方便投标人组价。

专业工程的暂估价一般应是综合暂估价，同样包括人工费、材料费、施工机具使用费、企业管理费和利润，不包括规费和税金。总承包招标时，专业工程设计深度往往是不够的，一般需要交由专业设计人员设计。在国际社会，出于对提高可建造性的考虑，一般由专业承包人负责设计，以发挥其专业技能和专业施工经验的优势。这类专业工程交由专业分包人完成是国际工程的良好实践，目前在我国工程建设领域也已经比较普遍。公开透明地合理确定这类暂估价的实际开支金额的最佳途径就是通过施工总承包人与工程建设项目招标人共同组织的招标。

暂估价中的材料、工程设备暂估单价应根据工程造价信息或参照市场价格估算，列出明细表；专业工程暂估价应分不同专业，按有关计价规定估算，列出明细表。暂估价可依照表3.6和表3.7的格式列示。

表3.6　　材料（工程设备）暂估单价及调整表

工程名称：　　　　标段：　　　　第　页　共　页

序号	材料（工程设备）名称、规格、型号	计量单位	数量		暂估/元		确认/元		差额±/元		备注
			暂估	确认	单价	合价	单价	合价	单价	合价	
1											
2											
3											
合计											

注　此表由招标人填写“暂估单价”，并在备注栏说明暂估价的资料、工程设备拟用在哪些清单项目上，投标人应将上述材料、工程设备暂估价计入工程量清单综合单价报价中。

表 3.7 **专业工程暂估价及结算价表**

工程名称： 标段： 第 页 共 页

序号	工程名称	工程内容	暂估金额/元	结算金额/元	差额±/元	备注
1						
2						
3						
合 计						

注 此表“暂估金额”由招标人填写，投标人应将“暂估金额”计入投标总价中，结算时按合同约定结算金额填写。

3. 计日工

在施工过程中，承包人完成发包人提出的工程合同范围以外的零星项目或工作，按合同中约定的单价计价的一种方式，计日工是为了解决现场发生的零星工作的计价而设立的。国际上常见的标准合同条款中，大多数都设立了计日工（day work）计价机制。计日工对完成零星工作所消耗的人工工时、材料数量、施工机械台班进行计算，并按照计日工表中填报的适用项目的单价进行计价支付。计日工适用的所谓零星项目或工作一般是指合同约定之外的或者因变更而产生的、工程量清单中没有相应项目的额外工作，尤其是那些难以事先商定价格的额外工作。

计日工应列出项目名称、计量单位和暂估数量。计日工可按照表 3.8 的格式列示。

表 3.8 **计 日 工 表**

工程名称： 标段： 第 页 共 页

编号	项目名称	单位	暂定数量	实际数量	综合单价/元	合价/元	
						暂定	实际
一	人工						
1							
2							
⋮							
人工小计							
二	材料						
1							
2							
⋮							
材料小计							
三	施工机械						
1							
2							
⋮							
施工机械小计							
四、企业管理费和利润							
总 计							

注 此表项目名称、暂定数量由招标人填写，编制招标控制价时，单价由招标人按有关计价规定确定；投标时，单价由投标人自主报价，按暂定数量计算合价计入投标总价中，结算时，按发承包双方确认的实际数量计算合价。

4. 总承包服务费

总承包服务费是指总承包人为配合协调发包人进行的专业工程发包，对发包人自行采购的材料、工程设备等进行保管以及施工现场管理、竣工资料汇总整理等服务所需的费用。招标人应预计该项目费用并按投标人的投标报价向投标人支付该项目费。

总承包服务费应列出服务项目及其内容等。总承包服务费按照表3.9的格式列示。

表3.9　总承包服务费计价表

工程名称：　　标段：　　第　页　共　页

序号	项目名称	项目价值/元	服务内容	计算基础	费率/%	金额/元
1	发包人发包专业工程					
2	发包人提供材料					
⋮						
	合计					

注　此表项目名称，服务内容由招标人填写，编制招标控制报价时，费率及金额由招标人按有关计价规定确定；投标时，费率及金额由投标人自主报价，计入投标总价中。

3.2.5　规费、税金项目清单

规费项目清单应按照下列内容列项：社会保险费，包括养老保险费、失业保险费、医疗保险费、工伤保险费、生育保险费；住房公积金；工程排污费；出现计价规范中未列的项目，应根据省级政府或省级有关权力部门的规定列项。

税金项目清单应包括下列内容：营业税；城市维护建设税；教育费附加；地方教育附加。出现计价规范未列的项目，应根据税务部门的规定列项。

规费、税金项目计价表见表3.10。

表3.10　规费、税金项目计价表

工程名称：　　标段：　　第　页　共　页

序号	项目名称	计算基础	计算基数	计算费率/%	金额/元
1	规费	定额人工费			
1.1	社会保障费	定额人工费			
(1)	养老保险费	定额人工费			
(2)	失业保险费	定额人工费			
(3)	医疗保险费	定额人工费			
(4)	工伤保险费	定额人工费			
(5)	生育保险费	定额人工费			
1.2	住房公积金	定额人工费			
1.3	工程排污费	按工程所在地环境保护部门收取标准，按实计入			
2	税金	分部分项工程费＋措施项目费＋其他项目费＋规费－按规定不计税的工程设备金额			
合　计					

编制人（造价人员）：　　复核人（造价工程师）：

3.3 建筑安装工程人工、材料及机械台班定额消耗量

3.3.1 施工过程的分解及工时

1. 施工过程及其分类

(1) 施工过程的含义。施工过程就是在建设工地范围内所进行的生产过程。其最终目的是要建造、恢复、改建、移动或拆除工业、民用建筑物和构造物的全部或一部分。

建筑安装施工过程与其他物质生产过程一样，也包括生产力三要素，即劳动者、劳动对象和劳动工具，也就是说，施工过程是由不同工种、不同技术等级的建筑安装工人完成的，并且必须有一定的劳动对象——建筑材料、半成品、构件、配件等，使用一定的劳动工具——手动工具、小型机具和机械等。

(2) 施工过程分类。对施工过程的细致分析，使我们能够更深入地确定施工过程各个工序组成的必要性及其顺序的合理性，从而正确制定各个工序所需要的工时消耗。

(3) 施工过程的影响因素。对施工过程的影响因素进行研究，其目的是为了正确确定单位施工产品所需要的作业时间消耗。施工过程的影响因素包括技术因素、组织因素和自然因素。

2. 工作时间分类

研究施工中的工作时间最主要的目的是确定施工的时间定额和产量定额，其前提是对工作时间按其消耗性质进行分类，以便研究工时消耗的数量及其特点。

工作时间指的是工作班延续时间。例如，8h 工作制的工作时间就是 8h，午休时间不包括在内。对工作时间消耗的研究，可以分为两个系统进行，即工人工作时间的消耗和工人所使用的机器工作时间消耗。

(1) 工人工作时间消耗的分类。工人在工作班内消耗的工作时间，按其消耗的性质，基本可以分为两大类，即必须消耗的时间和损失时间。工人工作时间的分类一般如图 3.5 所示。

1) 必须消耗的工作时间是工人在正常施工条件下，为完成一定合格产品（工作任务）所消耗掉的时间，是制定定额的主要依据，包括有效工作时间、休息时间和不可避免中断时间的消耗。

a. 有效工作时间是从生产效果来看与产品生产直接有关的时间消耗。其中，包括基本工作时间、辅助工作时间、准备与结束工作时间的消耗。

ⅰ. 基本工作时间是工人完成能生产一定产品的施工工艺过程所消耗的时间。基本时间的长短和工作量大小成正比。

ⅱ. 辅助工作时间是为保证基本工作能顺利完成所消耗的时间。辅助工作时间的长短与工作量大小有关。

ⅲ. 准备与结束工作时间是执行任务前或任务完成后所消耗的工作时间。这项时间消耗可以分为班内的准备与结束工作时间和任务的准备与结束工作时间。

b. 休息时间是工人在工作过程中恢复体力所必需的短暂休息和生理需要的时间消耗。

这种时间是为了保证工人精力充沛地进行工作，所以在定额时间中必须进行计算。

c. 不可避免的中断所消耗的时间是由于施工工艺特点引起的工作中断所必需的时间。

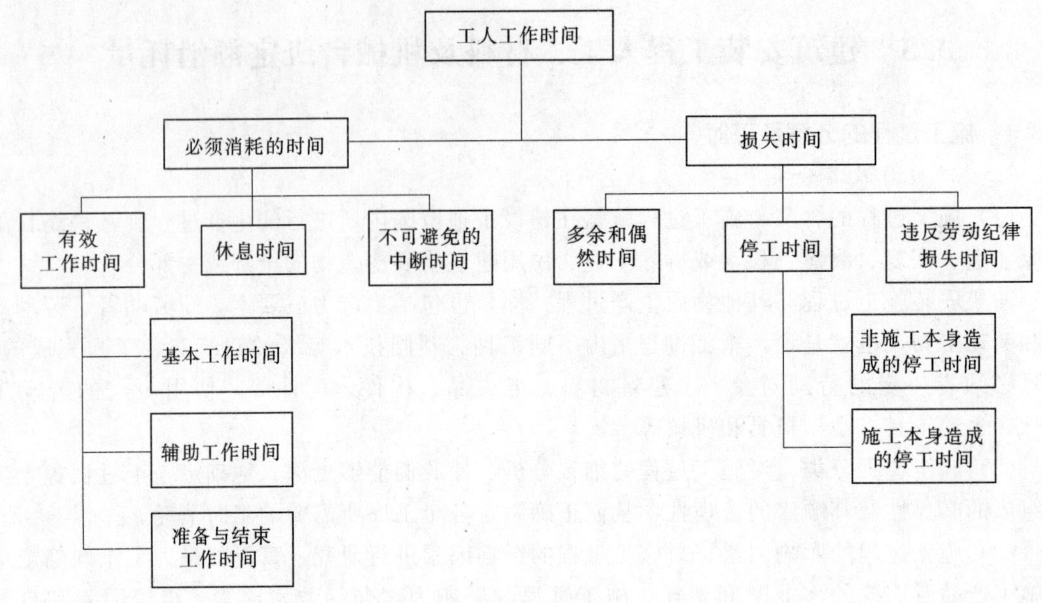

图 3.5　工人工作时间的分类

2）损失时间是与产品生产无关，而与施工组织和技术上的缺点有关，与工人在施工过程中的个人过失或某些偶然因素有关的时间消耗，损失时间中包括多余和偶然工作、停工、违反劳动纪律所引起的工时损失。

(2) 机器工作时间消耗的分类。在机械化施工过程中，对工作时间消耗的分析和研究，除了要对工人工作时间的消耗进行分类研究之外，还需要分类研究机器工作时间的消耗。

机器工作时间的消耗，按其性质也分为必须消耗的时间和损失的时间两大类，如图 3.6 所示。

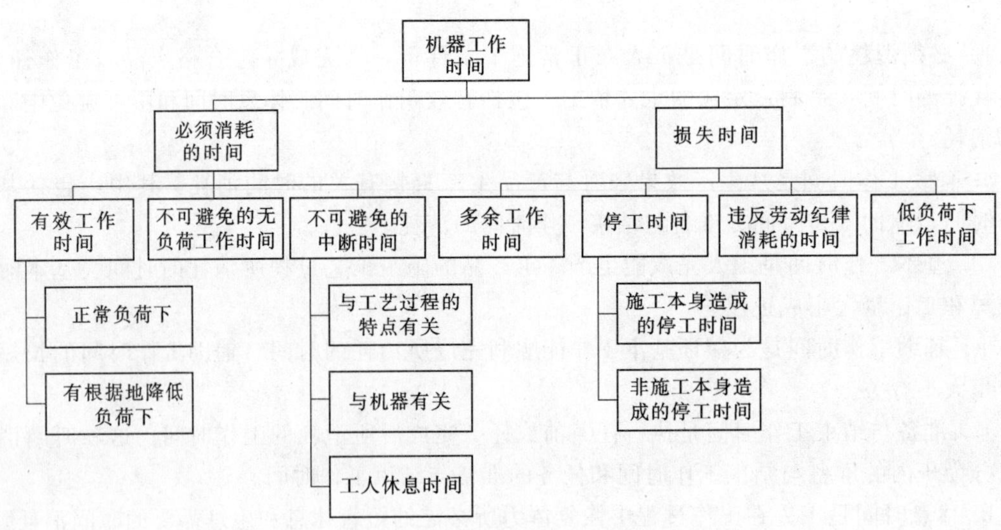

图 3.6　机器工作时间的分类

1）在必须消耗的工作时间里，包括有效工作、不可避免的无负荷工作和不可避免的中断3项时间消耗。而在有效工作的时间消耗中又包括正常负荷下、有根据地降低负荷下的工时消耗。

2）损失的工作时间包括多余工作、停工、违反劳动纪律所消耗的工作时间和低负荷下的工作时间。

3.3.2 确定人工定额消耗的基本方法

时间定额和产量定额是人工定额的两种表现形式。拟定出时间定额，也就可以计算出产量定额。

在全面分析了各种影响因素的基础上，通过计时观察资料，可以获得定额的各种必须消耗时间。将这些时间进行归纳，有的是经过换算，有的是根据不同的工时规范附加，最后把各种定额时间加以综合和类比就是整个工作过程的人工消耗的时间定额。

1. 确定工序作业时间

根据计时观察资料的分析和选择，可以获得各种产品的基本工作时间和辅助工作时间，将这两种时间合并称为工序作业时间。它是产品主要的必须消耗的工作时间，是各种因素的集中反映，决定着整个产品的定额时间。

（1）拟定基本工作时间。基本工作时间在必须消耗的工作时间中占的比例最大。在确定基本工作时间时，必须细致、精确。基本工作时间消耗一般应根据计时观察资料来确定。其做法是，首先确定工作过程每一组成部分的工时消耗，然后再综合出工作过程的工时消耗。如果组成部分的产品计量单位和工作过程的产品计量单位不符，就需先求出不同计量单位的换算系数，进行产品计量单位的换算，然后再相加，求得工作过程的工时消耗。

（2）拟定辅助工作时间。辅助工作时间的确定方法与基本工作时间相同。如果在计时观察时没有足够的资料，也可采用工时规范或经验数据来确定。如具有现行的工时规范，可以直接利用工时规范中规定的辅助工作时间的百分比来计算。

2. 确定规范时间

规范时间内容包括工序作业时间以外的准备与结束时间、不可避免的中断时间以及休息时间。

（1）确定准备与结束时间。准备与结束工作时间分为工作日和任务两种。

（2）确定不可避免的中断时间。在确定不可避免的中断时间的定额时，必须注意由工艺特点所引起的不可避免中断才可列入工作过程的时间定额。

（3）拟定休息时间。休息时间应根据工作班作息制度、经验资料、计时观察资料以及工作的疲劳程度作全面分析来确定。同时，应考虑尽可能利用不可避免的中断时间作为休息时间。

3. 拟定定额时间

确定的基本工作时间、辅助工作时间、准备与结束工作时间、不可避免中断时间与休息时间之和，就是劳动定额的时间定额。根据时间定额可计算出产量定额，时间定额和产量额定互成倒数。

利用工时规范，可以计算劳动定额的时间定额。计算公式为

工序作业时间＝基本工作时间＋辅助工作时间　（3.17）

规范时间＝准备与结束工作时间＋不可避免的中断时间＋休息时间　（3.18）

$$工序作业时间=基本工作时间+辅助工作时间=\frac{基本工作时间}{1-辅助时间\%} \tag{3.19}$$

$$定额时间=\frac{工序作业时间}{1-规范时间\%} \tag{3.20}$$

【例 3.1】 通过计时观察资料得知：人工挖二类土 1m³ 的基本工作时间为 6h，辅助工作时间占工序作业时间的 2%。准备与结束工作时间、不可避免的中断时间、休息时间分别占工作日的 3%、2%、18%。则该人工挖二类土的时间额定是多少？

【解】

基本工作时间=6h=0.75(工日/m³)

工序作业时间=0.75/(1-2%)=0.765(工日/m³)

时间定额=0.765/(1-3%-2%-18%)=0.994(工日/m³)

3.3.3 确定材料定额消耗量的基本方法

1. 材料的分类

合理确定材料消耗定额，必须研究和区分材料在施工过程中的类别。

(1) 根据材料消耗的性质划分。施工中材料的消耗可分为必须消耗的材料和损失的材料两类性质。

必须消耗的材料，是指在合理用料的条件下，生产合格产品所需要消耗的材料。它包括：直接用于建筑和安装工程的材料；不可避免的施工废料；不可避免的材料损耗。

必须消耗的材料属于施工正常消耗，是确定材料消耗定额的基本数据。其中：直接用于建筑和安装材料，编制材料净用量定额；不可避免的施工废料和材料损耗，编制材料损耗定额。

(2) 根据材料消耗与工程实体的关系划分。施工中的材料可分为实体材料和非实体材料两类。

1) 实体材料，是指直接构成工程实体的材料。它包括工程直接性材料和辅助材料。工程直接性材料主要是指一次性消耗、直接用于工程上构成建筑物或结构本体的材料，如钢筋混凝土柱中的钢筋、水泥、砂、碎石等；辅助性材料主要是指虽也是施工过程中所必需，却并不构成建筑物或结构本体的材料，如土石方爆破工程中所需的炸药、引信、雷管等。主要材料用量大，辅助材料用量少。

2) 非实体材料，是指在施工中必须使用但又不能构成工程实体的施工措施性材料。非实体材料主要是指周转性材料，如模板、脚手架等。

有关非实体材料消耗的计算在第 1 章中已有所论述，此处主要阐述实体材料消耗的计算。

2. 确定材料消耗量的基本方法

实体材料的净用量定额和材料损耗定额的计算数据，是通过现场技术测定、实验室实验、现场统计和理论计算等方法获得的。

(1) 现场技术测定法，又称为观测法，是根据对材料消耗过程的测定与观察，通过完成产品数量和材料消耗量的计算，而确定各种材料消耗定额的一种方法，现场技术测定法主要适用于确定材料损耗量，因为该部分数值用统计法或其他方法较难得到。

(2) 实验室实验法，主要用于编制材料净用量定额。通过实验，能够对材料的结构、化学成分和物理性能以及按强度等级控制的混凝土、砂浆、沥青、油漆等配比做出科学的结

论，给编制材料消耗定额提供有技术根据的、比较精确的计算数据。但其缺点在于无法估计到施工现场某些因素对材料消耗量的影响。

(3) 现场统计法，是以施工现场累积的分部分项工程使用材料数量、完成产品数量、完成工作原材料的剩余数量等统计资料为基础，经过整理分析，获得材料消耗的数据。

上述3种方法的选择必须符合国家有关标准规范，即材料的产品标准，计量要使用标准容器和称量设备，质量符合施工验收规范要求，以保证获得可靠的定额编制依据。

(4) 理论计算法，是运用一定的数学公式计算材料消耗定额。

3.3.4 确定机械台班定额消耗量的基本方法

1. 确定机械1h纯工作正常生产率

机械纯工作时间，就是指机械的必须消耗时间，机械1h纯工作正常生产率，就是在正常施工组织条件下，具有必需的知识和技能的技术工人操纵机械1h的生产率。

根据机械工作特点的不同，机械1h纯工作正常生产率的确定方法也有所不同。

(1) 对于循环动作机械，确定机械纯工作1h正常生产率的计算公式如下。

$$\begin{matrix}\text{机械一次循环的}\\\text{正常延续时间}\end{matrix}=\sum\left(\begin{matrix}\text{循环各组成部分}\\\text{正常延续时间}\end{matrix}\right)-\text{交叠时间} \tag{3.21}$$

$$\text{机械纯工作 1h 循环次数}=\frac{60\times 60(\text{s})}{\text{一次循环的正常延续时间}} \tag{3.22}$$

$$\begin{matrix}\text{机械纯工作 1h}\\\text{正常生产率}\end{matrix}=\begin{matrix}\text{机械纯工作 1h}\\\text{正常循环次数}\end{matrix}\times\begin{matrix}\text{一次循环生产}\\\text{的产品数量}\end{matrix} \tag{3.23}$$

(2) 对于连续动作机械，确定机械纯工作1h正常生产率要根据机械的类型和结构特征，以及工作过程的特点来进行。计算公式为

$$\text{连续动作机械纯工作 1h 正常生产率}=\frac{\text{工作时间内生产的产品数量}}{\text{工作时间(h)}} \tag{3.24}$$

工作时间内的产品数量和工作时间的消耗，要通过多次现场观察和机械说明书来取得数据。

2. 确定施工机械的正常利用系数

确定施工机械的正常利用系数，是指机械在工作班内对工作时间的利用率。机械的利用系数和机械在工作班内的工作状况有着密切的关系。所以，要确定机械的正常利用系数。首先要拟定机械工作班的正常工作状况，保证合理利用工时。机械正常利用系数的计算公式为

$$\text{机械正常利用系数}=\frac{\text{机械在一个工作班内纯工作时间}}{\text{一个工作班延续时间(8h)}} \tag{3.25}$$

3. 计算施工机械台班定额

计算施工机械定额是编制机械定额工作的最后一步。在确定了机械工作正常条件、机械1h纯工作正常生产率和机械正常利用系数之后，采用下列公式计算施工机械的产量定额为

$$\text{施工机械台班产量定额}=\text{机械 1h 纯工作正常生产率}\times\text{工作班纯工作时间} \tag{3.26}$$

或

$$\begin{aligned}\text{施工机械台班产量定额}=&\text{机械 1h 纯工作正常生产率}\times\text{工作班延续时间}\\&\times\text{机械正常利用系数}\end{aligned} \tag{3.27}$$

$$\text{施工机械时间定额}=\frac{1}{\text{机械台班产量定额指标}} \tag{3.28}$$

【例 3.2】 某工程现场采用出料容量 500L 的混凝土搅拌机，每一次循环中，装料、搅拌、卸料、中断需要的时间分别为 1min、3min、1min、3min，机械正常利用系数为 0.9，求该机械的台班产量定额。

【解】 该搅拌机一次循环的正常延续时间＝1＋3＋1＋1＝6(min)＝0.1(h)

该搅拌机纯工作 1h 循环次数＝10(次)

该搅拌机纯工作 1h 正常生产率＝10×500＝5000(L)＝5(m^3)

该搅拌机台班产量定额＝5×8×0.9＝36(m^3/台班)

3.4　建筑安装工程人工、材料及机械台班单价

3.4.1　人工日工资单价的组成和确定方法

人工日工资单价是指施工企业平均技术熟练程度的生产工人在每工作日（国家法定工作时间内）按规定从事施工作业应得的日工资总额。合理确定人工日工资单价是正确计算人工费和工程造价的前提和基础。

1. 人工日工资单价组成内容

人工日工资单价由计时工资或计件工资、奖金、津贴补贴以及特殊情况下支付的工资组成。

(1) 计时工资或计件工资，是指按计时工资标准和工作时间或对已做工作按计件单价支付给个人的劳动报酬。

(2) 奖金，是指对超额劳动和增收节支支付给个人的劳动报酬，如节约奖、劳动竞赛奖等。

(3) 津贴补贴，是指为了补偿职工特殊或额外的劳动消耗和因其他原因支付给个人的津贴，以及为了保证职工工资水平不受物价影响支付给个人的物价补贴，如流动施工津贴、特殊地区施工津贴、高温（寒）作业临时津贴、高空津贴等。

(4) 特殊情况下支付的工资，是指根据国家法律、法规和政策规定，因病、工伤、产假、计划生育假、婚丧假、事假、探亲假、定期休假、停工学习、执行国家或社会义务等原因按计时工资标准或计时工资标准的一定比例支付的工资。

2. 影响人工日工资单价的因素

影响人工日工资单价的因素很多，归纳起来有以下几个方面。

(1) 社会平均工资水平。

(2) 生活消费指数。

(3) 人工日工资单价的组成内容。

(4) 劳动力市场供需变化。

(5) 政府推行的社会保障和福利政策也会影响人工日工资单价的变动。

3.4.2　材料单价的组成和确定方法

在建筑工程中，材料费占总造价的 60%～70%，在金属结构工程中所占比例还要大，是直接工程费的主要组成部分。因此，合理确定材料价格构成、正确计算材料单价，有利于合理确定和有效控制工程造价。

1. 材料单价的构成和分类

（1）材料单价的构成。材料单价是指材料（包括构件、成品及半成品等）从其来源地（或交货地点、供应者仓库提货地点）到达施工工地仓库（施工地点内存放材料的地点）后出库的综合平均价格。材料单价一般由材料原价（或供应价格）、材料运杂费、运输损耗费、采购及保管费组成。此外在计价时，材料费中还应包括单独列项计算的检验试验费，即

$$材料费=\sum(材料消耗量\times材料单价)+检验试验费 \tag{3.29}$$

（2）材料单价分类。材料单价按使用范围划分，有地区材料单价和某项工程使用的材料单价。地区材料价格是按地区（城市或建设区域）编制，供该地区所有工程使用；某项工程（一般指大中型重点工程）使用的材料单价，是以一个工程为编制对象，专供该工程项目使用。

地区材料单价与某项工程使用的材料单价的编制原理和方法是一致的，只是在材料来源地、运输数量权数等具体数据上有所不同。

2. 材料单价的编制依据和确定方法

材料单价是由材料原价（或供应价格）、材料运杂费、运输损耗费以及采购保管费合计而成的。

（1）材料原价（或供应价格）。材料原价是指国内采购材料的出厂价格，国外采购材料抵达买方边境、港口或车站并交纳完各种手续费、税费后形成的价格，再确定原价时，凡同一种材料因来源地、交货地、供货单位、生产厂家不同而有几种价格（原价）时，根据不同来源地供货数量比例，采取加权平均的方法确定其综合原价，计算公式为

$$加权平均原价=\frac{K_1C_1+K_2C_2+\cdots+K_nC_n}{K_1+K_2+\cdots+K_n} \tag{3.30}$$

式中 K_1，K_2，…，K_n——各不同供应点的供应量或各不同使用地点的需求量；

C_1，C_2，…，C_n——各不同运距的运费。

（2）材料运杂费。材料运杂费是指国内采购材料自来源地、国外采购材料自到岸港运至工地仓库或指定堆放地点发生的费用。含外埠中转运输过程中所发生的一切费用和过境过桥费用，包括调车和驳船费、装卸费、运输费及附加工作费等。

（3）运输损耗。在材料的运输中应考虑一定的场外运输损耗费用。这是指材料在运输装卸过程中不可避免的损耗。运输损耗的计算公式为

$$运输损耗=(材料原价+运杂费)\times相应材料损耗率 \tag{3.31}$$

（4）采购及保管费。采购及保管费是指组织材料采购、检验、供应和保管过程中发生的费用，包含采购费、仓储费、工地管理费和仓储损耗。

采购及保管费一般按照材料到库价格以费率取定。材料采购及保管费计算公式为

$$采购及保管费=材料运到工地仓库价格\times采购及保管费费率 \tag{3.32}$$

或

$$采购及保管费=(材料原价+运杂费+运输损耗费)\times采购及保管费费率 \tag{3.33}$$

综上所述，材料基价的一般计算公式为

$$材料基价=[(供应价格+运杂费)\times(1+运输损耗率)]\times[1+采购及保管费费率] \tag{3.34}$$

由于我国幅员广阔，建筑材料产地与使用地点的距离各地差异很大，建筑材料采购、保管、运输方式也不尽相同，因此材料单价原则上按地区范围编制。

【例 3.3】 某工地水泥从两个地方采购，其采购量及有关费用见表 3.11，求该工地水泥的基价。

表 3.11 【例 3.3】表

采购处	采购量/t	原价/(元/t)	运杂费/(元/t)	运输损耗率/%	采购及保管费费率/%
来源一	300	240	20	0.5	3
来源二	200	250	15	0.4	

【解】

$$加权平均原价=\frac{300\times240+200\times250}{300+200}=244(元/t)$$

$$加权平均运杂费=\frac{300\times20+200\times15}{300+200}=18(元/t)$$

$$来源一的运输损耗费=(240+20)\times0.5\%=1.3(元/t)$$

$$来源二的运输损耗费=(250+15)\times0.4\%=1.06(元/t)$$

$$加权平均运输损耗费=\frac{300\times1.3+200\times1.06}{300+200}=1.204(元/t)$$

$$水泥基价=(244+18+1.204)\times(1+3\%)=271.1(元/t)$$

3. 影响材料单价变动的因素

(1) 市场供需变化。

(2) 材料生产成本的变动直接影响材料单价的波动。

(3) 流通环节的多少和材料供应体制也会影响材料单价。

(4) 运输距离和运输方法的改变会影响材料运输费用的增减，从而也会影响材料单价。

(5) 国际市场行情会对进口材料单价产生影响。

3.4.3 施工机械台班单价的组成和确定方法

施工机械使用费是根据施工中耗用的机械台班数量和机械台班单价确定的。施工机械台班耗用量按有关定额规定计算；施工机械台班单价是指一台施工机械，在正常运转条件下一个工作班中所发生的全部费用，每台班按 8h 工作制计算。正确制定施工机械台班单价是合理确定和控制工程造价的重要方面。

根据《2001 年全国统一机械台班费用编制规则》的规定，施工机械台班单价由 7 项费用组成，包括折旧费、大修理费、经常修理费、安拆费及场外运费、人工费、燃料动力费和其他费用等。

1. 折旧费

折旧费是指施工机械在规定使用期限内，陆续收回其原值及购置资金的时间价值。

2. 大修理费

大修理费是指机械设备按规定的大修理间隔台班进行必要的大修理，以恢复机械正常功能所需的费用。台班大修理费是指机械使用期限内全部大修理费之和在台班费用中的分摊额，取决于一次大修理费用、大修理次数和耐用总台班的数量。

3. 经常修理费

经常修理费指施工机械除大修理以外的各级保养和临时故障排除所需的费用，包括为保障机械正常运转所需替换与随机配备工具附具的摊销和维护费用，机械运转及日常保养所需

润滑与擦拭的材料费用及机械停滞期间的维护和保养费用等。

4. 安拆费及场外运费

安拆费指施工机械在现场进行安装与拆卸所需的人工、材料、机械和试运转费用以及机械辅助设施的折旧、搭设、拆除等费用；场外运费指施工机械整体或分体自停放地点运至施工现场或由一施工地点运至另一施工地点的运输、装卸、辅助材料及架线等费用。

5. 人工费

人工费指机上司机（司炉）和其他操作人员的工作日人工费及上述人员在施工机械规定的年工作台班以外的人工费。

6. 燃料动力费

燃料动力费是指施工机械在运转作业中所耗用的固体燃料（煤、木柴）、液体燃料（汽油、柴油）及水、电等费用。

7. 其他费用

其他费用是指按照国家和有关部门规定应交纳的养路费、车船使用税、保险费及年检费用等。

3.5 工程计价定额

工程计价定额是指工程定额中直接用于工程计价的定额或指标，包括预算定额、概算定额和估算指标等。工程计价定额主要用来在建设项目的不同阶段作为确定和计算工程造价的依据。

3.5.1 预算定额及其基价编制

1. 预算定额的概念与用途

（1）预算定额的概念。预算定额，是在正常的施工条件下，完成一定计量单位合格分项工程和结构构件所需消耗的人工、材料、机械台班数量及相应费用标准。预算定额是工程建设中的一项重要技术经济文件，是编制施工图预算的主要依据，是确定和控制工程造价的基础。

（2）预算定额的用途和作用。

1）预算定额是编制施工图预算、确定建筑安装工程造价的基础。施工图设计一经确定，工程预算造价就取决于预算定额水平和人工、材料及机械台班的价格。预算定额起着控制劳动消耗、材料消耗和机械台班使用的作用，进而起着控制建筑产品价格的作用。

2）预算定额是编制施工组织设计的依据。施工组织设计的重要任务之一，是确定施工中所需人力、物力的供求量，并做出最佳安排。施工单位在缺乏本企业的施工定额的情况下，根据预算定额，也能够比较精确地计算施工中各项资源的需要量，为有计划地组织材料采购和预制件加工、劳动力和施工机械的调配提供可靠的计算依据。

3）预算定额是工程结算的依据，工程结算是建设单位和施工单位按照工程进度对已完成的分部分项工程实现货币支付的行为。按进度支付工程款，需要根据预算定额将已完分项工程的造价算出。单位工程验收后，再按竣工工程量、预算定额和施工合同规定进行结算，以保证建设单位建设资金的合理使用和施工单位的经济收入。

4）预算定额是施工单位进行经济活动分析的依据。预算定额规定的物化劳动和劳动消耗指标，是施工单位在生产经营中允许消耗的最高标准。施工单位必须以预算定额作为评价企业工作的重要标准，作为努力实现的目标。施工单位可根据预算定额对施工中的劳动、材料、机械的消耗情况进行具体的分析，以便找出并克服低功效、高消耗的薄弱环节，提高竞争能力，只有在施工中尽量降低劳动消耗，采用新技术，提高劳动者素质，提高劳动生产率，才能取得较好的经济效益。

5）预算定额是编制概算定额的基础。概算定额是在预算定额基础上综合扩大编制的。利用预算定额作为编制依据，不但可以节省编制工作的大量人力、物力和时间，收到事半功倍的效果，还可以使概算定额在水平上与预算定额保持一致，以免造成执行中的不一致。

6）预算定额是合理编制招标控制价、投标报价的基础。在深化改革中，预算定额的指令性作用将日益削弱，而施工单位按照工程个别成本报价的指导性作用依然存在，因此预算定额作为编制招标控制价的依据和施工企业报价的基础性作用仍将存在，这也是由预算定额本身的科学性和指导性决定的。

2. 预算定额的编制原则、依据和步骤

（1）预算定额的编制原则。

为保证预算定额的质量，充分发挥预算定额的作用，使实际使用简便，在编制工作中应遵循以下原则。

1）按社会平均水平确定预算定额的原则。预算定额是确定和控制建筑安装工程造价的主要依据。因此，它必须遵照价值规律的客观要求，即按生产过程中所消耗的社会必要劳动时间确定定额水平。所以预算定额的平均水平，是在正常的施工条件下，合理的施工组织和工艺条件、平均劳动熟练程度和劳动强度下，完成单位分项工程基本构造要素所需要的劳动时间。

2）简明适用的原则。简明适用，一是指在编制预算定额时，对于那些主要的、常用的、价值量大的项目，分项工程划分宜细；次要的、不常用的、价值量相对较小的项目则可以粗一些。二是指预算定额要项目齐全，要注意补充那些因采用新技术、新结构、新材料而出现的新的定额项目。如果项目不全、缺项多，就会使计价工作缺少充足的可靠依据。三是要求合理确定预算定额的计算单位，简化工程量的计算，尽可能地避免同一种材料用不同的计量单位和一量多用，尽量减少定额附注和换算系数。

（2）预算定额的编制依据。

1）现行劳动定额和施工定额。预算定额是在现行劳动定额和施工定额的基础上编制的。预算定额中人工、材料、机械台班消耗水平，需要根据劳动定额或施工定额取定；预算定额的计量单位的选择，也要以施工定额为参考，从而保证两者的协调和可比性，减轻预算定额的编制工作量，缩短编制时间。

2）现行设计规范、施工及验收规范，质量评定标准和安全操作规范。

3）具有代表性的典型工程施工图及有关标准图。对这些图纸仔细分析研究，并计算出工程数量，作为编制定额时选择施工方法确定定额含量的依据。

4）新技术、新结构、新材料和先进的施工方法等。这类资料是调整定额水平和增加新的定额项目所必需的依据。

5）有关科学实验、技术测定和统计、经验资料。这类工程是确定定额水平的重要依据。

6）现行的预算定额、材料预算价格及有关文件规定等。包括过去定额编制过程中积累的基础资料，也是编制预算定额的依据和参考。

(3) 预算定额的编制程序及要求。预算定额的编制，大致可以分为准备工作、收集资料、编制定额、报批和修改定额5个阶段。各阶段工作相互有交叉，有些工作还有多次反复。其中，预算定额编制阶段的主要工作如下。

1) 确定编制细则。主要包括：统一编制表格及编制方法；统一计算口径、计量单位和小数点位数的要求；有关统一性规定，如名称统一、用字统一、专业用语统一、符号代码统一，简化字要规范，文字要简练明确。

预算定额与施工定额计量单位往往不同。施工定额的计量单位一般按照工序或施工过程确定；而预算定额的计量单位主要是根据分部分项工程和结构构件的形体特征及其变化确定。由于工作内容综合，预算定额的计量单位也具有综合的性质。工程量计算规则的规定应确切反映定额项目所包含的工作内容。预算定额的计量单位关系到预算工作的繁简和准确性。因此，要正确地确定各分部分项工程的计量单位。一般依据建筑结构构件形状的特点确定。

2) 确定定额的项目划分和工程量计算规则。计算工程数量，是为了通过计算出典型设计图纸所包括的施工过程的工程量，以便在编制预算定额时，有可能利用施工定额的人工、材料和机械台班消耗指标确定预算定额所含工序的消耗量。

3) 定额人工、材料、机械台班耗用量的计算、复核和测算。

3. 预算定额消耗量的编制方法

确定预算定额人工、材料、机械台班消耗指标时，必须先按照施工定额的分项逐项计算出消耗指标，然后再按照预算定额的项目加以综合。但是，这种综合不是简单地合并和相加，而需要在综合过程中增加两种定额之间的适当的水平差。预算定额的水平，首先取决于这些消耗量的合理确定。

人工、材料和机械台班消耗量指标，应根据定额编制原则，采用理论与实践相结合、图纸计算与施工现场测算相结合、编制人员与现场工作人员相结合等方法进行计算和确定，使定额既符合政策要求又与客观情况一致，便于贯彻执行。

(1) 预算定额中人工工日消耗量的计算。人工的工日数可以有两种确定方法：一种是以劳动定额为基础确定；另一种是以现场观察测定资料为基础计算，主要用于遇到劳动定额缺项时，采用现场工作日写实等测时方法测定和计算定额的人工耗用量。

预算定额中人工工日消耗量是指在正常施工条件下，生产单位合格产品所必须消耗的人工工日数量，是由分项工程所综合的各个工序劳动定额包括的基本用工、其他用工两部分组成的。

1) 基本用工。基本用工指完成一定计量单位的分项工程或结构构件的各项工作过程的施工任务所必须消耗的技术工种用工。按技术工种相应劳动定额工时定额计算，以不同工种列出定额工日。基本用工包括以下内容。

a. 完成定额计量单位的主要用工。按综合取定的工程量和相应劳动定额进行计算。计算公式为

$$基本用工=\sum(综合取定的工程量\times劳动定额) \tag{3.35}$$

例如，工程实际中的砖基础，有1砖厚、1砖半厚、2砖厚等之分，用工各不相同，在预算定额中由于不区分厚度，需要按照统计的比例，加权平均得出综合的人工消耗。

b. 按劳动定额规定应增（减）计算的用工量。例如，在砖墙项目中，分项工程的工作

内容包括了附墙烟囱孔、垃圾道、壁橱等零星组合部分的内容，其人工消耗量相应增加附加人工消耗。由于预算定额是在施工定额子目的基础上综合扩大的，包括的工作内容较多，施工的工效视具体部分而不同，所以需要另外增加人工消耗，而这种人工消耗也可以列入基本用工内。

2）其他用工。其他用工是辅助基本用工消耗的工日，包括超运距用工、辅助用工和人工幅度差用工。

a. 超运距用工。超运距是指劳动定额中已包括的材料、半成品场内水平搬运距离与预算定额所考虑的现场材料、半成品堆放地点到操作地点的水平运输距离之差。计算公式为

$$超运距=预算定额取定运距-劳动定额已包括的运距 \tag{3.36}$$

$$超运距用工=\sum(超运距材料数量\times时间定额) \tag{3.37}$$

需要指出，实际工程现场运距超过预算定额取定运距时，可另行计算现场二次搬运费。

b. 辅助用工。辅助用工指技术工种劳动定额内不包括而在预算定额内又必须考虑的用工。例如，机械土方工程配合用工、材料加工（筛砂、洗石、淋化石膏）、电焊点火用工等，计算公式为

$$辅助用工=\sum(材料加工数量\times相应的加工劳动定额) \tag{3.38}$$

c. 人工幅度差。即预算定额与劳动定额的差额，主要是指在劳动定额中未包括而在正常施工情况下不可避免但又很难准确计算计量的用工和各种工时损失。内容包括：①各工种间的工序搭接及交叉作业相互配合或影响所发生的停歇用工；②施工机械在单位工程之间转移及临时水电线路移动所造成的停工；③质量检查和隐蔽工程验收工作的影响；④班组操作地点转移用工；⑤工序交接时对前一工序不可避免的修整用工；⑥施工中不可避免的其他零星用工。

人工幅度差计算公式为

$$人工幅度差=(基本用工+辅助用工+超运距用工)\times人工幅度系数 \tag{3.39}$$

人工幅度系数一般为10%～15%。在预算定额中，人工幅度差的用工量列入其他用工量中。

(2) 预算定额中材料消耗量的计算。材料消耗量计算方法主要有以下几种。

1）凡有标准规格的材料，按规范要求计算定额计量单位的耗用量，如砖、防水卷材、块料面层等。

2）凡设计图纸标注尺寸及下料要求的按设计图纸尺寸计算材料净用量，如门窗制作用材料、方、板料等。

3）换算法，各种胶结、涂料等材料的配合比用料，可以根据要求条件换算，得出材料用量。

4）测定法，包括实验室实验法和现场观察法。指各种强度等级的混凝土及砌筑砂浆配合比的耗用原材料数量的计算，需按照规范要求试配，经过试压合格以后并经过必要的调整后得出水泥、砂子、石子、水的用量。对新材料、新结构，不能用其他方法计算定额消耗用量时，需用现场测定方法来确定，根据不同条件可以采用写实记录法和观察法，得出定额的消耗量。

材料损耗量，指在正常条件下不可避免的材料损耗，如现场内材料运输及施工操作过程中的损耗等。其关系式为

$$材料损耗率=\frac{损耗量}{净用量}\times 100\% \quad (3.40)$$

$$材料损耗量=材料净用量\times损耗率 \quad (3.41)$$

$$材料消耗量=材料净用量+损耗量 \quad (3.42)$$

$$材料消耗量=材料净用量\times(1+损耗率) \quad (3.43)$$

(3) 预算定额中机械台班消耗量的计算。预算定额中的机械台班消耗量是指在正常施工条件下，生产单位合格产品（分部分项工程或结构构件）必须消耗的某种型号施工机械的台班数量。

1) 根据施工定额确定机械台班消耗量的计算。这种方法是指用施工定额中机械台班产量加机械幅度差计算预算定额的机械台班消耗量。

机械台班幅度差是指在施工定额中所规定的范围内没有包括，而在实际施工中又不可避免产生的影响机械使用或使机械停歇的时间。其中内容包括以下几项。

a. 施工机械转移工作面及配套机械相互影响损失的时间。

b. 在正常施工条件下，机械在施工中不可避免的工序间歇。

c. 工程开工或收尾时工作量不饱满所损失的时间。

d. 检查工程质量影响机械操作的时间。

e. 临时停机、停电影响机械操作的时间。

f. 机械维修引起的停歇时间。

大型机械幅度差系数为：土方机械 25%；打桩机械 33%；吊装机械 30%。砂浆、混凝土搅拌机由于按小组配用，以小组产量计算机械台班产量，不另增加机械幅度差。其他分部工程中如钢筋加工、木材、水磨石等各项专用机械的幅度差为 10%。

综上所述，预算定额的机械台班消耗量按式（3.44）计算，即

$$预算定额机械消耗用台班=施工定额机械消耗台班\times(1+机械幅度差系数) \quad (3.44)$$

【例 3.4】 已知某挖土机挖土，一次正常循环工作时间是 40s，每次循环平均挖土量为 $0.3m^3$，机械正常利用系数为 0.8，机械幅度差为 25%。求该机械挖土方 $1000m^3$ 的预算定额机械耗用台班量。

【解】

$$机械纯工作 1h 循环次数=\frac{3600}{40}=90(次/台时)$$

$$机械纯工作 1h 正常生产率=90\times 0.3=27(m^3/台班)$$

$$施工机械台班产量定额=27\times 8\times 0.8=172.8(m^3/台班)$$

$$施工机械台班时间定额=\frac{1}{172.8}=0.00579(台班/m^3)$$

$$预算定额机械耗用台班=0.00579\times(1+25\%)=0.00723(台班/m^3)$$

$$挖土方 1000m^3 的预算定额机械耗用台班量=1000\times 0.00723=7.23(台班)$$

2) 以现场测定定额资料为基础确定机械台班消耗量。如遇到施工定额缺项者，则需要依据单位时间完成的产量测定。具体方法可参见 3.3 节。

3.5.2 概算定额及其基价编制

1. 概算定额的概念

概算定额，是在预算定额基础上，确定完成合格的单位扩大分项工程或单位扩大结构构件所需消耗的人工、材料和施工机械台班的数量标准及其费用标准。概算定额又称为扩大结

构定额。

概算定额是预算定额的综合与扩大。它将预算定额中有联系的若干个分项工程项目综合为一个概算定额项目。例如，砖基础概算定额项目，就是以砖基础为主，综合了平整场地、挖地槽、铺设垫层、砌砖基础、铺设防潮层、回填土及运土等预算定额中分项工程项目。

概算定额与预算定额的相同之处在于，它们都是以建（构）筑物各个结构部分和分部分项工程为单位表示的，内容也包括人工、材料和机械台班使用量定额3个基本部分，并列有基准价。概算定额表达的主要内容、表达的主要方式及基本使用方法都与预算定额相近。

概算定额与预算定额的不同之处在于，项目划分和综合扩大程度上的差异，同时，概算定额主要用于设计概算的编制。由于概算定额综合了若干分项工程的预算定额，因此使概算工程量计算和概算表的编制都比编制施工图预算有所简化。

2. 概算定额的作用

从1957年我国开始在全国试行统一的《建筑工程扩大结构定额》之后，各省（自治区、直辖市）根据本地区的特点，相继编制了本地区的概算定额。为了适应建筑业的改革，国家计划委员会、建设银行总行在计标〔1985〕352号文件中指出，概算定额和概算指标由省（自治区、直辖市）在预算定额基础上组织编写，分别由主管部门审批，报国家计划委员会备案。概算定额主要作用如下。

（1）是初步设计阶段编制概算、扩大初步设计阶段编制修正概算的主要依据。

（2）是对设计项目进行技术经济分析比较的基础资料之一。

（3）是建设工程主要材料计划编制的依据。

（4）是控制施工图预算的依据。

（5）是施工企业在准备施工期间，编制施工组织总设计或总规划时，对生产要素提出需要量计划的依据。

（6）是工程结束后进行竣工决算和评价的依据。

（7）是编制概算指标的依据。

3.5.3　概算指标及其编制

3.5.3.1　概算指标的概念及其作用

建筑安装工程概算指标通常是以单位工程为对象，以建筑面积、体积或成套设备装置的台或组为计量单位而规定的人工、材料、机械台班的消耗量标准和造价指标。

从上述概念中可以看出，建筑安装工程概算定额与概算指标的主要区别如下。

（1）确定各种消耗量指标的对象不同。概算定额是以单位扩大分项工程或单位扩大结构构件为对象，而概算指标则是以单位工程为对象。因此，概算指标比概算定额更加综合与扩大。

（2）确定各种消耗量指标的依据不同。概算定额以现行预算定额为基础，通过计算之后才综合确定出各种消耗量指标，而概算指标中各种消耗量指标确定，则主要来自各种预算或结算资料。

概算指标和概算定额、预算定额一样，都是与各个设计阶段相适应的多次性计价的产物，它主要用于投资估价、初步设计阶段，其作用主要有以下几个。

1）概算指标可以作为编制投资估算的参考。

2）概算指标是指初步设计阶段编制概算书、确定工程概算造价的依据。

3）概算指标中的主要材料指标可以作为匡算主要材料用量的依据。

4）概算指标是设计单位进行设计方案比较、设计技术经济分析的依据。

5）概算指标是编制固定资产投资计划、确定投资额和主要材料计划的主要依据。

3.5.3.2 概算指标的分类和表现形式

1. 概算指标的分类

概算指标可分为两大类：一类是建筑工程概算指标；另一类是设备及安装工程概算指标，如图3.7所示。

2. 概算指标的组成内容及表现形式

（1）概算指标的组成内容一般分为文字说明和列表形式两部分以及必要的附录。

1）总说明和分册说明。其内容一般包括概算指标的编制范围、编制依据、分册情况、指标包括的内容、指标未包括的内容、指标的使用方法、指标允许调整的范围及调整方法等。

2）列表形式包括以下几种。

a. 建筑工程列表形式。房屋建筑、构筑物一般是以建筑面积、建筑体积、“座”“个”等为计算单位，附以必要的示意图，示意图画出建筑物的轮廓示意或单线平面图，列出综合指标“元/m²”或“元/m³”，自然条件（如地耐力、地震烈度等），建筑物的类型、结构形式及各部位中结构的主要特点、主要工程量。

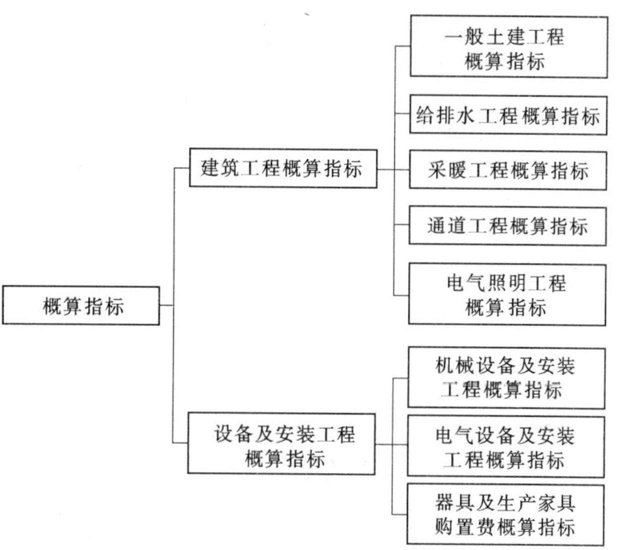

图3.7 概算指标分类框图

b. 设备及安装工程的列表形式。设备以“t”或“台”为计算单位，也可以设备购置费或设备原价的百分比（%）表示；工艺管道一般以“t”为计算单位；通信电话站安装以“站”为计算单位。列出指标编号、项目名称、规格、综合指标（元/计算单位）之后一般还要列出其中的人工费，必要时还要列出主要的材料费、辅助费。

总体来讲，建筑工程列表应包含以下几部分内容。

a）示意图。表明工程的结构、工业项目，还表示出吊车及起重能力等。

b）工程特征。对采暖工程特征应列出采暖热媒及采暖形式；对电气照明工程特征可列出建筑层数、结构类型、配线方法、灯具名称等；对房屋建筑工程特征，主要对工程的结构形式、层高、层数和建筑面积进行说明，见表3.12。

表3.12 **内浇外砌住宅结构特征**

结构类型	层数/层	层高/m	檐高/m	建筑面积/m²
内浇外砌	6	2.8	17.7	4206

c）经济指标。说明该项目每100m² 的造价指标及其土建、水暖和电气照明等单位工程的相应造价，见表3.13。

表 3.13　　内浇外砌住宅经济指标（100m² 建筑面积）　　单位：元

项目		合计	其中			
			直接费	间接费	利润	税金
单方造价		30422	21860	5576	1893	1093
其中	土建	26133	18778	4790	1626	939
	水暖	2565	1843	470	160	92
	电照	614	1239	316	107	62

d）构造内容及工程量指标。说明该工程项目的人工、材料消耗指标，见表 3.14。

表 3.14　　内浇外砌住宅人工及主要材料消耗指标（100m² 建筑面积）

序号	名称及规格	单位	数量
	一、土建		
1	人工	工日	506
2	钢筋	t	3.25
3	型钢	t	0.13
4	水泥	t	18.1
5	白灰	t	2.1
6	沥青	t	0.29
7	红砖	千块	15.1
8	木材	m^3	4.1
9	砂	m^3	41
10	砾	m^3	30.5
11	玻璃	m^2	29.2
12	卷材	m^2	80.8
	二、水暖		
1	人工	工日	39
2	钢管	t	0.18
3	暖气片	m^2	20
4	卫生器具	套	2.35
5	水表	个	1.84
	三、电气照明		
1	人工	工日	20
2	电线	m	283
3	钢管	t	0.04
4	灯具	套	8.43
5	电表	个	1.84
6	配电箱	套	6.1
四、机械使用费		%	7.5
五、其他材料费		%	19.57

（2）概算指标的表现形式。概算指标在具体内容的表示方法上，分综合指标和单项指标两种形式。

1）综合概算指标。综合概算指标是按照工业或民用建筑及其结构类型而定制的概算指标。综合概算指标的概括性较大，其准确性、针对性不如单项指标。

2）单项概算指标。单项概算指标是指为某种建筑物或构筑物而编制的概算指标。单项概算指标的针对性较强，故指标中对工程结构形式要作介绍。只要工程项目的结构形式及工程内与单项指标中的工程概况相吻合，编制出的设计概算就比较准确。

3.5.4 投资估算指标

1. 投资估算指标及其作用

工程建设投资估算指标是编制建设项目建议书、可行性研究报告等前期工作阶段投资估算的依据，也可以作为编制固定资产长远规划投资额的参考。与概预算定额相比较，估算指标以独立的建设项目、单项工程或单位工程为对象，综合项目全过程投资和建设中的各类成本和费用，反映出其扩大的技术经济指标，既是定额的一种表现形式，又不同于其他的计价定额。投资估算指标为完成项目建设的投资估算提供依据和手段，它在固定资产形成过程中起着投资预测、投资控制、投资效益分析的作用，是合理确定项目投资的基础。投资估算指标中的主要材料消耗量也是一种扩大材料消耗量指标，可以作为计算建设项目主要材料消耗量的基础。估算指标的正确制定对于提高投资估算的准确度、对建设项目的合理评估、正确决策具有重要意义。

2. 投资估算指标的内容

投资估算指标是确定和控制建设项目全过程各项投资支出的技术经济指标，其范围涉及建设前期、建设实施期和竣工验收交付使用期等各个阶段的费用支出，内容因行业不同而各异，一般可分为建设项目综合指标、单项工程指标和单位工程指标3个层次。

（1）建设项目综合指标。它指按规定应列入建设项目总投资的从立项筹建开始至竣工验收交付使用的全部投资额，包括单项工程投资、工程建设其他费用和预备费等。

建设项目综合指标一般以项目的综合生产能力单位投资表示，如“元/t”“元/kW”，或以使用功能表示，如“元/床”（医院床位）。

（2）单项工程指标。它指按规定应列入能独立发挥生产能力或使用效益的单项工程内的全部投资额，包括建筑工程费、安装工程费、设备、工器具及生产家具购置费和可能包含的其他费用。

单项工程指标一般以单项工程生产能力单位投资，如“元/t”或其他单位表示。如变电站“元/(kVA)”、锅炉房“元/蒸汽吨”、供水站“元/m^3”以及办公室、仓库、宿舍、住宅等房屋则区别不同结构形式以“元/m^2”表示。

（3）单位工程指标。单位工程指标按规定应列入能独立设计、施工的工程项目的费用，即建筑安装工程费用。

单位工程指标一般按以下方式表示：房屋区别不同结构形式以“元/m^2”表示；道路区别不同结构层、面层以“元/m^2”表示；水塔区别不同结构层、容积以“元/座”表示；管道区别不同材质、管径以“元/m”表示。

第4章 土石方工程

4.1 土石方工程简介

4.1.1 概述

土石方工程通常是道路、桥涵、市政管网工程、隧道工程的组成部分。市政土石方工程包括道路路基填挖、堤防填挖、市政管网开槽及回填、桥涵基坑开挖回填、施工现场的场地平整等，土石方工程有永久性（修路基、堤防）和临时性（开挖基坑、沟槽）两种。

4.1.2 挖土方工程施工

1. 土的工程分类

土的工程分类有以下几种。

根据土的颗粒级配或塑性指数，有碎石土、砂土、黏性土。

根据土的沉积年代，有老黏性土、一般黏性土、新近沉积黏性土。

根据土的工程性质，有软土、人工填土、黄土、膨胀土、红黏土、盐渍土、冻土。

根据土的开挖难易程度，有松软土、普通土、坚土、砂砾坚土、软石、次坚石、坚石、特坚石，见表4.1。

表4.1 土的工程分类

土的分类	土（岩）的名称	紧固系数 f	质量密度 /(kg/m^3)
一类土（松软土）	略有黏性的砂土；粉土、腐殖土及疏松的种植土；泥炭（淤泥）	0.5～0.6	600～1500
二类土（普通土）	潮湿的黏性土和黄土；软的盐土和碱土；含有建筑材料碎屑、碎石、卵石的堆积土和种植土	0.6～0.8	1100～1600
三类土（坚土）	中等密实的黏性土或黄土；含有碎石、卵石或建筑材料碎屑的潮湿的黏性土或黄土	0.8～1.0	1800～1900
四类土（砂砾坚土）	坚硬密实的黏性土或黄土；含有碎石、砾石（体积在10%～30%、质量在25kg以下的石块）的中等密实黏性土或黄土；硬化的重盐土；软泥灰岩	1.0～1.5	1900
五类土（软石）	硬的石炭纪黏土；胶结不紧的砾岩；软的、节理多的石灰岩及贝壳石灰岩；坚实的白垩；中等坚实的页岩、泥灰岩	1.5～4.0	1200～2700
六类土（次坚土）	坚硬的泥质页岩；坚实的泥灰岩；角砾状花岗岩；泥灰质石灰岩；黏土质砂岩；云母页岩及砂质页岩；风化的花岗岩、片麻岩及正长岩；滑石质的蛇纹岩；密实的石灰岩；硅质胶结的砾岩；砂岩；砂质石灰质页岩	4～10	2200～2900

续表

土的分类	土（岩）的名称	紧固系数 f	质量密度 /(kg/m³)
七类土（坚石）	白云岩；大理石；坚实的石灰岩、石灰质及石英质的砂岩，坚硬的砂质岩；蛇纹岩；粗粒正长岩；有风化痕迹的安山岩及玄武岩；片麻岩、粗面岩；中粗花岗岩；坚实的片麻岩，粗面岩；辉绿岩；玢岩；中粗正长岩	10～18	2500～2900
八类土（特坚石）	坚实的细粒花岗岩；花岗片麻岩；闪长岩；坚实的玢岩、角闪岩、辉长岩、石英岩；安山岩、玄武岩；最坚实的辉绿岩、石灰岩及闪长岩；橄榄石质玄武岩；特别坚实的辉长岩、石英岩及玢岩	18～25 以上	2700～3300

注 1. 土的级别相当于一般16级土石分类级别。
2. 坚实系数 f 相当于普氏岩石强度系数。

2. 土方开挖方法

土方开挖有人工挖方和机械挖方两种方法。

(1) 人工挖方。

1) 人工挖方的适用条件。人工挖方适用于一般建筑物、构筑物的基坑（槽）和各种管沟等。

2) 施工准备。

a. 土方开挖前，应根据施工方案的要求，将施工区域内的地下、地上障碍物清除和处理完毕。

b. 地表面要清理平整，做好排水坡向，在施工区域内，要挖临时性的排水沟。

c. 建筑物位置的标准轴线桩、构筑物的定位控制桩、标准水平桩及灰线尺寸，必须先经过检查，并办完预检手续。

d. 夜间施工时，应合理安排工序，防止错挖或者超挖。施工场地应根据需要安排照明设施，在危险地段设置明显标志。

e. 开挖低于地下水位的基坑（槽）、管沟时，应根据当地工程地质材料，采取措施降低地下水位，一般要降低至开挖底面的0.5m，然后再开挖。

3) 施工要点。

a. 在天然湿度的土中，开挖基坑（槽）和管沟时，当挖土深度不超过规定的数值时，可不放坡，不加支撑。当超出规定深度，在5m以内时，若土具有天然湿度，构造均匀，水文地质条件好，且无地下水，不加支撑的基坑（槽）和管沟，必须放坡。

b. 开挖浅的条形基础，如不放坡时，应先沿灰线直边切出槽边的轮廓线，一般黏性土可自上而下分层开挖，每层深度以600mm为宜，从开挖端部逆向倒退按踏步型挖掘。碎石类土先用镐翻松，正向挖掘，每层深度视翻土厚度而定，每层应清底和出土，然后逐步挖掘。

c. 基坑（槽）管沟的直立壁和边坡，在开挖过程和敞露期间应防止塌陷，应加以保护。在挖土上侧弃土时，应保证边坡和直立壁的稳定。当土质良好时，抛于槽（沟）边的土方（或材料），应距槽（沟）边缘0.8m以外，高度不宜超过1.5m。若在柱基周围、墙基或围墙一侧，不得堆土过高。

d. 开挖基坑（槽）或管沟时，应合理确定开挖顺序和分层开挖深度。当接近地下水位时，应先完成标高最低处的挖方，以便于在该处集中排水。开挖后，在挖到距槽底 500mm 水以内时，测量放线人员应配合抄出距槽底 500mm 水平线；自每条槽端部 200mm 处每隔 2～3m，在槽帮上钉水平标高小木橛。在挖至接近槽底标高时，用尺或事先量好的 500mm 标准尺杆，随时以小木橛上平校该槽底标高。最后由两端轴线（中心线）引桩拉通线，检查距槽边尺寸，确定槽宽标准，据此修整槽帮，最后清除槽底土方，修底铲平。

e. 开挖浅管沟时，与浅条形基础开挖基本相同，仅沟帮不切直修平。标高按龙门板下返沟底尺寸，符合设计标高后，再从两端龙门板下的沟底标高上返 500mm，拉小线用尺检查沟底标高，最后修整沟底。

f. 开挖放坡的坑（槽）和管沟时，应先按施工方案规定的坡度，粗略开挖，再分层按坡度要求做出坡度线，每隔 3m 左右与做一条，以此线为准进行铲坡。深管沟挖土时，应在沟帮中间留出 800mm 左右的倒土台。

g. 在开挖大面积浅基坑时，沿坑三面开挖，挖出的土方装入手推车或翻斗车，由未开挖的一面运至弃土地点。

h. 开挖基坑（槽）的土方，在场地有条件堆放时，一定要留足回填需用的好土，多余的土方应一次运至弃土地点。

i. 土方开挖一般不宜在雨期进行；否则工作面不宜过大，应逐段、逐片的分期完成。雨期开挖基坑（槽）或管沟时，应注意边坡稳定。必要时可适当放缓边坡坡度或设置支撑。同时，应在坑（槽）外侧围筑土堤或开挖水沟，防止地面水流入。施工时应加强边坡、支撑、土堤等的检查。

j. 土方开挖不宜在冬期施工。如必须在冬期施工时，应按冬期施工方案进行。

（2）机械挖方。

1）机械挖方适用条件。

机械挖方主要适用于一般建筑的地下室、半地下室土方，基槽深度超过 2.5m 的住宅工程，条形基础槽宽超过 3m 或土方量超过 500m^3 的其他工程。

2）挖掘机械作业方法分为拉铲挖掘机开挖、正铲挖掘机开挖和反铲挖掘机开挖。

a. 拉铲挖掘机开挖方法见表 4.2。

表 4.2　拉铲挖掘机开挖方法

作业名称	适用范围	作业方法
沟端开挖法	适用于就地取土、填筑路基及修筑堤坝等	拉铲停在沟端，倒退着沿纵向开挖。宽度可以达到机械挖土半径的 2 倍，能两面出土，汽车停放在一侧或两侧，装车角度小，坡度较易控制，并能开挖较陡的坡
沟侧开挖法	适用于开挖土方就地堆放的基坑、槽以及填土路基等工程	拉铲停在沟侧，沿沟横向开挖，沿沟边与沟平行移动，如沟槽较宽，可在沟槽的两侧开挖。本法开挖宽度和深度均较小，一次开挖宽度约等于挖土半径，且开挖边坡不易控制
三角开挖法	适于开挖宽度在 8m 左右的沟槽	拉铲按“之”字形移位，与开挖沟槽的边缘成 45°角左右，本法拉铲的回转角度小，生产率高，而且边坡开挖整齐
分段挖土法	适用于开挖宽度大的基坑、槽、沟渠工程	在第一段采取三角挖土，第二段机身沿直线移动进行分段挖土。如沟底（或坑底）土质较硬，地下水位较低时，应使汽车停在沟下装土，铲斗装土后稍微提起即可装车，能缩短铲斗起落时间，又能减小臂杆的回转角度

续表

作业名称	适用范围	作 业 方 法
层层开挖法	适于开挖较深的基坑，特别是圆形或方形基坑	拉铲从左到右或从右到左逐层挖土，直至全深。本法可以挖得平整，拉铲斗的时间可以缩短。当土装满铲斗后，可以从任何角度提起铲斗，运送土时的提升高度可减小到最低限度，但落斗时要注意将拉斗钢绳与落斗钢绳一起放松，使铲斗垂直下落
顺序挖土法	适用于开挖土质较硬的基坑	挖土时先挖两边，保持两边低、中间高的地形，然后向中间挖土。本法挖土只有两边遇到阻力，较省力，边坡可以挖得整齐，铲斗不会发生翻滚现象
转圈挖土法	适于开挖较大、较深的圆形基坑	拉铲在边线外顺圆周转圈挖土，形成以四周低中间高，可防止铲斗翻滚。当挖到5m以下时，则需配合人工在坑内沿坑周边往下挖一条宽50cm、深40～50cm的槽，然后进行开挖，直至槽底平，接着人工挖槽，再用拉铲挖土，如此循环作业至设计标高为止
扇形挖土法	适于开挖直径和深度不大的圆形基坑或沟渠	拉铲先在一端挖成一个锐角形，然后挖土机沿直线按扇形后退，直至挖土完成。本法挖土机移动次数少，汽车在一个部位循环，道路少，装车高度小

b. 正铲挖掘机开挖方法见表4.3。

表4.3　　正铲挖掘机开挖方法

作业名称	适用范围	作 业 方 法
正向开挖，侧向装土法	用于开挖工作面较大，深度不大的边坡、基坑（槽）、沟渠和路堑等，为最常用的开挖方法	正铲向前进方向挖土，汽车位于正铲的侧向装车。本法铲臂卸土时回转角度最小（<90°），装车方便，循环时间短，生产效率高
正向开挖，反向装土法	用于开挖工作面狭小且较深的基坑（槽）、管沟和路堑等	正铲向前进方向挖土，汽车停在正铲的后面。本法开挖工作面较大，但铲臂卸土回转角度较大（在180°左右），且汽车要侧行车，增加工作循环时间，生产效率降低（回转角度180°，效率约降低23%；回转角度130°，效率约降低13%）
分层开挖法	用于开挖大型基坑或沟壑，工作面高度大于机械挖掘的合理高度时采用	将开挖面按机械的合理高度分为多层开挖，当开挖面高度不能成为一次挖掘深度的整数倍时，则可在挖方的边缘或中部先开挖一条浅槽作为第一次挖土运输线路，然后再逐次开挖直至基坑底部
上下轮换开挖法	适于土层较高，土质不太硬，铲斗挖掘距离很短时使用	先将土层上部1m以下土挖深30～40cm，然后再挖土层上部1m厚的土，如此上下轮换开挖。本法挖土阻力小，易装满铲斗，卸土容易
顺产开挖法	适于土质坚硬，挖土时不易装满铲斗，而且装土时间长时采用	铲斗从一侧向另一侧一斗挨一斗地顺序开挖，使每次挖土增加一个自由面，阻力减小，易于挖掘。也可依据土质的坚硬程度使每次只挖2～3个斗牙位置的土
间隔开挖法	适于开挖土质不太硬、较宽的边坡或基坑、沟渠等	即在扇形工作面上第一铲与第二铲之间保留一定距离，使铲斗接触土体的摩擦面减小，两侧受力均匀，铲土速度加快，容易装满铲斗，生产效率提高
多层挖土法	适于开挖高边坡或大型基坑	将开挖面按机械的合理开挖高度，分为多层同时开挖，以加快开挖速度，土方可以分层运出，也可分层递送，至最上层（或下层）用汽车运去，但两台挖掘机按前进方向，上层应先开挖，保持30～50cm距离
中心开挖法	适用于开挖较宽的山坡地段或基坑、沟渠等	正铲先在挖土区的中心开挖，当向前挖至回转角度超过90°时，则转向两侧开挖。运土汽车按“八”字形停放装土。本法开挖移位方便，回转角度小（<90°）。挖土区宽度宜在40m以上，以便于汽车靠近正铲装车

c. 反铲挖掘机开挖方法见表4.4。

表4.4　　　　反铲挖掘机开挖方法

作业名称	适用范围	作业方法	示例
沟端开挖法	适用于一次成沟后退挖土，挖出土方随即运走时采用，或就地取土填筑路基或修筑堤坝等	反铲停于沟端，后退挖土，同时往沟一侧弃土或装汽车运走。挖掘宽度可不受机械最大挖掘半径限制，臂杆回转半径仅45°～90°，同时可挖到最大深度。对较宽基坑可采用图(b)方法，其最大一次挖掘宽度为反铲有效挖掘半径的2倍，但汽车必须停在机身后面装土，生产效率降低；或采用几次沟端开挖法完成作业	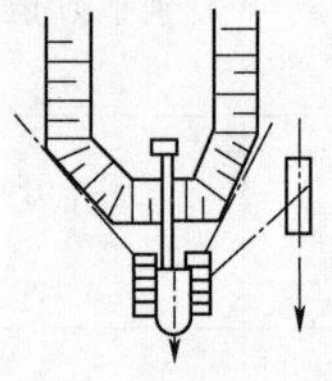 (a) 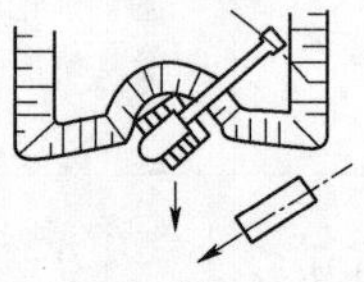 (b)
沟侧开挖法	用于横挖土体和需将土方甩到离沟边较远的距离时使用	反铲停于沟侧沿沟边开挖，汽车停在机旁装土或往沟一侧卸土。本法铲臂回转角度小，能将土弃于距沟边较远的地方，但挖土的宽度比挖掘的半径小，边坡不好控制，同时机身靠沟边停放，稳定性较差	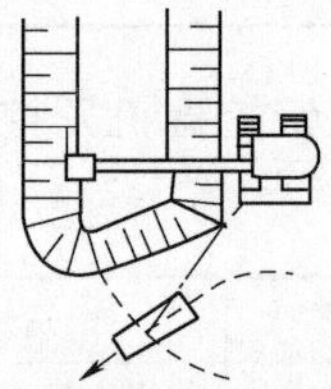
沟角开挖法	适于开挖土质较硬、宽度较小的沟槽（坑）	反铲位于钩前端的边角上，随着沟槽的掘进，机身沿着沟边往后做"之"字形移动。臂杆回转角度平均在45°左右，机身稳定性好，可挖较硬土体，并能挖出一定坡度	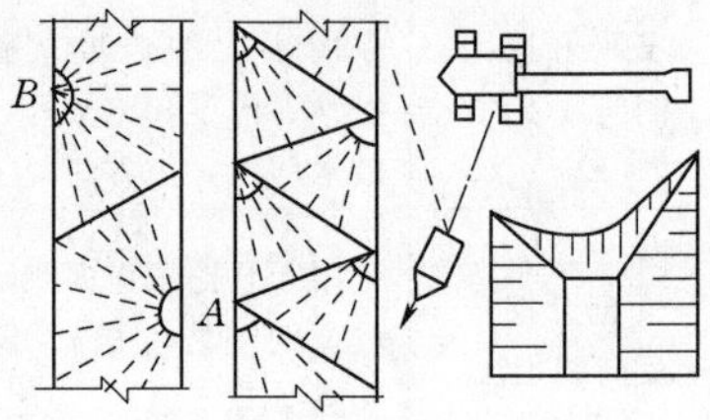 B A
多层接力开挖法	适于开挖土质较好、深10m以上的大型基坑、沟槽和渠道	用两台以上或多台挖土机在不同作业高度上同时挖土，边挖土边向上传递到上层，由地表挖土机连挖土带装车。上部可用大型反铲，中、下层大型或小型反铲，以便挖土和装车，均衡连续作业，一般两层挖土可挖深10m，三层挖土可挖深15m左右。本法开挖较深基坑，可一次开挖到设计标高，一次完成，可避免汽车在坑下装运作业，提高生产效率，且不必设专用垫道	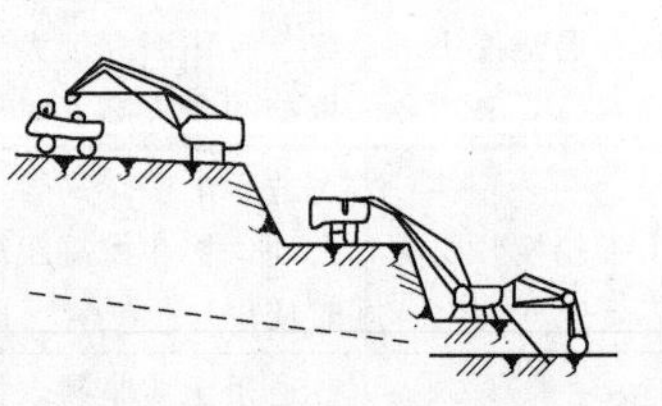

4.2　土石方工程定额工程量计算规则

4.2.1　市政定额土石方工程划分

全国统一市政工程定额土石方工程分为人工土石方和机械土石方。

1. 人工土石方

人工土石方工程包括：人工挖土方；人工挖沟、槽土方；人工挖基坑土方；人工清理土

堤基础；人工挖土堤台阶；人工铺草皮；人工装、运土方；人工挖运淤泥、流砂；人工平整场地、填土夯实、原土夯实。

（1）人工挖土方的工作内容包括挖土、抛土、修整底边和边坡。

（2）人工挖沟、槽土方的工作内容包括：挖土、装土或抛土于沟、槽边1m以外堆放；修整底边、边坡。

（3）人工挖基坑土方的工作内容包括：挖土、装土或抛土于坑边1m以外堆放；修整底边、边坡。

（4）人工清理土堤基础的工作内容包括：挖除、检修土堤面废土层；清理场地；废土30m内运输。

（5）人工挖土堤台阶的工作内容包括画线、挖土将刨松土方抛至下方。

（6）人工铺草皮的工作内容包括铺设拍紧、花格接槽、洒水、培土、场内运输。

（7）人工装、运土方的工作内容包括：装车；运土；卸土；清理道路；铺、拆走道板。

（8）人工挖运淤泥、流砂的工作内容包括：挖淤泥、流砂；装、运、卸淤泥、流砂；1.5m内垂直运输。

（9）人工平整场地、填土夯实、原土夯实的工作内容如下。

1）场地平整：厚度30cm内的就地挖填、找平。

2）松填土：5m内的就地取土、铺平。

3）填土夯实：填土、夯土、运水、洒水。

4）原土夯实：打夯。

2. 机械土石方

机械土石方工程包括推土机推土，铲运机铲运土方，挖掘机挖土，装载机装松散土，装载机装运土方，自卸汽车运土，抓铲挖掘机挖土、淤泥、流砂，机械平整场地、填土夯实、原土夯实，推土机推石渣，挖掘机挖石渣。

（1）推土机推土的工作内容包括推土、弃土、平整、空回，工作面内排水。

（2）铲运机铲运土方的工作内容如下。

1）铲土、弃土、平整、空回。

2）推土机配合助铲、整平。

3）修理边坡，工作面内排水。

（3）挖掘机挖土的工作内容如下。

1）挖土，将土堆放在一边或装车，清理机下余土。

2）工作面内排水，清理边坡。

（4）装载机装松散土的工作内容包括铲土装车、修理边坡、清理机下余土。

（5）装载机装运土方的工作内容如下。

1）铲土、运土、卸土。

2）修理边坡。

3）人力清理机下余土。

（6）自卸汽车运土的工作内容包括运土、卸土、场内道路洒水。

（7）抓铲挖掘机挖土、淤泥、流砂的工作内容包括：挖土、淤泥、流砂；堆放在一边或装车；清理机下余土。

（8）机械平整场地、填土夯实、原土夯实的工作内容如下。

1）平整场地：厚度 30cm 内的就地挖、填、找平，工作面内排水。

2）原土碾压：平土、碾压，工作面内排水。

3）填土碾压：回填、推平，工作面内排水。

4）原土夯实：平土、夯土。

5）填土夯实：摊铺、碎土、平土、夯土。

（9）推土机推石渣的工作内容包括集渣、弃渣、平整。

（10）挖掘机挖石渣的工作内容如下。

1）集渣、挖渣、装车、弃渣、平整。

2）工作面内排水及场内道路维护。

（11）自卸汽车运石渣的工作内容包括：运渣、卸渣，场内行驶道路洒水养护。

4.2.2　土石方工程定额工程量计算规则

（1）市政土石方工程定额均适用于各类市政工程。

（2）市政土石方工程定额的土石方体积均以天然密实体积（自然方）计算，回填土按照碾压后的体积（实方）计算。土方体积换算见表 4.5。

表 4.5　　土石方体积换算表

虚方体积	天然密实度体积	夯实后体积	松填体积	虚方体积	天然密实度体积	夯实后体积	松填体积
1.00	0.77	0.67	0.83	1.50	1.15	1.00	1.25
1.30	1.00	0.87	1.08	1.20	0.92	0.80	1.00

（3）土石方工程量按图纸尺寸计算，修建机械上下坡的便道土方量并入土方工程量内。石方工程量按图纸尺寸加允许超挖量。开挖坡面每次允许超挖量；松、次坚石 20cm，普、特坚石 15cm。

（4）夯实土堤按设计断面计算。清理土堤基础按设计规定以水平投影面积计算，清理厚度为 30cm 内，废土运距按 30m 计算。

（5）人工挖土堤台阶工程量，按挖前的堤坡斜面积计算，运土应另行计算。

（6）人工铺草皮工程量以实际铺设的面积计算，花格铺草皮中的空格部分不扣除：花格铺草皮，设计草皮面积与定额不符时可以调整草皮数量，人工按草皮增加比例增加，其余不作调整。

（7）管道作业坑和沿线各种井室所需增加开挖的土石方工程量按有关规定如实计算。管沟回填土应扣除管径在 200mm 以上的管道、基础、垫层和各种构筑物所占的体积。

（8）挖土放坡和沟、槽底加宽应按图纸尺寸计算，如无明确规定，可按表 4.6 和表 4.7 计算。

表 4.6　　放坡系数

土壤类别	放坡起点深度超过/m	机械开挖		人工开挖
		坑内作业	坑上作业	
一、二类土	1.20	1∶0.33	1∶0.75	1∶0.5
三类土	1.50	1∶0.25	1∶0.67	1∶0.33
四类土	2.00	1∶0.10	1∶0.33	1∶0.25

表 4.7　　管沟底部每侧工作面宽度

<table>
<tr><th rowspan="2">管道结构宽/cm</th><th rowspan="2">混凝土管道基础90°</th><th rowspan="2">混凝土管道基础大于90°</th><th rowspan="2">金属管道</th><th colspan="2">构　筑　物</th></tr>
<tr><th>有防潮层</th><th>无防潮层</th></tr>
<tr><td>不大于50</td><td>40</td><td>40</td><td>30</td><td rowspan="3">40</td><td rowspan="3">60</td></tr>
<tr><td>不大于50</td><td>50</td><td>50</td><td>40</td></tr>
<tr><td>不大于50</td><td>60</td><td>50</td><td>40</td></tr>
</table>

挖土交接处产生的重复工程量不扣除。如在同一断面内遇有数类土壤，其放坡系数可按各类土占全部深度的百分比加权计算。

管道结构宽：无管座按管道外径计算，有管座按管道基础外缘计算，构筑物按基础外缘计算，如设挡土板则每侧增加10cm。

（9）土石方运距应以挖土重心至填土重心或弃土重心最近距离计算，挖土重心、填土重心、弃土重心按施工设计组织设计确定。如遇下列情况应增加运距。

1）人力及人力车运土石方上坡坡度在15%以上，推土机、铲运机重车上坡坡度大于5%，斜道运距按斜道长度乘以表4.8的系数计算。

表 4.8　　斜道运距系数表

项目	推土机、铲运机				人力及人力车
坡度/%	5～10	15以内	20以内	2.5以内	15以上
系数	1.75	2	2.25	2.5	5

2）采用人力垂直运输土石方，垂直深度每米折合水平运距7m计算。

3）拖式铲运机 $3m^2$ 加27m转向距离，其余型号铲运机加45m转向距离。

（10）沟槽、基坑、平整场地和一般土石方的划分。底宽7m以内，底长大于3倍以上的按沟槽计算；底长小于底宽3倍以内按基坑计算，其中基坑底面积在 $150m^2$ 以内执行基坑定额。厚度在30cm以内就地挖、填土按平整场地计算。超过上述范围的土石方按挖土方和石方计算。

（11）机械挖土中需人工辅助开挖（包括切边、修整底边），机械挖土按实挖土方量计算，人工挖土方量按实套相应定额乘以系数1.5计算。

（12）人工装土汽车运土时，汽车运土定额系数为1.1。

（13）干、湿的划分首先以地质勘察资料为准，含水率不小于25%为湿土；或以地下常水位为准，常水位以上为干土，以下为湿土。挖湿土时，人工和机械乘以1.18，干、湿土工程量分别计算。采用井点降水的土方应按干土计算。

（14）挖土机在垫板上作业，人工和机械乘以1.25，搭拆垫板的人工、材料和辅机摊销费另行计算。

（15）在支撑下挖土，按实挖体积人工乘以系数1.43、机械乘以系数1.20计算。先开挖后支撑的不属于支撑下挖土。

（16）$0.2m^3$ 抓斗挖土机挖土、淤泥、流砂按 $0.5m^3$ 抓铲挖土机挖土、淤泥、流砂定额消耗量乘以系数2.50计算。

（17）自卸汽车运土，如系反铲挖掘机装车，则自卸汽车运土台班数量乘以系数1.10；拉铲挖掘机装车，自卸汽车运土台班数量乘以系数1.20。

(18) 挖密实的钢渣，按挖四类土人工乘以系数2.50、机械乘以系数1.50计算。

4.3 土石方工程清单工程量计算规则

4.3.1 挖土方工程工程量计算

1. 挖一般土方、沟槽和基坑工程量计算

(1) 工程量计算规则。挖一般土方、沟槽和基坑工程量清单项目设置、项目特征描述的内容、计量单位及工程量计算规则，应按表4.9的规定执行。

表4.9 挖一般土方、沟槽和基坑

项目编码	项目名称	项目特征	计量单位	工程量计算规则	工作内容
040101001	挖一般土方	(1) 土壤类别； (2) 挖土深度	m^3	按设计图示尺寸以体积计算	(1) 排地表水； (2) 土方开挖； (3) 围护（挡土板）及拆除； (4) 基底钎探； (5) 场内运输
040101002	挖沟槽土方			按设计图示尺寸以基础垫层底面积乘以挖土深度计算	
040101003	挖基坑土方				

注 1. 沟槽、基坑、一般土方的划分为：底宽不大于7m且底长大于3倍底宽为沟槽，底长不大于3倍底宽且底面积不大于150m^2为基坑。超出上述范围为一般土方。
2. 土的工程分类应按表4.1确定。
3. 如土壤类别不能准确划分时，招标人可注明为综合，由投标人根据地勘报告决定报价。
4. 土方体积应按挖掘前的天然密实体积计算。
5. 挖沟槽、基坑土方中的挖土深度，一般指原地面高至槽、坑底的平均高度。
6. 挖沟槽、基坑、一般土方因工作面和放坡增加的工程量，是否并入各工程量中，按各省（自治区、直辖市）或行业建设主管部门的规定实施。如并入各土方工程量中，编制工程量清单时，可按表4.6和表4.7规定计算；办理工程结算时，按经发包人认可的施工组织设计规定计算。
7. 挖沟槽、基坑和一般土方清单项目的工作内容中仅包括了土方场内平衡所需的运输费用，如需土方外运时，按表4.17的040103002"余方弃置"项目编码列项。

(2) 工程量清单项目释义。

1) 挖一般土方。挖一般土方一般适用于路基挖方和广场挖方。路基挖方一般用平均横断面法计算；广场挖方一般采用方格网法进行计算。

2) 挖沟槽土方。挖沟槽土方适用于地下给排水管道、通信电线等挖土工程。市政工程施工常见的沟槽断面形式有直槽、梯形槽、混合槽和联合槽。

a. 直槽。直槽即沟槽的边坡基本为直坡，一般情况下，开挖断面的边坡小于0.05，直槽断面常用于工期短、深度浅的小管径工程，如地下水位低于槽底，且直槽深度不超过1.5m。

b. 梯形槽。梯形槽即大开槽，是槽帮具有一定坡度的开挖断面。开挖断面槽帮放坡，不需支撑。当地质条件良好时，纵使槽底在地下水以下，也可以在槽底挖成排水沟，进行表面排水，保证其槽帮土壤的稳定。

c. 混合槽。混合槽是由直槽与大开槽组合而成的多层开挖断面，较深的沟槽宜采用此种混合槽分层开挖断面。混合槽一般多为深槽施工。采取混合槽施工时，上部槽应尽可能采用机械施工开挖，下部槽的开挖常需同时考虑采用排水及支撑的施工措施。

d. 联合槽。联合槽是由两条或多条管道共同埋设的沟槽，其断面形式要根据沟槽内埋

设管道的位置、数量和各自的特点而定，多是由直槽或梯形槽按照一定的形式组合而成的开挖断面。

3）挖基坑土方。挖基坑土方是由于桩基础、设备基础和满堂基础的挖土。挖基坑土方施工中应注意以下几点。

a. 在基坑开挖期间，应设专人检查基坑稳定，如果发现问题能及时报有关施工负责人员，便于及时处理。

b. 在施工中如发现局部边坡位移较大，须立即停止开挖，通知围护单位做好加固或加密锚杆处理，进行边坡喷混凝土，待稳定后继续开挖。如施工过程中发现水量过大，应及时增设井点处理。

c. 坑边不准堆积弃土，不准堆放建筑材料、存放机械和水泥罐及行车。基坑边外部荷载不得大于15kPa。不得有长流水，防止渗水进入基坑及冲刷边坡，降低边坡稳定性。

2. 暗挖土方工程量计算

（1）工程量计算规则。暗挖土方工程工程量清单项目设置、项目特征描述的内容、计量单位及工程量计算规则，应按表4.10的规定执行。

表4.10　　暗　挖　土　方

项目编码	项目名称	项目特征	计量单位	工程量计算规则	工作内容
040101004	暗挖土方	（1）土壤类别； （2）平洞、斜洞（坡度）； （3）运距	m^3	按设计图示断面乘以长度以体积计算	（1）排地表水； （2）土方开挖； （3）场内运输

注　1. 土的工程分类应按表4.1确定。

2. 如土壤类别不能准确划分时，招标人可注明为综合，由投标人根据地勘报告决定报价。

3. 土方体积应按挖掘前的天然密实体积计算。

4. 暗挖土方清单项目的工作内容中仅包括了土方场内平衡所需的运输费用，如需土方外运时，按表4.17的040103002“余方弃置”项目编码列项。

（2）工程量清单项目释义。暗挖土方是指市政隧道工程中的土方开挖以及市政管网采用不开槽方式埋设而进行的土方开挖。常用的施工方法有顶管法和盾构法。

3. 挖淤泥、流砂工程量计算

（1）工程量计算规则。挖淤泥、流砂工程量清单项目设置、项目特征描述的内容、计量单位及工程量计算规则，应按表4.11的规定执行。

表4.11　　挖淤泥、流砂

项目编码	项目名称	项目特征	计量单位	工程量计算规则	工作内容
040101005	挖淤泥、流砂	（1）挖掘深度； （2）运距	m^3	按设计图示位置、界限以体积计算	（1）开挖； （2）运输

注　1. 土方体积应按挖掘前的天然密实体积计算。

2. 挖方出现流砂、淤泥时，如设计未明确，在编制工程量清单时，其工程数量可为暂估值。结算时，应根据实际情况由发包人与承包人双方现场签证确认工程量。

3. 挖淤泥、流砂的运距可以不描述，但应注明由投标人根据施工现场实际情况自行考虑决定报价。

（2）工程量清单项目释义。淤泥是指一种细软状，不易成形的灰黑色、有臭味、含有半腐朽的植物遗体（占60%以上），置于水中有动植物残体渣滓浮于水面，并常有气泡从水中冒出的泥土。

挖淤泥工程量均按设计图示的位置及界限与体积计算。

人工挖沟槽、基坑内淤泥、流砂，按土石方工程定额执行，但挖土深大于1.5m时，超过部分工程量按垂直深度每1m折合成水平距离7m增加工日，深度按全高计算。

4.3.2 挖石方工程工程量计算

1. 挖一般石方工程量计算

(1) 工程量计算规则。

挖一般石方工程工程量清单项目设置、项目特征描述的内容、计量单位及工程量计算规则，应按表4.12的规定执行。岩石分类见表4.13。

表4.12 挖一般石方

项目编码	项目名称	项目特征	计量单位	工程量计算规则	工作内容
040102001	挖一般石方	(1) 岩石类别； (2) 开凿深度	m^3	按设计图示尺寸以体积计算	(1) 排地表水； (2) 石方开凿； (3) 修整底、边； (4) 场内运输

注 1. 石方体积应按挖掘前的天然密实体积计算。

2. 挖一般石方因工作面和放坡增加的工程量，是否并入各工程量中，按各省（自治区、直辖市）或行业建设主管部门的规定实施。如并入各石方工程量中，编制工程量清单时，其所需增加的工程数量可为暂估值，且在清单项目中予以注明：办理工程结算时，按经发包人认可的施工组织设计规定计算。

3. 挖一般石方清单项目的工作内容中仅包括了石方场内平衡所需的运输费用，如需石方外运时，按表4.17中的040103002“余方弃置”项目编码列项。

4. 石方爆破按现行国家标准《爆破工程工程量计算规范》（GB 50862—2013）相关项目编码列项。

表4.13 岩石分类

岩石分类		代表性岩石	开挖方式
极软岩		(1) 全风化的各种岩石； (2) 各种半成岩	部分用手凿工具、部分用爆破法开挖
软质岩	软岩	(1) 强风化的坚硬岩或较硬岩； (2) 中等风化—强风化的较软岩； (3) 未风化—微风化的页岩、泥岩、泥质砂岩等	用风镐和爆破法开挖
	较软岩	(1) 中等风化—强风化的坚硬岩或较硬岩； (2) 未风化—微风化的凝灰岩、千枚岩、泥灰岩、砂质泥岩等	用爆破法
硬质岩	较硬岩	(1) 微风化的坚硬岩； (2) 未风化—微风化的大理岩、板岩、石灰岩、白动岩、钙质砂岩等	
	坚硬岩	未风化—微风化的花岗岩、闪长岩、辉绿岩、玄武岩、安山岩、片麻岩、石英岩、石英砂岩、硅质砾岩、硅质石灰岩等	

注 本表依据现行国家标准《工程岩体分级标准》（GB 50218—94）和《岩土工程和勘察规范》（GB 50021—2001）（2009年局部修订版）整理。

(2) 工程量清单项目释义。

在市政工程中挖一般石方是指在设计0—0线以下，其上口面积大于$20m^2$的石方开挖。

2. 挖沟槽石方工程量计算

挖沟槽石方工程工程量清单项目设置、项目特征描述的内容、计量单位及工程量计算规则，应按表4.14的规定执行。

表 4.14　　　　　　　　　　　　　　　　**挖沟槽土方**

项目编码	项目名称	项目特征	计量单位	工程量计算规则	工作内容
040102002	挖沟槽石方	(1) 岩石类别； (2) 开凿深度	m^3	按设计图示尺寸以基础垫层底面积乘以挖石深度计算	(1) 排地表水； (2) 石方开挖； (3) 修整底、边； (4) 场内运输

3. 挖基坑石方工程量计算

挖基坑石方工程工程量清单项目设置、项目特征描述的内容、计量单位及工程量计算规则，应按表 4.15 的规定执行。

表 4.15　　　　　　　　　　　　　　　　**挖基坑石方**

项目编码	项目名称	项目特征	计量单位	工程量计算规则	工作内容
040102003	挖基坑石方	(1) 岩石类别； (2) 开凿深度	m^3	按设计图示尺寸以基础垫层底面积乘以挖石深度计算	(1) 排地表水； (2) 石方开凿； (3) 修整底、边； (4) 场内运输

注　1. 沟槽、基坑、一般土方的划分为：底宽不大于 7m 且长大于 3 倍底宽为沟槽，底长不大于 3 倍底宽且底面积不大于 150m^2 为基坑。超出上述范围为一般石方。
2. 岩石的分类应按表 4.13 确定。
3. 石方体积应按挖掘前的天然密实体积计算。
4. 挖一般石方因工作面和放坡增加的工程量，是否并入各工程量中，按各省（自治区、直辖市）或行业建设主管部门的规定实施。如并入各石方工程量中，编制工程量清单时，其所需增加的工程数量可为暂估值，且在清单项目中予以注明：办理工程结算时，按经发包人认可的施工组织设计规定计算。
5. 挖一般石方清单项目的内容中仅包括了土方场内平衡所需的运输费用，如需土方外运时，按表 4.17 中的 040103002 "余方弃置" 项目编码列项。
6. 石方爆破按现行国家标准《爆破工程工程量计算规范》（GB 50862—2013）相关项目编码列项。

4.3.3　回填方及土石方运输工程工程量计算

1. 回填方工程量计算

（1）工程量计算规则。回填方工程工程量清单项目设置、项目特征描述的内容、计量单位及工程量计算规则，应按表 4.16 的规定执行。

表 4.16　　　　　　　　　　　　　　　　**回填方工程**

项目编码	项目名称	项目特征	计量单位	工程量计算规则	工作内容
040103001	回填方	(1) 密实度要求； (2) 填方材料品种； (3) 填方粒径要求； (4) 填方来源、运距	m^3	(1) 按挖方清单工程量加原地面线至设计要求标高间的体积，减基础、构筑物等埋入体积计算； (2) 按设计图示尺寸以体积计算	(1) 运输； (2) 回填； (3) 压实

注　1. 填方材料品种为土时，可以不描述。
2. 填方粒径，在无特殊要求的情况下，项目特征可以不描述。
3. 对于沟、槽坑等开挖后再进行回填方的清单项目，其工程量计算规则按第（1）条确定；场地填方等按第（2）条确定。其中，对工程量计算规则（1），当原地面线高于设计要求标高时，则其体积为负值。
4. 回填方总工程量中若包括场内平衡和缺方内运两部分时，应分别编码列项。
5. 回填方的运距可以不描述，但应注明由投标人根据施工现场情况自行考虑决定报价。
6. 回填方如需缺方内运，且填方材料品种为土方时，是否在综合单价中计入购买土方的费用，由投标人根据工程实际情况自行考虑决定报价。

（2）工程量清单项目释义。用人工或机械等方式从挖方地段取土运过来的工作称为填方。当基础完工以后，为达到室内垫层以下标高的设计要求，必须进行土方的回填，回填土一般距离5m内取用，故称为就地取土。一般由场地部分开始，由一端向另一端自下而上分层铺填。

填方工程施工应符合下列要求。

1）分段填筑时，上、下层应错开不小于1m接缝，每层接缝处应做成斜坡形，辗迹重叠0.5～1m。

2）填方中采用两种透水性不同填料分层填筑时，上层宜填筑透水性小的填料，下层宜填筑透水性大的填料，填方基土表面应做成适当的排水坡度。

3）填方施工过程中应检查排水措施、每层填筑厚度、含水量控制和压实程度。

2. 余方弃置工程量计算

余土是指土方工程在经过挖土、砌筑基础及各种回填土之后，尚有剩余的土方，需要运出场外。

余方弃置工程工程量清单项目设置、项目特征描述的内容、计量单位及工程量计算规则，应按表4.17的规定执行。

表4.17　余方弃置工程

项目编码	项目名称	项目特征	计量单位	工程量计算规则	工作内容
040103002	余方弃置	（1）废弃料品种； （2）运距	m^3	按挖方清单项目工程量减利用回填方体积（正数）计算	余方点装料运输至弃置点

注　余方弃置的运距可以不描述，但应注明有投标人根据施工现场实际情况自行考虑决定报价。

4.4　土石方工程计算实例

【例4.1】　某沟槽的断面图如图4.1所示，槽长25m，采用人工挖土，土质为四类土。试计算该沟槽的挖土方工程量。

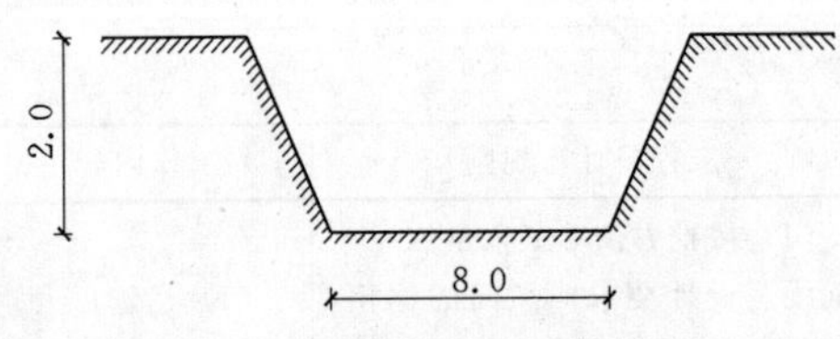

图4.1　沟槽断面图（单位：m）

【解】　（1）清单工程量。根据清单计算规则，由于该沟槽长为25m，大于3倍槽宽，底面积在150m² 以上应按一般土方子目（040101001）计算其工程量

$$V=8\times2\times25=400(m^3)$$

清单工程量计算见表4.18。

表4.18　【例4.1】清单工程量计算表

项目编码	项目名称	项目特征描述	工程量/m^3
040101001001	挖一般土方	四类土，深2m	400

（2）定额工程量。根据定额工程量计算规则，沟槽底宽在3m以上，坑底面积在20m² 以上，应按挖土方计算。

$$k=0.25,\ V=1/2\times(2.0\times0.25\times2+8+8)\times2.0\times25=425.00(m^3)$$

【例 4.2】 已知某沟槽挖土工程，其垫层为无筋混凝土，断面如图 4.2 所示，$h=5\text{m}$，$b=1.5\text{m}$，$c=0.2\text{m}$，$l=12\text{m}$，计算挖土工程量。

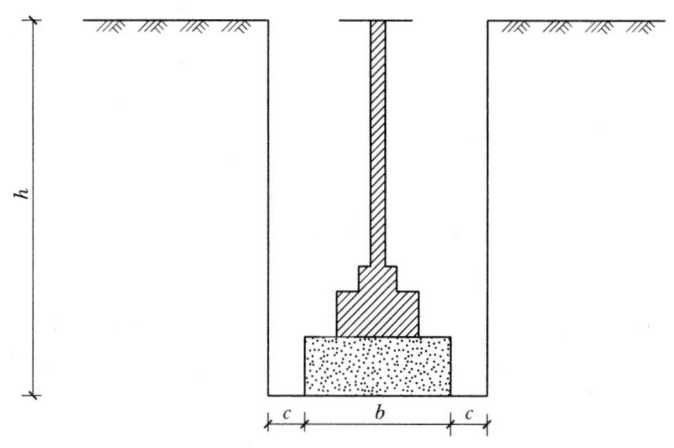

图 4.2　双面支挡土板留工作面

【解】 (1) 清单工程量。

$$V=bhl=1.5\times5\times12=90.00(\text{m}^3)$$

清单工程量计算见表 4.19。

表 4.19　　**【例 4.2】清单工程量计算表**

项目编码	项目名称	项目特征描述	工程量/m^3
040101002001	挖沟槽土方	人工挖沟槽，沟槽深 5m	90.00

(2) 定额工程量。

$$V=(b+2c)hl=(1.5+0.2\times2)\times5\times12=114.00(\text{m}^3)$$

【例 4.3】 已知其地槽挖土工程，其垫层为无筋混凝土，断面图如图 4.3 所示，土质为三类土，$b_1=1.5\text{m}$，$b_2=1\text{m}$，$c=0.5\text{m}$，$h_1=5\text{m}$，$h_2=0.2\text{m}$，$l=12\text{m}$，试计算挖土工程量。

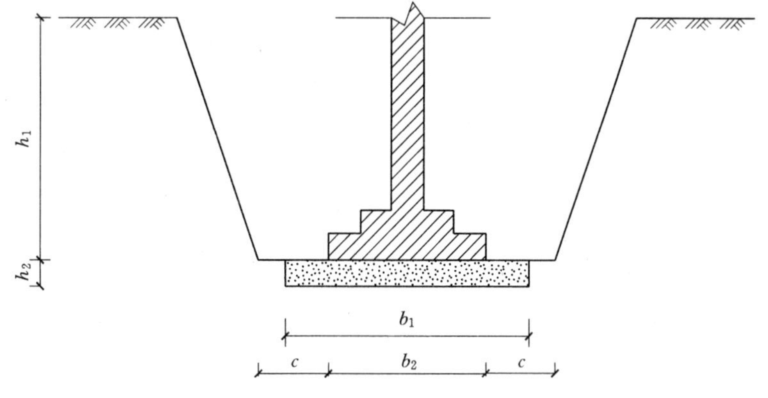

图 4.3　自垫层上表面放坡

【解】 (1) 清单工程量。

$$V=b_1(h_1+h_2)l=1.5\times(5+0.2)\times12=93.6(\text{m}^3)$$

清单工程量计算见表 4.20。

表 4.20 【例 4.3】清单工程量计算表

项目编码	项目名称	项目特征描述	工程量/m³
040101002001	挖沟槽土方	人工挖沟槽，沟槽深 5m，三类土	93.6

（2）定额工程量。

查表 4.6 可知，放坡系数 $k=0.33$。

$$V=[1/2(b_2+2c+2kh_1+b_2+2c)h_1+b_1h_2]l$$
$$=[1/2\times(1.0+2\times0.5+2\times0.33\times5.00+1.0+2\times0.5)\times5.00+1.5\times0.2]\times12$$
$$=222.6(\mathrm{m}^3)$$

【例 4.4】 某污水工程沟槽开挖，采用机械和人工开挖，机械沿沟槽长度方向挖，人工清理沟底，土壤类别为四类土，原地面平均标高 4.6m，设计槽坑底平均标高 2.0m，设计槽坑底宽为 1.4m，含工作面为 2m，沟槽全长 1.6km，机械挖土挖至基底标高以上 20cm 处，其余为人工开挖。如图 4.4 所示，试分别计算该工程机械及人工土方工程量。

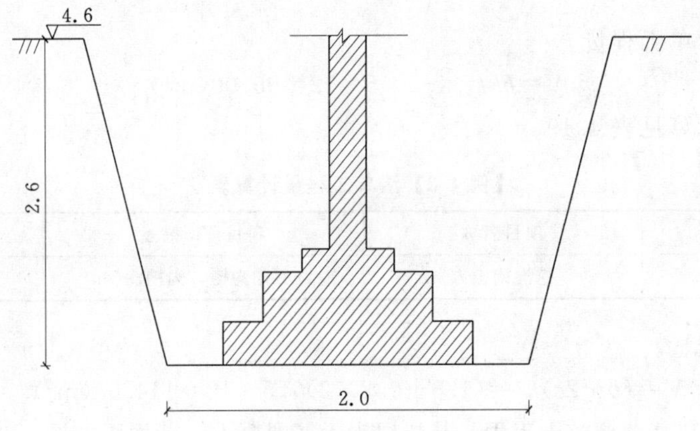

图 4.4 沟槽横断面图（单位：m）

【解】 （1）清单工程量。

$$1.4\times2.6\times1600=5824.00(\mathrm{m}^3)$$

清单工程量计算见表 4.21。

表 4.21 【例 4.4】清单工程量计算表

项目编码	项目名称	项目特征描述	工程量/m³	计算式
040101002001	挖沟槽土方	四类土，深 2.6m	5824	1.4×2.6×1600

（2）定额工程量。由题可知该工程土方开挖深度为 2.6m，土壤类别为四类土，需放坡，查表 4.6 得放坡系数为 0.1。

土方总量： $V_{总}=(2+0.1\times2.6)\times2.6\times1600\times1.025=9636.64(\mathrm{m}^3)$

人工辅助开挖量： $V_{人工}=(2+0.1\times0.2)\times0.2\times1600\times1.025=662.56(\mathrm{m}^3)$

则机械土方量： $V_{机械}=9636.64-662.56=8974.08(\mathrm{m}^3)$

【例 4.5】 某沟槽开挖基础，管道直径为 550mm，钢筋混凝土管基础宽度 $B_1=0.75\mathrm{m}$，

设沟槽长度 $l=80$m，地面标高 $H=4.5$m，管底标高 $h=1.7$m，如图 4.5 所示，试计算其工程量。

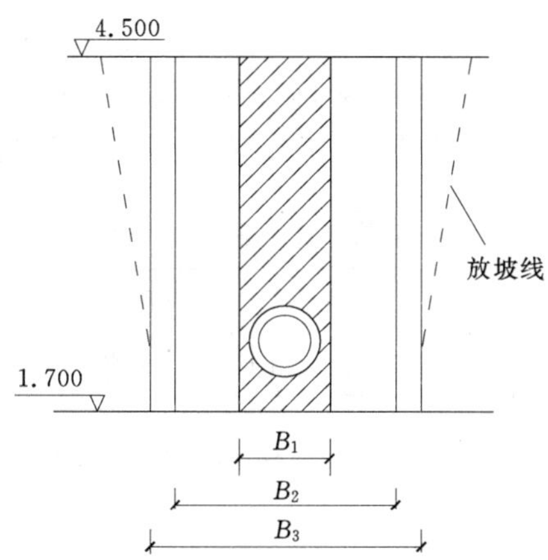

图 4.5　管沟支护（或放坡）示意图（单位：m）

【解】（1）清单工程量。

$$V_1=B_1(H-h)l=0.75\times(4.5-1.7)\times80=168.00(\text{m}^3)$$

清单工程量计算见表 4.22。

表 4.22　【例 4.5】清单工程量计算表（一）

项目编码	项目名称	项目特征描述	工程量/m³
040101002001	挖沟槽土方	沟槽深 2.8m	168

（2）定额工程量。

1）当支护开挖时，按照定额工程量计算规则，工作面宽 c 取 0.3m，支护板厚 0.1m。

$$B_2=0.75+2\times0.3+2\times0.1=1.55(\text{m})$$

$$V=B_2(H-h)l=1.55\times(4.5-1.7)\times80=347.20(\text{m}^3)$$

2）当放坡开挖时，按照定额工程量计算规则，$B_3=0.75+2\times0.3+2+2\times0.1=3.55$(m)，边坡按 1∶0.33 放坡。

$$\begin{aligned}V&=[B_3+k(H-h)](H-h)l\\&=[1.55+0.33\times(4.5-1.7)]\times(4.5-1.7)\times80\\&=554.18(\text{m}^3)\end{aligned}$$

清单工程量：　　$V_1=B_1(H-h)l=0.75\times(4.5-1.7)\times80=168.00(\text{m}^3)$

放坡增加工程量：　　$V_2=V-V_1=554.18-168=386.18(\text{m}^3)$

放坡工程量在措施费中考虑。

（3）施工工程量。根据现场了解情况，放坡开挖受到限制，故选择支护开挖方案。管

基、稳管、管座、抹带采用“四合一”施工方法，考虑排管要求，开挖加宽一侧为 0.5m，另一侧为 0.3m，则

$$B_4 = 0.75 + 0.5 + 0.3 = 1.55(\text{m})$$

$$V = B_4(H-h)l = 1.55 \times (4.5-1.7) \times 80 = 347.20(\text{m}^3)$$

清单工程量计算见表 4.23。

表 4.23 【例 4.5】清单工程量计算表（二）

项目编码	项目名称	项目特征描述	工程量/m³
040101002001	挖沟槽土方	人工挖沟槽，三类土，沟槽深 2.8m	347.20

【例 4.6】 某一圆形蓄水池基础如图 4.6 所示，其挖土深度为 4.0m，土壤类别为四类土，试计算该基础挖土方量。

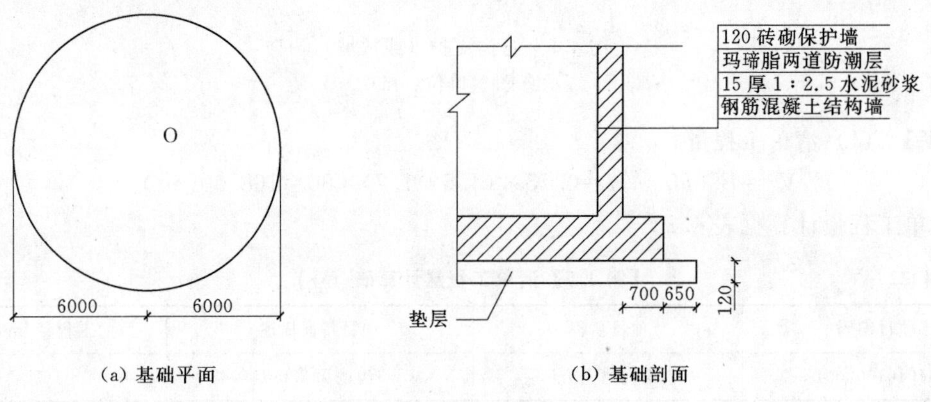

图 4.6 圆形蓄水池示意图

【解】 (1) 清单工程量。从基础节点圆中可以看出，基础边至垫层边的距离为 650mm，混凝土池外壁至垫层边的距离为 1350mm，均满足基础立面支模和做防潮层的施工要求，无需增加工作面，人工挖土需要放坡，查放坡系数表。

放坡系数：1：0.25

则放坡宽度： $b_k = 4.0 \times 0.25 = 1(\text{m})$

垫层直径： $D = (6+0.7+0.65) \times 2 = 14.70(\text{m})$

清单项目挖土方量：

$$V_1 = 0.785D^2h = 0.785 \times 14.7^2 \times 4 = 678.52(\text{m}^3)$$

清单工程量计算见表 4.24。

表 4.24 【例 4.6】清单工程量计算表

项目编码	项目名称	项目特征描述	工程量/m³
040101003001	挖基坑土方	四类土，深 4m	678.52

（2）定额工程量。

放坡挖土方量：　　$V_2 = 1.57 b_k h (D + 0.667 b_k)$

$= 1.57 \times 1 \times 4 \times (14.7 + 0.667 \times 1)$

$= 6.28 \times 15.367$

$= 96.50(m^3)$

定额挖土方量：　$V_{挖} = V_1 + V_2 = (678.52 + 96.50) = 775.02(m^3)$

用传统方法验算：

基坑下底面积：　　　$S_{下} = 0.785 \times 14.72 = 169.63(m^2)$

基坑上底面积：　　$S_{上} = 0.785 \times (14.7 + 1 \times 2)^2 = 218.93(m^2)$

定额挖土方量：　$V_{挖} = \frac{1}{3} \times 4 \times (169.63 + 218.93 + \sqrt{169.63 \times 218.93}) = 775.03(m^3)$

【例 4.7】 某市政工程基坑开挖，由于该处在地平面下 1.5m，土质松软，多流砂、散土。因此在施工过程中采用在支撑下采用 0.5m^3 抓铲挖掘机挖土，基坑示意图如图 4.7 所示，试计算该工程的挖土方工程量。

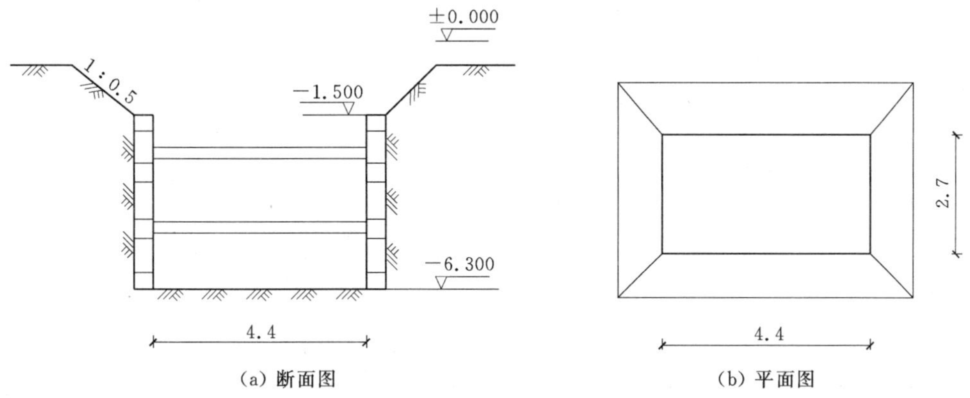

图 4.7　基坑示意图（单位：m）

【解】（1）清单工程量。

1）放坡挖土方工程量为：

$$V_1 = (4.4 + 1.5 \times 0.5 \times 2) \times (2.7 + 1.5 \times 0.5 \times 2) \times 1.5 = 37.17(m^3)$$

2）支撑下挖土方工程量：

$$V_2 = 4.4 \times 2.7 \times (6.3 - 1.5) = 57.02(m^3)$$

则该工程挖土方总工程量：

$$V = V_1 + V_2 = 37.17 + 57.02 = 94.19(m^3)$$

清单工程量计算见表 4.25。

表 4.25　　【例 4.7】清单工程量计算表

项目编码	项目名称	项目特征描述	工程量/m^3
040101003001	挖基坑土方	流砂、散土，深 6.3m	94.19

（2）定额工程量。

1）放坡挖土方工程量：

$$V_1=(4.4+1.5\times0.5)\times(2.7+1.5\times0.5)\times1.5+1/3\times0.5^2\times1.5^3=26.93(\text{m}^3)$$

2）支撑挖土方工程量：

$$V_2=4.4\times2.7\times(6.3-1.5)=57.02(\text{m}^3)$$

$$V=V_1+V_2=26.93+57.02=83.95(\text{m}^3)$$

【例 4.8】 某项煤气排管工程，管径为DN600，排管长度700m，排管位于城市道路人行道上，路面结构层厚70cm，采用人工挖土，矩形沟槽如图4.8所示，求该工程中的土方工程部分的工程量。注：路面以下1m为湿土。

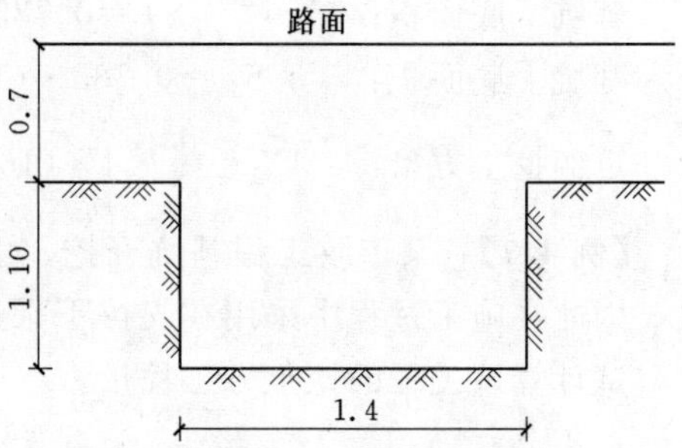

图 4.8 矩形沟槽示意图（单位：m）

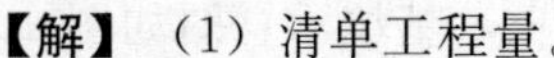

【解】（1）清单工程量。

1）挖土工程量：

$V_1=1.4\times(1.8-0.7)\times700=1078.00(\text{m}^3)$

2）湿土排水工程量：

$V_2=1.4\times(1.8-1.0)\times700=784.00(\text{m}^3)$

3）回填土工程量：$V_3=1078-0.3^2\pi\times700=880.18(\text{m}^3)$

清单工程量计算见表4.26。

表 4.26 **【例 4.8】清单工程量计算表**

项目编码	项目名称	项目特征描述	工程量/m³
040101002001	挖基坑土方	深 0.95m	1078
040103001001	回填方	密实度 95%	881.18

（2）定额工程量。

1）挖土工程量：

$$V_1=1.4\times(1.8+0.25-0.7)\times700\times1.075=1422.23(\text{m}^3)$$

2）湿土排水工程量：

$$V_2=1.4\times(1.8+0.25-1)\times700\times1.075=1106.18(\text{m}^3)$$

3）回填土工程量：

$$V_3=1422.23-0.3^2\pi\times700=1224.41(\text{m}^3)$$

【例 4.9】 某市修筑一段道路，起点桩号为K0+000，终点桩号为K0+350，如图4.9所示，道路路面采用水泥混凝土，路面宽度为17m，路肩各宽1.5m，土质为三类土，余方运至3km外弃置，填方要求密实度达到97%。试用横断面法计算该段道路的土方量。

【解】（1）清单工程量。

1）各个截面面积可套用下列公式计算，即

$$F=h\left[b+\frac{h(m+n)}{2}\right]$$

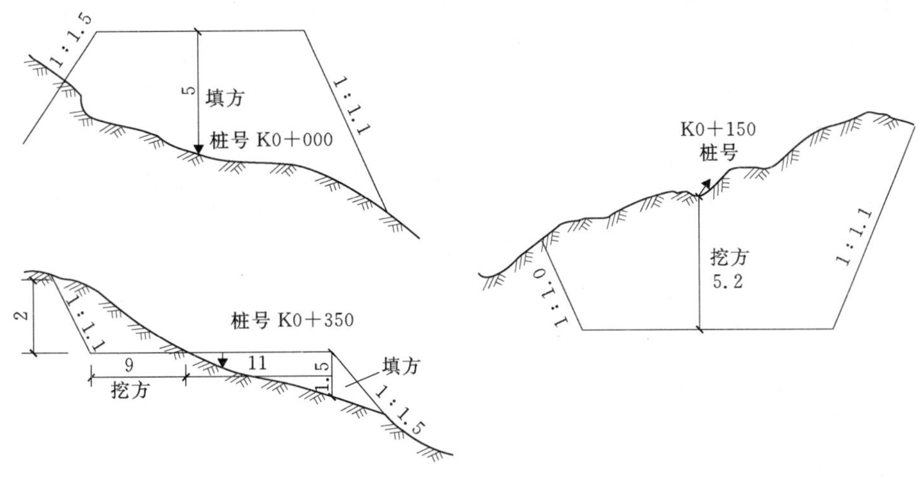

图 4.9　道路横断面示意图（单位：m）

各桩号填挖方横断面面积见表 4.27。

2）土方量计算可套用公式，即

$$V=\frac{1}{2}[F_1+F_2]L$$

式中　F_1，F_2——相邻两断面的面积，m^2；

L——相邻两断面间的距离，m。

土方量计算见表 4.27。

表 4.27　　　　**土 方 量 计 算 表**

桩　号	土方面积/m^2		平均面积/m^2		距离/m	土方量/m^3	
	挖方	填方	挖方	填方		挖方	填方
K0+000	0	132.5	66.2	66.25	150	9930	9937.5
K0+150	132.392	0	76.3	9.1	200	15260	1820
K0+350	20.2	18.19					

清单工程量计算见表 4.28。

表 4.28　　　　**【例 4.9】清单工程量计算表**

序号	项目编码	项目名称	项目特征描述	工程量/m^3
1	040101001001	挖一般土方	机械开挖，三类土	9930+15260=25190
2	040103001001	回填方	三类土回填，密实度 97%	9937.5+1820=11757.50
3	040103002001	余方弃置	三类土运距 3km	25190−11757.50=13432.50

（2）定额工程量同清单工程量。

【例 4.10】 某市 CGD 道路土方工程，建筑起点 K0+000，终点 K0+600，路基设计宽度为 16m，该路段内既有填方也有挖方。土质为四类土，余方要求运至 5km 处弃置点，填方要求密实度达到95%。道路工程土方计算见表4.29，请编制工程量清单并进行综合单价分析。

（1）工程量清单编制。

1）道路工程量土方计算过程见表4.29。

根据道路土方工程量计算表可看出：挖方为2225m³，填方为1688m³，后经土方平衡，仍有537m³ 余方需要余土弃置。

表4.29　道路土方工程计算表

桩号	距离/m	挖土			填土			备注
		断面积/m²	平均断面积/m²	体积/m³	断面积/m²	平均断面积/m²	体积/m³	
K0+000					3			
	50					3.2	160	
K0+050					3.4			
	50					4	200	
K0+100					4.6			
	50					4.5	225	
K0+150					4.4			
	50					7.45	372.5	
K0+200					10.5			
	50					9.4	470	
K0+250					8.3			
	50		1.2	60		5.2	260	
K0+300		2.4			2.1			
	50		5.3	265				
K0+350		8.2						
	50		6.7	335				
K0+400		5.2						
	50		10.4	520				
K0+450		15.6						
	50		9.2	460				
K0+500		2.8						
	50		6	300				
K0+550		9.2						
	50		5.7	285				
K0+600		2.2						
合计				2225			1688	

2）编制道路土方工程量清单，见表4.30。

表4.30　分部分项工程计量清单

工程名称：CGD道路（K0+100～K0+600）土方工程量

序号	项目编号	项目名称	工程数量/m³
1	040101001001	挖一般土方（四类土）	2225
2	040103001001	填方（密实度95%）	1688
3	040103002001	余方弃置（运距5km）	537

（2）工程量清单计价。

工程量清单综合单价分析如下。

1）方案。

a. 挖土，拟采用挖掘机挖土自卸车运土进行土方平衡，从道路工程土方计算表（表4.29）中可以看出，平衡场内土方运距在500m以内，土方纵向平衡调运由机械完成。

b. 机械作业不到的地方由人工完成，人工挖土方量考虑占总挖方量的5%，即2225×5%＝111(m³)，机械挖土为2225－111＝2114(m³)。

c. 余方弃置仍采用挖掘机挖土自卸汽车运土。

d. 路基填土压实拟用压路机碾压、碾压厚度每层不超过30cm，并分层检验密实度，达到要求的密实度后再填筑上一层。

2）管理费、利润的取定。

a. 采用某地定额。

b. 管理费按人工费机械费的10%计算。

c. 利润按人工费的20%考虑。

根据上述考虑作以下综合单价分析，见表4.31～表4.34。

表4.31　分部分项工程计量清单

工程名称：某市CGD道路工程　　计量单位：m^3

项目编号：040101001001　　工程数量：2225

项目名称：挖一般土方（四类土）　　综合单价：8.51

序号	定额编号	工　程　内　容	定额单位	工程量	综合单价组成/元					分项合价/元
					人工费	材料费	机械费	管理费	利润	
1	—	人工挖路基土方	$100m^3$	1.11	810.72	0	0	81.07	162.14	1169.86
2	—	挖掘机挖土自卸汽车运土（运距1km以内）	$1000m^3$	2.114	159.30	0	7456.18	761.55	31.86	17776.39
合　价					1236.66	0	15762.36	1669.90	247.33	18946.25
单　价					0.56	0	7.08	0.76	0.11	8.51

表4.31中数据的计算式如下：

工程量根据施工方案计算。

综合单价组成用综合定额或企业定额来确定，在此采用某市定额。

$$1236.66=1.11\times 810.72+2.114\times 159.30$$

$$0.56=1236.66\div 2225$$

$$15762.36=7456.18\times 2.114$$

$$7.08=15762.36\div 2225$$

$$81.07=810.72\times 10\%$$

$$162.14=810.72\times 10\%$$

$$1169.86=1.11\times(810.72+81.07+162.14)$$

$$18946.25=1169.86+17776.39$$

（3）列出表。

表 4.32 **分部分项工程量清单综合单价计算表（一）**

工程名称：某市CGD道路工程 计量单位：m^3

项目编号：040103001001 工程数量：1688

项目名称：填方（密实度95%） 综合单价：2.34

序号	定额编号	工程内容	定额单位	工程量	综合单价组成/元					分项合价/元
					人工费	材料费	机械费	管理费	利润	
1	—	填土压路机碾压（密实度95%）	$1000m^3$	1.688	108	22.20	1977.15	208.52	21.60	3945.65
合价					182.30	37.47	3337.43	351.98	36.46	3945.65
单价					0.11	0.02	1.98	0.21	0.02	2.34

表 4.33 **分部分项工程量清单综合单价计算表（二）**

工程名称：某市CGD道路工程 计量单位：m^3

项目编号：040103002001 工程数量：537

项目名称：余方弃置 综合单价：12.86

序号	定额编号	工程内容	定额单位	工程量	综合单价组成/元					分项合价/元
					人工费	材料费	机械费	管理费	利润	
1	—	挖掘机挖土自卸汽车运土（运距1km以内）	$1000m^3$	0.537	159.30	0	7456.18	761.55	31.86	4515.57
2	—	挖掘机挖土自卸汽车运土（增运4km）	$1000m^3$	0.537	0	0	4039.52	403.59	0	2386.14
合价					85.4	0	6173.20	625.87	17.11	6901.71
单价					0.16	0	11.50	1.17	0.03	12.86

（4）综合单价分析表的计算结果见表4.34。

表 4.34 **综合单价计算表**

序号	项目编码	项目名称	计量单位	工程数量	金额/元	
					综合单价	合价
1	040101001001	挖一般土方（四类土）	m^3	2225	8.51	18934.75
2	040103001001	填方（密实度95%）	m^3	1688	2.34	3949.92
3	040103002001	余方弃置（运距5km）	m^3	537	12.86	6905.82

【例4.11】 某道路修筑桩号为K0＋50～K0＋550，路面宽度10m，路肩各0.5m，土质为三类土，填方要求密实度93%（10t震动压路机碾压），道路挖方$3980m^3$，填方$2080m^3$，施工采用$1m^3$反铲挖机，土方平衡挖、填土方场内用75kW推土机50m，不考虑机械基础场；余方弃置用人工装车，8t，自卸汽车运3km，路床碾压按路面宽度每边加30cm，请编制道路土方工程量清单和计价（人工费、材料费、机械费及费率标准依据）《江苏省市政工程计价定额》(2014)。

【解】（1）题意分析。

1）施工时用$1m^3$反铲挖机挖三类土$3980m^3$，不装车。

2）75kW推土机将$2080m^3$土方运50m（压实度93%）。

3）人工装土 3980－2080×1.15＝1588(m^3)，8t 自卸汽车 3km。

4）路床碾压按库面宽 10.6m 计算，10.6×500＝5300(m^2)。

5）路肩整形 1×500＝500(m^2)。

（2）根据题意列出分项分部工程量清单表（表 4.35 和表 4.36）。

表 4.35　　分项分部工程量清单表

工程名称：××道路

序号	项目编码	工程内容	计量单位	工程数量	金额/元	
					综合单价	合价
1	040101001001	挖一般土方	1000m^3	3.98	5310	21133.8
2	040103001001	回填方	1000m^3	2.08	5330	11086.4
3	040103002001	余土弃置 3km	1000m^3	1.588	13090	20786.92

表 4.36　　分部分项工程量清单计价表（不调整）

序号	项目编码	工程内容	单位	数量	综合单价组成/元					合计/元
					人工费	材料费	机械费	管理费	利润	
1	040101001001	挖一般土方	m^3	3980	2862.74		27541.45	5776.82	3040.44	39221.45
	1－221	1m^3 反铲挖土挖三类土，不装车	1000m^3	3.98	(359.64) 1431.27		(3836.25) 15268.28	(797.22) 3172.94	(419.59) 1669.97	21542.56
	1－74	75kW 推土机推土（一类、二类土）	1000m^3	3.98	(359.64) 1431.27		(3083.71) 12273.17	(654.24) 2603.88	(344.34) 1370.47	17678.89
	综合单价	39221.45/3980＝9.85								
2	040103001001	回填方（压实度 93%）	m^3	2080	2963.43	146.64	18132.41	4008.33	2109.33	27360.14
		10t 压路机压实土方	1000m^3	2.08	(359.64) 748.05	(70.5) 146.64	(5485.27) 11409.36	(1110.53) 2309.9	(584.27) 1215.28	15829.23
		路床碾压	100m^2	53	(214.01) 1070.05		(126.85) 6723.05	(28.21) 1495.13	(14.85) 787.05	10150.56
	2－5	人工整形路肩	100m^2	5.0	(214.01) 1070.05			(40.66) 203.3	(21.4) 107	1380.35
	综合单价	27360.14/2080＝13.15								
3	040103002001	余土弃置（3km）	m^3	1588	21131.04	89.56	10438.55	5998.32	3157.04	40814.81
	1－49	人工装土	100m^3	15.88	(1330.67) 21131.04			(252.83) 4014.94	(133.07) 2113.15	27259.13
	1－291	8t 自卸汽车运 3km	1000m^3	1.588		(56.4) 89.56	(6573.58) 10438.85	(1248.98) 1983.38	(657.36) 1043.89	13555.68
	综合单价	40814.81/1588＝25.7								

注　表中（）内数据为计价定额内查得。以上总计为 107396.4 元。

【例 4.12】 若［例 4.11］遇到工期紧张，需夜间作业，并规定推土机 1m^3 及挖掘机进场一次，因作业场地 50m，线路长按 80m 计算，则措施项目列表见表 4.37，单位工程费用汇总表见表4.38。

表4.37 **措施项目分析表**

序号	项目编码	措施项目费名称	单位	数量	综合单价组成/元					合计/元
					人工费	材料费	机械费	管理费	利润	
1	费用	文明施工费	项	1		1073.96				1073.96
		分部分项工程量清单×1%		1		1073.96				1073.96
2		临时设施费	项	1		1610.95				1610.95
		分部分项工程量清单×1.5%	项	1		1610.95				1610.95
3		大型机械进出场及安拆费	台次	1			7072.56			7072.56
	J14001	11m³ 挖掘机场外运输费	元/次	1			3758.13			3758.13
	J14003	75kW 推土机场外运输费	元/次	1			3314.43			3314.43
4		临时供电	元		1371.5	263.82	0.00	260.59	137.14	2033.05
	1-729	接电缆	40	1	(463.31) 463.31			(88.03) 88.03	(46.33) 46.33	597.67
	1-734	电杆（杆长9m内）	根	3	(302.73) 908.19	(87.94) 263.82		(57.52) 172.56	(30.27) 90.81	1435.38
		总计			1371.50	2948.73	7072.50	260.59	274.28	11790.52

注 表中（）内数据来自市政计价表。

表4.38 **单位工程费用汇总表**

序号	项 目 名 称	说 明	金额/元
1	分部分项工程量清单合计		107396.4
2	其中：人工大型土石方工程量清单	综合费用（人工土方）	
3	人工大型土石方工程量清单中人工费	人工费（人工土方）	
4	机械大型土石方工程量清单	综合费用（机械土方）	
5	其他工程量清单合计	分部分项综合费用-（2）-（4）	107396.4
6	措施项目清单合计		11790.52
7	其他项目清单合计		
8	规费	(9)+(10)+(11)+(12)+(13)+(14)	429.07
9	其中：(1) 工程定额测定费	(1)+(6)+(7)×0.1%	119186.92×0.1%=119.19
10	(2) 生产安全监督费	(1)+(6)+(7)×0.06%	71.51

续表

序号	项　目　名　称	说　　明	金额/元
11	(3) 建筑管理费	(1)+(6)+(7)×0.2%	238.37
12	4-1 劳动保险费-人工大型土石方	(3)×0.7%	
13	4-2 劳动保险费-机械大型土石方	(4)×0.7%	
14	4-3 劳动保险费-市政其他	[(5)+(6)+(7)]×1%	119186.92×1%=1191.87
15	税金	[(1)+(6)+(7)+(8)]×3.44%	119615.99×3.44%=4114.79
16	工程造价	(5)+(6)+(7)+(8)+(15)	123301.71

复习思考题与习题

1. 在套用定额时，如何区分沟槽、基坑、平整场地及一般土石方？

2. 已知某沟槽长 800m、宽 2.50m，原地面标高为 4.300m，沟槽底标高为 1.200m，地下常水位标高为 3.300m。试计算沟槽开挖时干土、湿土的定额工程量。

3. 挖一般土方清单项目与挖土方定额子目的工程量计算规则相同吗？

4. 定额计价模式下土石方工程的计量与清单计价模式下，土石方工程的计量有什么区别？

5. 某段 D500 钢筋混凝土管道沟槽（放坡）支护开挖如图 4.10 所示，已知混凝土基础宽度 $B_1=0.7$m，垫层宽 $B_2=0.9$m，沟槽长 $L=100$m，沟槽底平均标高 $h=1.000$m，原地面平均标高 $H=4.000$m。试分别计算该段管道沟槽挖方清单工程量、定额工程量、施工工程量。

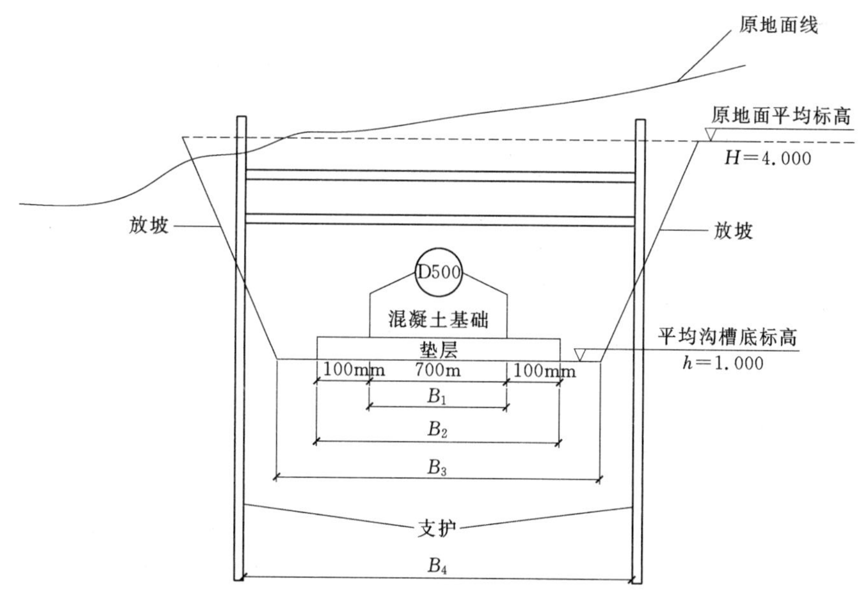

图 4.10　管道沟槽放坡（支护）开挖示意图

6. 已知 Y2－Y3－Y4 段雨水管道，管径为 D500，采用钢筋混凝土承插管 135°，钢筋混凝土条形基础，基础结构如图 4.11 所示，该段管道沟槽采用大开挖施工，边坡为 1：0.5，已知 Y2 处原地面标高为 4.000m，沟槽底标高为 1.5000m，Y3 处原地面标高为 3.800m，沟槽底标高为 1.410m；Y4 处原地面标高为 3.900m，沟槽底标高为 1.300m，Y2～Y3 管段长 30m，Y3～Y4 管段长 35m。试计算：(1) 该管道沟槽开挖的定额工程量；(2) 管道沟槽开挖的清单工程量。

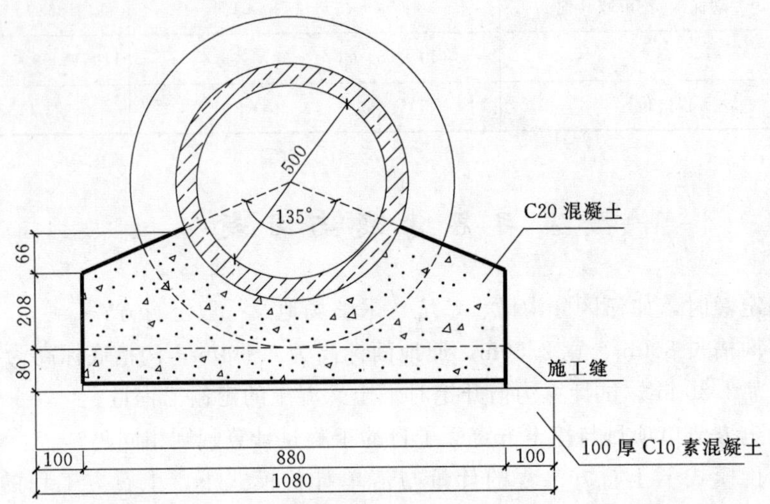

图 4.11 管道基础（单位：mm）

第5章 道 路 工 程

5.1 道 路 工 程 简 介

5.1.1 概述

道路通常是指为陆地交通运输服务，通行各种机动车、人（畜）力车、驮骑牲畜及行人的各种路的统称。道路就广义而言，有公路、城市道路、支用道路。它们在结构构造方面无本质区别，只是在道路的功能、所处地域、管辖权限等方面有所不同，它们是一条带状的实体构筑物。

道路工程按服务范围及其在国家道路网中所处的地位和作用分为以下几项。

（1）国道（全国性公路），包括高速公路和主要干线。

（2）省道（区域性公路）。

（3）县、乡道（地方性公路）。

（4）城市道路。

前3种统称为公路，按年平均昼夜汽车交通量及使用任务、性质，又可划分为5个技术等级。不同等级的公路用不同的技术指标体现。这些指标主要有计算车速、行车道数及宽度、路基宽度、最小平曲线半径、最大纵坡、视距、路面等级、桥涵设计荷载等。

城市道路主体工程由车行道（快、慢车道）、非机动车道，分隔带（绿化带）组成，附属工程由人行道、侧平石、排水系统及各类管线组成。特殊路段可能会修筑挡土墙。

城市道路车行道横向布置分为一幅、二幅、三幅、四幅式；根据道路功能、性质又可分为快速路、主干路、次干路、支路；而道路结构分为面层＋基层＋垫层＋土基。土基简称路基，是一种土工结构物，由填方或挖方修筑而成，路基须满足压实度要求；路面分为刚性路面和柔性路面。

5.1.2 道路工程施工

（1）道路施工有土石方工程、基层、面层、附属工程四大部分。各部分施工应遵守“先下后上、先深后浅、先主体后附属”的原则。

（2）土石方工程有路基土方填筑、路堑开挖、土方挖运、压路机分层碾压。特殊路段可能出现软土地基处理或防护加固工程。路床整形碾压是路基土方工程完成后，进行基层铺筑前应工作的内容。基层有石灰土、二灰碎石、三渣、水泥稳定碎石等。要求压实后较紧密，孔隙率、透水性较小，强度比较稳定。

（3）常用的面层有沥青混凝土和水泥混凝土，现在一般是工厂拌制现场摊铺。

（4）附属工程包括平石、侧石、人行道、雨水井、涵洞、护坡、排水沟、挡土墙。它们具有完善道路使用功能，保证道路主体结构稳定的作用。

5.2 道路工程定额工程量计算规则

5.2.1 市政定额道路工程划分

全国统一市政工程定额土石方工程分为路床（槽）整形、道路基层、道路面层、人行道侧缘石及其他。

1. 路床（槽）整形

路床（槽）整形工程包括：路床（槽）整形；路基盲沟；弹软土基处理；砂底层；铺筑垫层料。

（1）路床（槽）整形的工作内容如下。

1）路床、人行道整形碾压：放样、挖高填低、推土机整平、找平、碾压、检验、人工配合处理机械碾压不到之处。

2）边沟成形：人工挖边沟土、培整边坡、整平沟底、余土弃运。

（2）路基盲沟的工作内容包括放样、挖土、运料、填充夯实、弃土外运。

（3）弹软土基处理的工作内容如下。

1）掺石灰、改换炉渣、片石。

a. 人工操作：放样、挖土、掺料改换、整平、分层夯实、找平、清理杂物。

b. 机械操作：放样、机械挖土、掺料、推拌、分层排压、找平、碾压、清理杂物。

2）石灰砂桩：放样、挖孔、填料、夯实、清理余土至路边。

3）塑板桩。

a. 带门架：轨道铺拆、定位、穿塑料排水板、安装桩靴、打拔钢管、剪断排水板、门架、桩机移位。

b. 不带门架：定位、穿塑料排水板、安装桩靴、打拔钢管、剪断排水板、起重机、桩机移位。

4）粉喷桩：钻机就位、钻孔桩、加粉、喷粉、复搅。

5）土工布：清理整平路基、挖填锚固沟、铺设土工布、缝合及锚固土工布。

6）抛石挤淤：人工装石、机械运输、人工抛石。

7）水泥稳定土、机械翻晒。

a. 放样、运料（水泥）、拌和、找平、碾压、人工拌和处理碾压不到之处。

b. 放样、机械带铧犁翻拌晾晒、排压。

（4）砂底层的工作内容包括放样、取（运）料、摊铺、洒水、找平、碾压。

（5）铺筑垫层料的工作内容包括放样、取（运）料、摊铺、找平。

2. 道路基层

道路基层工程包括：石灰土基层，石灰，炉渣，土基层，石灰、粉煤灰、土基层，石灰、炉渣基层，石灰、粉煤灰、碎石基层（拌和机拌和），石灰、粉煤灰、砂砾基层（拖拉机拌和犁耙）；石灰、土、碎石基层；路（厂）拌粉煤灰三渣基层；顶层多合土养护；砂砾石底层（天然级配）、卵石底层、碎石底层、块石底层、炉渣底层、矿渣底层、山皮石底层；沥青稳定碎石。

（1）石灰土基层，石灰、炉渣、土基层，石灰、粉煤灰、土基层，石灰、炉渣基层，石

灰、粉煤灰、碎石基层（拌和机拌和），石灰、粉煤灰、砂砾基层（拖拉机拌和犁耙）的工作内容如下：

1）人工拌和：放样、清理路床、人工运料、上料、铺石灰、焖水、配料拌和、找平、碾压、人工处理碾压不到之处、清理杂物。

2）拖拉机拌和（带犁耙）：放样、清理路床、运料、上料、机械整平土方、铺石灰、焖水、拌和、排压、找平、碾压、人工拌和处理碾压不到之处、清理杂物。

3）拖拉机原槽拌和（带犁耙）：放样、清理路床、运料、上料、机械整平土方、铺石灰、拌和、排压、找平、碾压、人工拌和处理碾压不到之处、清理杂物。

4）拌和机拌和：放样、清理路床、运料、上料、机械整平土方、铺石灰、焖水、拌和机拌和、排压、找平、碾压、人工拌和处理碾压不到之处、清理杂物。

5）厂拌人铺：放线、清理路床、运料、上料、摊铺洒水、配合压路机碾压、初期养护。

（2）石灰、土、碎石基层的工作内容如下。

1）机拌：放线、运料、上料、铺石灰、焖水、拌和机拌和、找平、碾压、人工处理碾压不到之处、清理杂物。

2）厂拌：放线、运料、上料、配合压路机碾压、初级养护。

（3）路（厂）拌粉煤灰三渣基层的工作内容包括：放线、运料、上料、摊铺、焖水、拌和机拌和、找平、碾压；二层铺筑时下层扎毛、养护、清理杂物。

（4）顶层多合土养护的工作内容包括抽水、运水、安拆抽水机胶管、洒水养护。

（5）砂砾石底层（天然级配）、卵石底层、碎石底层、块石底层、炉渣底层、矿渣底层、山皮石底层的工作内容包括放样、清理路床、取料、运料、上料、摊铺、找平、碾压。

（6）沥青稳定碎石的工作内容包括放样、清扫路基、人工摊铺、洒水、喷洒机喷油、嵌缝、碾压、侧缘石保护、清理。

3. 道路面层

道路面层工程包括：简易路面（磨耗层）；沥青表面处治；沥青贯入式路面；喷洒沥青油料；黑色碎石路面、粗粒式沥青混凝土路面、中粒式沥青混凝土路面、细粒式沥青混凝土路面；水泥混凝土路面；伸缩缝；水泥混凝土路面养护；水泥混凝土路面钢筋。

（1）简易路面（磨耗层）的工作内容包括放样、运料、拌和、摊铺、找平、洒水、碾压。

（2）沥青表面处治的工作内容包括清扫路基、运料、分层撒料、洒油、找平、接茬、收边。

（3）沥青贯入式路面的工作内容包括清理整理下承层、安拆熬油设备、熬油、运油、沥青喷洒机洒油、铺洒主层骨料及嵌缝料、整形、碾压、找补、初期养护。

（4）喷洒沥青油料的工作内容包括清扫路基、运油、加热、洒布机喷油、移动挡板（或遮盖物）保护侧石。

（5）黑色碎石路面、粗粒式沥青混凝土路面、中粒式沥青混凝土路面、细粒式沥青混凝土路面的工作内容包括清扫路基、整修侧缘石、测温、摊铺、接茬、找平、点补、夯边、撒垫料、碾压、清理。

（6）水泥混凝土路面的工作内容包括放样、模板制作、安拆、模板刷油、混凝土纵缝涂沥青油、拌和、浇筑、捣固、抹光或拉毛。

（7）伸缩缝的工作内容如下。

1）切缝：放样、缝板制作、备料、熬制沥青、浸泡木板、拌和、嵌缝、烫平缝面。

2）PG道路嵌缝胶：清理缝道、嵌入泡沫背衬带、配制搅料PG胶、上料灌缝。

（8）水泥混凝土路面养护的工作内容包括铺盖草袋、铺撒锯末、涂塑料液、铺塑料膜、养护。

（9）水泥混凝土路面钢筋的工作内容包括钢筋除锈、安装传力杆、拉杆边缘钢筋、角隅加固钢筋、钢筋网。

4. 人行道侧缘石及其他

人行道侧缘石及其他工程包括：人行道板安砌；异形彩色花砖安砌；侧缘石垫层；侧缘石，侧平石安砌、砌筑树池；消解石灰。

（1）人行道板安砌的工作内容包括放样、运料、配料拌和、找平、夯实、安砌、灌缝、扫缝。

（2）异形彩色花砖安砌的工作内容包括放样、运料、配料拌和、找平、夯实、安砌、灌缝、扫缝。

（3）侧缘石垫层的工作内容包括运料、备料、拌和、摊铺、找平、洒水、夯实。

（4）侧缘石、侧平石安砌、砌筑树池的工作内容包括放样、开槽、运料、调配砂、安砌、勾缝、养护、清理。

（5）消解石灰的工作内容包括集中消解石灰、推土机配合、小堆沿线消解、人工闷翻。

5.2.2 道路工程定额工程量计算规则

（1）道路工程路床（槽）碾压宽度计算应按设计车行道宽度另计两侧加宽值，加宽值的宽度由各省（自治区、直辖市）自行确定。两侧加宽利于路基的压实。

（2）道路工程路基应按设计车行道宽度另计两侧加宽值，加宽值的宽度由各省（自治区、直辖市）自行确定。

（3）道路工程石灰石、多合土养生面积按设计基层、顶层的面积计算。

（4）道路基层计算不扣除各种井位所占的面积。

（5）道路工程的侧缘（平）石、树池等项目以延米计算，包括各转弯处的弧形长度。

（6）水泥混凝土路面以平口为准，如设计为企口时，其用工量按本定额相应项目乘以系数1.01。木材摊销量按全国统一市政工程定额相应项目摊销量乘以系数1.051。

（7）道路工程沥青混凝土、水泥混凝土及其他类型路面工程量以设计长度乘以设计宽度计算（包括转弯面积），不扣除各井所占面积。

（8）伸缩缝以面积为计量单位，此面积为缝的断面积，即设计宽度×设计厚度。

（9）道路面层按设计图所示面积（带平石的面层应扣除平石面积）以m^2为单位计算。

（10）人行道板、异型彩色花砖安砌面积按实铺面积计算。

5.3 道路工程清单工程量计算规则

5.3.1 道路基层及面层工程工程量计算

1. 路基处理工程量计算

路基（又称路槽、路床、路胎、道胎）是指按照路线位置和一定技术要求修筑的作为路

面基础的带状构筑物。路基是公路线形的主体，贯穿公路全线，与沿线的桥梁、涵洞和隧道等相连接。路基是路面的基础，它与路面共同承担汽车荷载的作用。路面用硬质材料铺筑于路基顶面的层状结构。路面靠路基来支撑，没有稳固的路基就没有稳固的路面。

路基的横断面形式如图 5.1 所示。由于地形的变化，道路设计标高与天然地面标高的相互关系不同，一般常见的路基横断面形式有路堤和路堑两种，高于天然地面的填方路基称为路堤，如图 5.1（a）所示；低于天然地面的挖方路基称为路堑，如图 5.1（b）所示；介于两者之间的称为半填半挖路基，如图 5.1（c）所示。

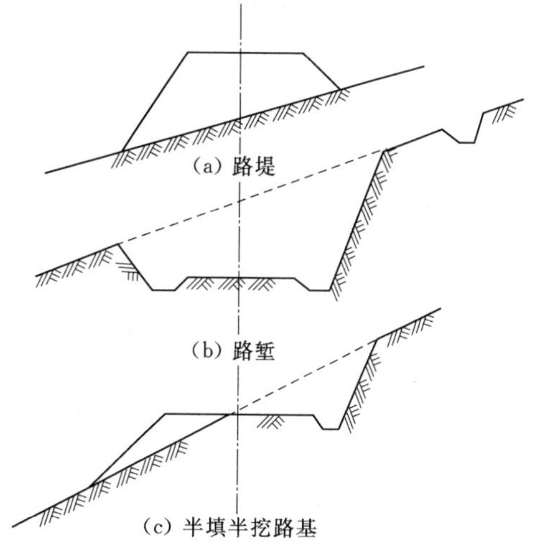

图 5.1 路基横断面形式

（1）工程量计算规则。

路基处理工程工程量清单项目设置、项目特征描述的内容、计量单位及工程量计算规则，应按表 5.1 的规定执行。

表 5.1 路 基 处 理

项目编码	项目名称	项目特征	计量单位	工程量计算规则	工作内容
040201001	预压地基	（1）排水竖井种类、断面尺寸、排列方式、间距、深度； （2）预压方法； （3）预压荷载、时间； （4）砂垫层厚度	m^2	按设计图示尺寸以加固面积计算	（1）设置排水竖井； （2）铺设砂垫层、密封膜； （3）堆载、卸载或抽气设备安拆、抽真空； （4）材料运输
040201002	强夯地基	（1）夯击能量； （2）夯击遍数； （3）地耐力要求； （4）夯填材料种类			（1）铺设夯填材料； （2）强夯； （3）夯填材料运输
040201003	振冲密实（不填料）	（1）地层情况； （2）振密深度； （3）孔距； （4）振冲器功率			（1）振冲加密； （2）泥浆运输
040201004	掺石灰	含灰量	m^3	按设计图示尺寸以体积计算	（1）掺石灰； （2）夯实
040201005	掺干土	（1）密实度； （2）掺土率			（1）掺干土； （2）夯实
040201006	掺石	（1）材料品种、规格； （2）掺石率			（1）掺石； （2）夯实
040201007	抛石挤淤	材料品种、规格			（1）抛石挤淤； （2）填塞垫平、压实

续表

<table>
<tr><th>项目编码</th><th>项目名称</th><th>项目特征</th><th>计量单位</th><th>工程量计算规则</th><th>工作内容</th></tr>
<tr><td>040201008</td><td>袋装砂井</td><td>(1) 直径;
(2) 填充料品种;
(3) 深度</td><td rowspan="2">m</td><td rowspan="2">按设计图示尺寸以长度计算</td><td>(1) 制作砂袋;
(2) 定位沉管;
(3) 下砂袋;
(4) 拔管</td></tr>
<tr><td>040201009</td><td>塑料排水板</td><td>材料品种、规格</td><td>(1) 安装排水板;
(2) 沉管插板拔管</td></tr>
<tr><td>040201010</td><td>振冲桩
(填料)</td><td>(1) 地层情况;
(2) 空桩长度、桩长;
(3) 桩径;
(4) 填充材料种类</td><td>(1) m;
(2) m^3</td><td>(1) 以 m 为单位计算，按设计图示尺寸以桩长计算;
(2) 以 m^3 为单位计算，按设计桩截面乘以桩长以体积计算</td><td>(1) 振冲成孔、填料、振实;
(2) 材料运输;
(3) 泥浆运输</td></tr>
<tr><td>040201011</td><td>砂石桩</td><td>(1) 地层情况;
(2) 空桩长度、桩长;
(3) 桩径;
(4) 成孔方法;
(5) 材料种类、级配</td><td>(1) m;
(2) m^3</td><td>(1) 以 m 为单位计量，按设计图示尺寸以桩长（包括桩尖）计算;
(2) 以 m^3 为单位计量，按设计桩截面乘以桩长（包括桩尖）以体积计算</td><td>(1) 成孔;
(2) 填充、振实;
(3) 材料运输</td></tr>
<tr><td>040201012</td><td>水泥粉煤灰碎石桩</td><td>(1) 地层情况;
(2) 空桩长度、桩长;
(3) 桩径;
(4) 成孔方法;
(5) 混合料强度等级</td><td rowspan="5">m</td><td>按设计图示尺寸以桩长（包括桩尖）计算</td><td>(1) 成孔;
(2) 混合料制作;
(3) 材料运输</td></tr>
<tr><td>040201013</td><td>深层水泥搅拌桩</td><td>(1) 地层情况;
(2) 空桩长度、桩长;
(3) 桩截面尺寸;
(4) 水泥强度等级、掺量</td><td rowspan="3">按设计尺寸以桩长计算</td><td>(1) 预搅下钻、水泥浆制作、喷浆搅拌提升成桩;
(2) 材料运输</td></tr>
<tr><td>040201014</td><td>粉喷桩</td><td>(1) 地层情况;
(2) 空桩长度、桩长;
(3) 桩径;
(4) 粉体种类、掺量;
(5) 水泥强度等级、石灰粉要求</td><td>(1) 预搅下钻、水泥浆制作、喷浆搅拌提升成桩;
(2) 材料运输</td></tr>
<tr><td>040201015</td><td>高压水泥旋喷桩</td><td>(1) 地层情况;
(2) 空桩长度、桩长;
(3) 桩截面;
(4) 旋喷类型、方法;
(5) 水泥强度等级、掺量</td><td>(1) 成孔;
(2) 水泥浆制作、高压旋喷注浆;
(3) 材料运输</td></tr>
<tr><td>040201016</td><td>石灰桩</td><td>(1) 地层情况;
(2) 空桩长度、桩长;
(3) 桩径;
(4) 成孔方法;
(5) 掺合料种类、配合比</td><td>按设计图示尺寸以桩长（包括桩尖）计算</td><td>(1) 成孔;
(2) 混合料制作、运输、夯填</td></tr>
</table>

续表

项目编码	项目名称	项目特征	计量单位	工程量计算规则	工作内容
040201017	灰土（土）挤密桩	（1）地层情况； （2）空桩长度、桩长； （3）桩径； （4）成孔方法； （5）灰土级配	m	按设计图示尺寸以桩长计算	（1）成孔； （2）灰土拌和、运输、填充、夯实
040201018	桩锤冲扩桩	（1）地层情况； （2）空桩长度、桩长； （3）桩径； （4）成孔方法； （5）桩体材料种类、配合比			（1）安拔套管； （2）冲孔、填料、夯实； （3）桩体材料制作、运输
040201019	地基注浆	（1）地层情况； （2）成孔深度、间距； （3）浆液种类及配合比； （4）注浆方法； （5）水泥强度等级、用量	（1）m； （2）m^3	（1）以 m 为单位计量，按设计图示尺寸以深度计算； （2）以 m^3 为单位计量，按设计图示尺寸以加固体积计算	（1）成孔； （2）注浆导管制作、安装； （3）浆液制作、压浆； （4）材料运输
040201020	褥垫层	（1）厚度； （2）材料品种、规格及比例	（1）m^2； （2）m^3	（1）以 m^2 为单位计量，按设计图示尺寸以铺设面积计算； （2）以 m^3 为单位计量，按设计图示尺寸以铺设体积计算	（1）材料拌和、运输； （2）铺设； （3）压实
040201021	土工合成材料	（1）材料品种、规格； （2）搭接方式	m^2	按设计图示尺寸以面积计算	（1）基层整平； （2）铺设； （3）压实
040201022	排水沟、截水沟	（1）断面尺寸； （2）基层、垫层，材料、品种、厚度； （3）砌体材料； （4）砂浆强度等级； （5）伸缩缝填塞； （6）盖板材质、规格	m	按设计图示尺寸以长度计算	（1）模板制作、安装、拆除； （2）基础、垫层铺筑； （3）混凝土拌和、运输、浇筑； （4）侧墙浇捣或砌筑； （5）勾缝、抹面； （6）盖板安装
040201023	盲沟	（1）材料品种、规格； （2）断面尺寸			铺筑

注 1. 地层情况按表 4.1 和表 4.13 的规定，并根据岩土工程勘察报告按单位工程各地层所占比例（包括范围值）进行描述。对无法描述的地层情况，可注明由投标人根据岩土工程勘察报告自行决定报价。

2. 项目特征中的桩长应包括桩尖，空桩长度=孔深－桩长，孔深为自然地面至设计桩底的深度。

3. 如采用碎石、粉煤灰、砂等作为路基处理的填方材料时，应按本书第 4 章土石方工程中“回填方”项目编码列项。

4. 排水沟、截水沟清单项目中，当侧墙为混凝土时，还应描述侧墙的混凝土强度等级。

（2）工程量清单项目释义。

1）预压地基。预压地基是指在原状土上加载，使土中水排出，以实现土的预先固结，减少建筑物地基后期沉降和提高地基承载力的地基处理方法。按加载方法的不同，预压地基分为堆载预压、真空预压和降水预压3种。

2）强夯地基。强夯地基是利用重锤下落时的冲击能来夯实浅层填土地基，使表面形成一层较均匀的硬层来承受上部荷载的地基处理方法。

3）振冲密实（不填料）。振冲密实是以起重机吊振冲器，启动潜水电机带动偏心块，使振动器产生高频振动，同时启动水泵，通过喷嘴喷射高压水流，在边振边冲的共同作用下，将振动器沉到土中的预定深度，经清孔后，从地面向孔内逐段填入碎石，使其在振动作用下被挤密实，达到要求的密实度后即可提升振动器，如此反复直至地面，从而在地基中形成一个大直径的密实桩体与原地基构成复合地基，提高地基承载力，减少沉降，是一种快速、经济有效的加固方法。

4）掺石灰（干土、石）。用干性石灰（干石灰粉）、干土或石吸收土壤中多余的水分，使土壤达到最佳含水量，满足压实的要求，增加路基稳定性。干土采用就地挖出的黏性土及塑性指数大于4的粉土，土内不得含有松软杂质或使用耕植土；土料应过筛，其颗粒不宜大于15mm。

5）抛石挤淤。抛石挤淤是软弱地基处理的一种方法，在路基底从中部向两侧抛投一定数量的碎石，将淤泥挤出路基范围，以提高路基强度。所用碎石宜采用不易风化的大石块，尺寸一般不小于0.3m。抛石挤淤法施工简单、迅速、方便，适用于常年积水的洼地，排水困难，厚度较薄，表层无硬壳，片石能沉达底部的泥沼或厚度为3～4m的软土。

6）袋装砂井。袋装砂井是用透水型土工织物长袋装砂砾石，设置在软土地基中形成排水砂柱，以加速软土排水固结的地基处理方法。

7）塑料排水板。为加速软弱地基的固结，使用带门架（或不带门架）的打桩设备将装有塑料排水板的钢管打入地基中，通过塑料排水板的纵、横向排水，加速地基沉降，提高路基强度。

8）振冲桩（填料）。振冲桩是利用振动和压力水使砂层液化，使砂颗粒相互挤密，重新排列，孔隙减少。根据砂土性质不同，振冲桩有加填料和不加填料两种。

9）砂石桩。砂石桩是碎石桩的一种，适用于松散砂土、素填土、杂填土等地基处理。

10）水泥粉煤灰碎石桩。水泥粉煤灰碎石桩是在碎石桩的基础上发展起来的，是以一定配合比的石屑、粉煤灰和少量的水泥加水拌和后制成的一种具有一定胶结强度的桩体。这种桩是一种低强度混凝土桩，由它组成的复合地基能够较大幅度提高承载力。

11）深层水泥搅拌桩。深层水泥搅拌桩是利用水泥作为固化剂，通过深层搅拌机械在地基中将软土或砂等和固化剂强制拌和，使软基硬结而提高地基强度的地基处理方法。该方法适用于处理软土地基、淤泥、砂土、淤泥质土、泥炭土和粉土。当用于处理泥炭土或地下水具有侵蚀性时，应通过试验确定其适用性。冬季施工时，应注意低温对处理效果的影响。

12）粉喷桩。粉喷桩是软土地基处理方法之一，是利用钻机打孔将石灰、水泥（或其他材料）用粉体发送器和空压机压送到土壤中，形成加固柱体，从而实现地基的固结。

13）高压水泥旋喷桩。高压水泥旋喷桩是以高压旋转的喷嘴将水泥浆喷入土层与土体混合，形成连续搭接的水泥加固体。高压水泥旋喷桩施工占地少、振动小、噪声较低，但容易污染环境，成本较高，对于特殊的不能使喷出浆液凝固的土质不宜采用。

14）石灰桩。石灰桩指的是为加速软弱地基的固结，在地基上钻孔并灌入生石灰而形成

的吸水柱体。

15）灰土（土）挤密桩。灰土（土）挤密桩是指在基础底面形成若干个桩孔，然后将灰土填入并分层夯实，以提高地基承载力或水稳性的地基处理方法，其适用于处理地下水位以上的湿陷性黄土、素填土和杂填土等地基，处理深度宜为5～15m。

16）桩锤冲扩桩。桩锤冲扩桩是反复将柱状重锤提到高处使其自由落下冲击成孔，然后分层填料夯实形成扩大桩体，与桩间土组成复合地基的地基处理方法。

17）地基注浆。地基注浆是将配制好的化学浆液或水泥浆液，通过导管注入土体空隙中，与土体结合，发生物化反应，从而提高土体强度，减小其压缩性和渗透性的地基处理方法。

18）褥垫层。褥垫层是水泥粉煤灰碎石桩复合地基中解决地基不均匀的一种方法。例如，建筑物一边在岩石地基上，一边在黏土地基上时，即可采用在岩石地基上加褥垫层（级配砂石）的方法来解决。

19）土工合成材料。土工合成材料是土木工程应用的合成材料的总称。作为一种土木工程材料，其是以人工合成的聚合物（如塑料、化纤、合成橡胶等）为原料，制成各种类型的产品，置于土体内部、表面或各种土体之间，发挥加强或保护土体的作用。

20）排水沟、截水沟。

a. 当路线受到多段沟渠或水道影响时，为保护路基不受水害，可以设置排水沟或改移渠道，以调节水流，整治水道。排水沟的主要用途在于引水，将路基范围内各种水源的水流（如边沟、截水沟、取土坑、边坡和路基附近积水），引至桥涵或路基范围以外的指定地点。

b. 截水沟又称天沟，一般设置在挖方路基边坡坡顶以外，或山坡路堤上方的适当地点，用以拦截并排除路基上方流向路基的地面径流，减轻边沟的水流负担，保证挖方边坡和填方坡脚不受流水冲刷。降水量较少或坡面坚硬和边坡较低以致冲刷影响不大的路段，可以不设截水沟；反之，如果降水量较多，且暴雨频率较高，山坡覆盖层比较松软，坡面较高，水土流失比较严重的地段，必要时可设置两道或多道截水沟。

21）盲沟。路基盲沟是指为路基设置的充填碎石、砾石等颗粒材料并辅以过滤层（有的其中埋设透水管）的排水、截水暗沟。

2. 道路基层工程量计算

基层（又称基层、垫层、过滤层、隔离层、扎根层、主料层）是指设在面层以下的结构层，主要承受由面层传递的车辆荷载，并将荷载分布到垫层基上，当基层为多层时，最下面的一层为底基层。

（1）工程量计算规则。

道路基层工程工程量清单项目设置、项目特征描述的内容、计量单位及工程量计算规则，应按表5.2的规定执行。

（2）工程量清单项目释义。

1）路床（槽）整形。路床（槽）整形是指按设计要求和规定标高，将边沟、边坡、路基起高垫低、夯实，碾压成形。路床（槽）整形的平均厚度一般在10cm以内。

2）石灰稳定土。将消石灰粉或生石灰粉掺入各种粉碎或原来松散的土中，经拌和、压实及养护后得到的混合料，称为石灰稳定土。石灰稳定类基层是指在粉碎的或原来松散的骨料或土中掺入适量的石灰和水，经拌和、压实及养护，当其抗压强度符合规定时得到的路面结构层。

表 5.2　　　　道 路 基 层

<table>
<tr><th>项目编号</th><th>项目名称</th><th>项目特征</th><th>计量单位</th><th>工程量计算规则</th><th>工作内容</th></tr>
<tr><td>040202001</td><td>路床（槽）整形</td><td>(1) 部位；
(2) 范围</td><td rowspan="16">m²</td><td>按设计道路底基层图示尺寸以面积计算，不扣除各类井所占面积</td><td>(1) 放样；
(2) 整修路拱；
(3) 碾压成形</td></tr>
<tr><td>040202002</td><td>石灰稳定土</td><td>(1) 含水量；
(2) 厚度</td><td rowspan="15">按设计图示尺寸以面积计算，不扣除各类井所占面积</td><td rowspan="15">(1) 拌和；
(2) 运输；
(3) 铺筑；
(4) 找平；
(5) 碾压；
(6) 养护</td></tr>
<tr><td>040202003</td><td>水泥稳定土</td><td>(1) 水泥含量；
(2) 厚度</td></tr>
<tr><td>040202004</td><td>石灰、粉煤灰、土</td><td>(1) 配合比；
(2) 厚度</td></tr>
<tr><td>040202005</td><td>石灰碎石、土</td><td>(1) 配合比；
(2) 碎石规格；
(3) 厚度</td></tr>
<tr><td>040202006</td><td>石灰、粉煤灰碎（砾）石</td><td>(1) 配合比；
(2) 碎（砾）石规格；
(3) 厚度</td></tr>
<tr><td>040202007</td><td>粉煤灰</td><td rowspan="2">厚度</td></tr>
<tr><td>040202008</td><td>矿渣</td></tr>
<tr><td>040202009</td><td>砂砾石</td><td rowspan="5">(1) 石料规格；
(2) 厚度</td></tr>
<tr><td>040202010</td><td>卵石</td></tr>
<tr><td>040202011</td><td>碎石</td></tr>
<tr><td>040202012</td><td>块石</td></tr>
<tr><td>040202013</td><td>山皮石</td></tr>
<tr><td>040202014</td><td>粉煤灰三渣</td><td>(1) 配合比；
(2) 厚度</td></tr>
<tr><td>040202015</td><td>水泥稳定碎（砾）石</td><td>(1) 水泥含量；
(2) 石料规格；
(3) 厚度</td></tr>
<tr><td>040202016</td><td>沥青稳定碎石</td><td>(1) 沥青品种；
(2) 石料规格</td></tr>
</table>

3）水泥稳定土。在经过粉碎的或原来松散的土中，掺入足量的水泥和水，经拌和得到的混合料在压实和养护后，当其抗压强度符合规定的要求时，称为水泥稳定土。水泥稳定类基层是指在粉碎的或原来松散的骨料或土中掺入适量的水泥和水，经拌和后得到的混合料通过压实及养护，当其抗压强度达到要求时所得到的结构层。

4）石灰、粉煤灰、土。石灰、粉煤灰、土是指将石灰、粉煤灰与其他掺入材料（土、集料）按适当比例、最佳含水量、合理工艺（拌和、压实及养护）制成的混合料，简称二灰稳定土，常见于道路结构的基层、底基层。

5）石灰、碎石、土。石灰、碎石、土基层是指按设计厚度要求，将石灰、碎石、土按一定的配合比，经过路拌或厂拌均匀后，用机械或人工摊铺到路基上，经碾压、养护后形成

的基层。

6）石灰、粉煤灰、碎（砾）石。石灰、粉煤灰、碎（砾）石简称二次碎石，石灰、粉煤灰、碎（砾）石基层常用于北方寒冷地区的道路基层。

7）粉煤灰。粉煤灰是从煤燃烧后的烟气中收捕下来的细灰，粉煤灰基层是指按设计厚度要求，将粉煤灰用机械或人工摊铺到路基上，经碾压、养护后形成的基层。

8）矿渣。矿渣是指矿石经过选矿或冶炼后的残余物，是良好的筑路材料。用矿渣筑路整体强度好，板体强度高，水稳定性良好，具有抗冻膨胀的性能。

9）砂砾石。砂砾石是一种颗粒状、无黏性材料。目前，国内公路建设中对天然砂砾石或级配砂砾石通常采用的做法是：将砂砾石按一定的级配组成，然后掺加少量的黏结料（如水泥或二灰），以此组成的混合料作为道路基层，以天然砂砾石作为道路的底基层。

10）卵石。卵石是自然形成的岩石颗粒，卵石的形状多为圆形，表面光滑，与水泥的黏结较差，拌制的混凝土拌和物流动性较好，但混凝土硬化后强度较低。卵石底基层是指按设计厚度要求，将卵石用机械或人工摊铺到路基上，经碾压、养护后形成的基层。

11）碎石。碎石是由天然岩石（或卵石）经破碎、筛分而得，碎石多棱角，表面粗糙，与水泥黏结较好，拌制的混凝土拌和物流动性差，但混凝土硬化后强度较高。

12）块石。块石是指符合工程要求的岩石，经开采并加工而成的形状大致方正的石块。块石基层多用手工铺砌，碎石嵌缝并压实。

13）山皮石。也称山皮土，是指经过自然风化后的山上的表皮浅层比较细小的混合石土。山皮石用于道路的底基层。

14）粉煤灰三渣。由粉煤灰、熟石灰、石渣按一定配比混合，经过搅拌后形成的一种混合材料。

15）水泥稳定碎（砾）石。水泥碎（砾）石的石料规格是以粒径为15～40mm的碎石为粗集粒配制的混凝土，一般用作公路或城市道路的基层。

16）沥青稳定碎石。由矿料和沥青组成具有一定级配要求的混合料。

3. 道路面层工程量计算

面层是路面结构层最上面的一个层次，直接承受车辆荷载及自然荷载，并将荷载传递到基层。因此，它要求比基层有更好的强度和刚度，能安全地把荷载传递到下部。另外，它还要求表面平整、有良好的抗震性能，使车辆能顺利通过。

（1）工程量计算规则。道路面层工程工程量清单项目设置、项目特征描述的内容、计量单位及工程量计算规则，应按表5.3的规定执行。

（2）工程量清单项目释义。

1）沥青表面处治。沥青表面处治是用沥青和集料按层铺法或拌和法铺筑而成的厚度不超过3m的沥青面层。

2）沥青贯入式。沥青贯入式是指用沥青灌入碎石（砾石）作面层的路面。

3）透层、黏层。

a. 透层。透层是指在非沥青材料的基层上浇洒低黏度的沥青，透入基层，使其表面形成的薄沥青层。它能增强基层与沥青面层的结合，增加基层的防水性能，同时，对基层也起保水养护作用和防止或减少基层临时行车时表面的磨耗。

表 5.3　　　　道 路 面 层

项目编码	项目名称	项目特征	计量单位	工程量计算规则	工作内容
040203001	沥青表面处治	(1) 沥青品种； (2) 层数	m²	按设计图示尺寸以面积计算，不扣除各种井所占面积，带平石的面层应扣除平石所占面积	(1) 喷油、布料； (2) 碾压
040203002	沥青贯入式	(1) 沥青品种； (2) 石料规格； (3) 厚度			(1) 摊铺碎石； (2) 喷油、布料； (3) 碾压
040203003	透层、黏层	(1) 材料品种； (2) 喷油量			(1) 清理下承面； (2) 喷油、布料
040203004	封层	(1) 材料品种； (2) 喷油量； (3) 厚度			(1) 清理下承面； (2) 喷油、布料； (3) 压实
040203005	黑色碎石	(1) 材料品种； (2) 石料规格； (3) 厚度			(1) 清理下承面； (2) 拌和、运输； (3) 摊铺、整形； (4) 压实
040203006	沥青混凝土	(1) 沥青品种； (2) 沥青混凝土种类； (3) 石粒粒径； (4) 掺合料； (5) 厚度			
040203007	水泥混凝土	(1) 混凝土强度等级； (2) 掺合料； (3) 厚度； (4) 嵌缝材料			(1) 模板制作、安装、拆除； (2) 混凝土拌和、运输、浇筑； (3) 拉毛； (4) 压痕或刻防滑槽； (5) 伸缝； (6) 缩缝； (7) 锯缝、嵌缝； (8) 路面养护
040203008	块料面层	(1) 块料品种、规格； (2) 垫层：材料品种、厚度、强度等级			(1) 铺筑面层； (2) 铺砌块料； (3) 嵌缝、勾缝
040203009	弹性面层	(1) 材料品种； (2) 厚度			(1) 配料； (2) 铺贴

注　水泥混凝土路面中传力杆和拉杆的制作、安装应按《市政工程工程量计算规则》(GB 50857—2013) 附录J钢筋工程中相关项目编码列项。

b. 黏层。黏层是在旧路面或在底面层和中间层上喷洒沥青所形成的薄沥青层，它是使沥青面层与下层表面黏结良好的措施。

4) 封层。封层是在路面或基层上修筑的一个沥青表面薄层或沥青砂等薄层，其作用是封闭表面空隙，防止水分浸入面层和基层，或用以养护石灰土类基层，或用以达到临时通车的目的，或者用以改善旧路（沥青路面或混凝土路面）路面外观。封层可分为上封层和下封层两种，前者修建在沥青面层之上；后者修建在基层之上。

5) 黑色碎石。黑色碎石面层一般分为两层铺筑：下层为沥青碎石，压实厚度为3.5～5m；上层采用沥青石屑时厚度控制在1～1.5cm，采用沥青砂时厚度为1cm。其也可在下层

沥青碎石上面洒沥青（0.5～1.0kg/m²），用7mm以下小砾石（碎石）封面碾压平整。

6）沥青混凝土。沥青混凝土面层宜采用双层（分为底层和面层）或三层（上面层、中面层、下面层）式结构，其中，应有一层及一层以上是Ⅰ型密级配沥青混凝土混合料。当各层均采用沥青碎石混合料时，沥青面层下必须作下封层。

7）水泥混凝土。水泥混凝土面层是指以水泥混凝土面板和基（垫）层所组成的路面。包括普通混凝土、钢筋混凝土、连续配筋混凝土、预应力混凝土、钢纤维混凝土和装配式混凝土等。

8）块料面层。块料面层是指用块状石料或混凝土预制块铺筑的路面，按照其使用材料性质、形状、尺寸、修琢程度的不同，分为条石、小方石、拳石、粗琢石及混凝土块料路层。

9）弹性面层。弹性面层是利用橡胶、硅砂等作为主材的路面，具有降低噪声的作用。

5.3.2 人行道及其他工程工程量计算

1. 人行道工程量计算

人行道是指用路缘石或护栏及其他类似设施加以分隔的专门供人行走的部分。人行道块料包括异型彩色花砖和普通型砖等。

异型彩色花砖是一种装饰材料，由水泥混凝土浇灌成形，利用各种模板可做成D形、S形、T形等不同形状。

普通型砖是砖砌体中的一种，其主要原料为黏土、页岩、煤矸石、粉煤灰等，并加入少量添加料，经配料、混合匀化、制坯、干燥、预热、焙烧而成。图5.2所示为现浇混凝土人行道的结构。人行道其他工程主要包括路缘石、步道、收水井等。

人行道工程工程量清单项目设置、项目特征描述的内容、计量单位及工程量计算规则，应按表5.4的规定执行。

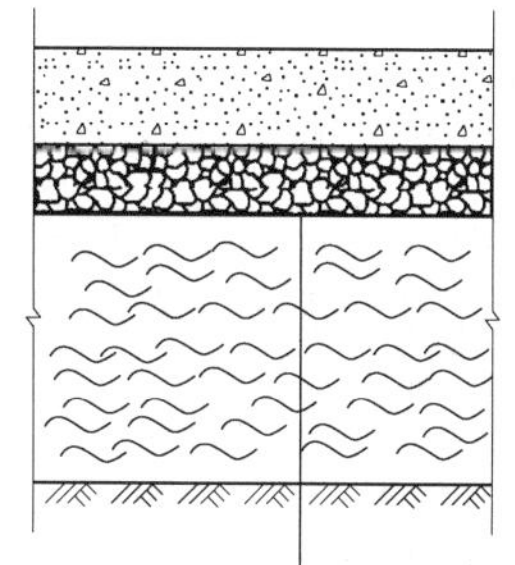

图5.2 现浇混凝土人行道结构

表5.4 人行道

项目编码	项目名称	项目特征	计量单位	工程量计算规则	工作内容
040204001	人行道	(1) 部位，整形、碾压； (2) 范围	m²	按设计人行道图示尺寸以面积计算，不扣除侧石、树池和各类井所占面积	(1) 放样； (2) 碾压
040204002	人行道块料铺设	(1) 块料品种、规格； (2) 基础、垫层，材料、品种、厚度； (3) 图形		按图示尺寸以面积计算，不扣除各类井所占面积，但应扣除侧石、树池所占面积	(1) 基础、垫层铺筑； (2) 块料铺设
040204003	现浇混凝土人行道及进口坡	(1) 混凝土强度等级； (2) 厚度； (3) 基础、垫层，材料品种、厚度			(1) 模板制作、安装、拆除； (2) 基础、垫层铺筑； (3) 混凝土拌和、运输、浇筑

2. 侧（平、缘）石工程量计算

侧缘石是指路面边缘与其他构造物分界处的标界石，一般用石块或混凝土块砌筑的。侧缘石是将缘石沿路边高出路面砌筑、平缘石安砌将缘石沿路边与路面水平砌筑。

侧（平、缘）石工程工程量清单项目设置、项目特征描述的内容、计量单位及工程量计算规则，应按表5.5的规定执行。

表5.5 侧（平、缘）石

项目编码	项目名称	项目特征	计量单位	工程量计算规则	工作内容
040204004	安砌侧（平、缘）石	（1）材料品种、规格； （2）基础、垫层，材料品种、厚度	m	按设计图示中心线以长度计算	（1）开槽； （2）基础、垫层铺筑； （3）侧（平、缘）石安砌
040204005	现浇侧（平、缘）石	（1）材料品种； （2）尺寸； （3）形状； （4）混凝土强度等级； （5）基础、垫层，材料品种、厚度			（1）模板制作、安装、拆除； （2）开槽； （3）基础、垫层铺筑； （4）混凝土拌和、运输、浇筑

3．检查井升降工程量计算

为了便于对排水管进行检查和清通，在管渠上必须设检查井。检查井应设置在排水管道的交汇处、转弯和管径、坡度及高程变化处，以及直线管段上每隔一段距离处。

检查井升降工程工程量清单项目设置、项目特征描述的内容、计量单位及工程量计算规则，应按表5.6的规定执行。

表5.6 检查井升降

项目编码	项目名称	项目特征	计量单位	工程量计算规则	工作内容
040204006	检查井升降	（1）材料品种； （2）检查井规格； （3）平均升（降）高度	座	按设计图示路面标高与原有的检查井发生正负高差的检查井的数量计算	（1）提升； （2）降低

4．树池砌筑工程量计算

树池砌筑是用各种砌筑材料将沿树围砌的构筑物，砌筑材料包括混凝土块、石质块、条石块、单双层立砖等。

树池砌筑工程工程量清单项目设置、项目特征描述的内容、计量单位及工程量计算规则，应按表5.7的规定执行。

表5.7 树池砌筑

项目编码	项目名称	项目特征	计量单位	工程量计算规则	工作内容
040204007	树池砌筑	（1）材料品种； （2）树池尺寸； （3）树池盖面材料品种	个	按设计图示以数量计算	（1）基础、垫层铺筑； （2）树池砌筑； （3）盖面材料运输、安装

5．预制电缆沟铺设工程量计算

电缆沟是指用于铺设电缆的专用通道。

预制电缆沟铺设工程工程量清单项目设置、项目特征描述的内容、计量单位及工程量计算规则，应按表5.8的规定执行。

表 5.8 **预制电缆沟铺设**

项目编码	项目名称	项目特征	计量单位	工程量计算规则	工作内容
040204008	预制电缆沟铺设	(1) 材料品种; (2) 规格尺寸; (3) 基础、垫层，材料品种、厚度; (4) 盖板品种、规格	m	按设计图示中心线长度计算	(1) 基础、垫层铺筑预制电缆沟安装; (2) 盖板安装

6. 交通管理设施工程量计算

(1) 交通管理设施形式。道路交通管理设施是管制和引导交通安全的设施，包括标杆、标线、交通标志、交通信号灯、护栏等。

1) 标杆。标杆是指道路两旁带有标志的立杆，常用于指示方向或有关限制的标记，杆底部装有尖铁脚的木杆。

2) 标线。标线与道路标志共同对驾驶员指示行驶位置、前进方向以及有关限制，具有引导并指示有秩序地安全行驶的重要作用。路面标线形式主要有车行道中心线、车行道分界线、停止线、减速让行线、导流线、停车位标线、出口标线、入口标线、港式停靠站标线及车流向标线。

3) 交通标志。交通标志分为主标志和辅助标志两大类。

4) 交通信号灯。交通信号灯是指城市道路主、次道路交叉口一般都设置交通信号设备，指挥交叉口的通行。

5) 护栏。护栏是诱导驾驶员视线，增加驾驶员和乘客的安全感，防止车辆驶出行车道或路肩，从而避免或减轻行车事故的设施。护栏按设置可分为路侧护栏和中央分隔带护栏。

(2) 工程量计算规则。交通管理设施工程量清单项目设置、项目特征描述的内容、计量单位及工程量计算规则，应按表 5.9 的规定执行。

表 5.9 **交通管理设施**

项目编码	项目名称	项目特征	计量单位	工程量计算规则	工程内容
040205001	人(手)孔井	(1) 材料品种; (2) 规格尺寸; (3) 盖板材质、规格; (4) 基础、垫层，材料品种、厚度	座	按实际图示数量计算	(1) 基础、垫层铺筑; (2) 井身砌筑; (3) 勾缝(抹面); (4) 井盖安装
040205002	电缆保护管	(1) 材料品种; (2) 规格	m	按设计图示以长度计算	敷设
040205003	标杆	(1) 类型; (2) 材质; (3) 规格尺寸; (4) 基础、垫层，材料品种、厚度; (5) 油漆品种	根	按设计图示数量计算	(1) 基础、垫层铺筑; (2) 制作; (3) 喷漆或镀锌; (4) 底盘、拉盘、卡盘及杆件安装
040205004	标志板	(1) 类型; (2) 材质、规格尺寸; (3) 板面反光膜等级	块		制作、安装
040205005	视线诱导器	(1) 类型; (2) 材料品种	只		安装

续表

项目编码	项目名称	项目特征	计量单位	工程量计算规则	工程内容
040205006	标线	(1) 材料品种； (2) 工艺； (3) 线型	(1) m； (2) m^2	(1) 以 m 为单位计量，按设计图示以长度计算； (2) 以 m^2 为单位计算，按设计图示尺寸以面积计算	(1) 清扫； (2) 放样； (3) 画线； (4) 护线
040205007	标记	(1) 材料品种； (2) 类型； (3) 规格尺寸	(1) 个； (2) m^2	(1) 以个计量，按设计图示以长度计算； (2) 以 m^2 为单位计算，按设计图示尺寸以面积计算	(1) 清扫； (2) 放样； (3) 画线； (4) 护线
040205008	横道线	(1) 材料品种； (2) 形式	m^2	按设计图示尺寸以面积计算	(1) 清扫； (2) 放样； (3) 画线； (4) 护线
040205009	清除标线	清除方法			清除
040205010	环形检测线圈	(1) 类型； (2) 规格、型号	个	按设计图示数量计算	(1) 安装； (2) 调试
040205011	值警亭	(1) 类型； (2) 规格； (3) 基础、垫层，材料品种、厚度	座		(1) 基础、垫层铺筑； (2) 安装
040205012	隔离护栏	(1) 类型； (2) 规格、型号； (3) 材料品种； (4) 基础、垫层，材料品种、厚度	m	按设计图示以长度计算	(1) 基础、垫层铺筑； (2) 制作、安装
040205013	架空走线	(1) 类型； (2) 规格、型号			架线
040205014	信号灯	(1) 类型； (2) 灯架材质、规格； (3) 基础、垫层，材料品质、厚度； (4) 信号灯规格、型号、组数	套	按设计图示数量计算	(1) 基础、垫层铺筑； (2) 灯架制作、镀锌、喷漆； (3) 底盘、拉盘、卡盘及杆件安装； (4) 信号灯安装、调试
040205015	设备控制机箱	(1) 类型； (2) 材质、规格尺寸； (3) 基础、垫层，材料品种、厚度； (4) 配置要求	台		(1) 基础、垫层铺筑； (2) 安装； (3) 调试
040205016	管内配线	(1) 类型； (2) 材质； (3) 规格、型号	m	按设计图示以长度计算	配线

续表

<table>
<tr><th>项目编码</th><th>项目名称</th><th>项目特征</th><th>计量单位</th><th>工程量计算规则</th><th>工程内容</th></tr>
<tr><td>040205017</td><td>防撞筒（墩）</td><td>（1）材料品种；
（2）规格、型号</td><td>个</td><td rowspan="2">按设计图示以数量计算</td><td></td></tr>
<tr><td>040205018</td><td>警示柱</td><td>（1）类型；
（2）材料品种；
（3）规格、型号</td><td>根</td><td>制作、安装</td></tr>
<tr><td>040205019</td><td>减速垄</td><td>（1）材料品种；
（2）规格、型号</td><td>m</td><td>按设计图示以长度计算</td><td></td></tr>
<tr><td>040205020</td><td>监控摄像机</td><td>（1）类型；
（2）规格、型号；
（3）支架形式；
（4）防护罩要求</td><td>台</td><td rowspan="5">按设计图示以数量计算</td><td>（1）安装；
（2）调试</td></tr>
<tr><td>040205021</td><td>数码相机</td><td>（1）规格、型号；
（2）立杆材质、形式；
（3）基础、垫层，材料品种、厚度</td><td rowspan="3">套</td><td>（1）基础、垫层铺筑；
（2）安装；
（3）调试</td></tr>
<tr><td>040205022</td><td>道闸机</td><td>（1）类型；
（2）规格、型号；
（3）基础、垫层，材料品种、厚度</td><td>（1）基础、垫层铺筑；
（2）安装；
（3）调试</td></tr>
<tr><td>040205023</td><td>可变信息情报板</td><td>（1）类型；
（2）规格、型号；
（3）立（横）杆材质、形式；
（4）配置要求；
（5）基础、垫层，材料品种、厚度</td><td>（1）基础、垫层铺筑；
（2）安装；
（3）调试</td></tr>
<tr><td>040505024</td><td>交通智能系统调试</td><td>系统类型</td><td>系统</td><td>系统调试</td></tr>
</table>

5.4 道路工程计算实例

【例 5.1】 某道路在 K0+150～K0+250 之间的路基土质过于软弱，影响了路基的稳定性及道路的使用年限，故采用袋装砂井的方法对该路段进行处理。现已知袋装砂井的长度为 1.2m，直径为 150m，相邻袋装砂井之间的间距为 0.15m，前后间距也为 0.15m，试求袋装砂井（图 5.3）的工程量。

【解】 （1）清单工程量。

袋装砂井工程量： $[(250-150)/0.15+1]\times[(15+2a)/0.15+1]\times1.2$

$=(80920.80+10680a)(\mathrm{m})$

清单工程量计算见表 5.10。

（2）定额工程量。

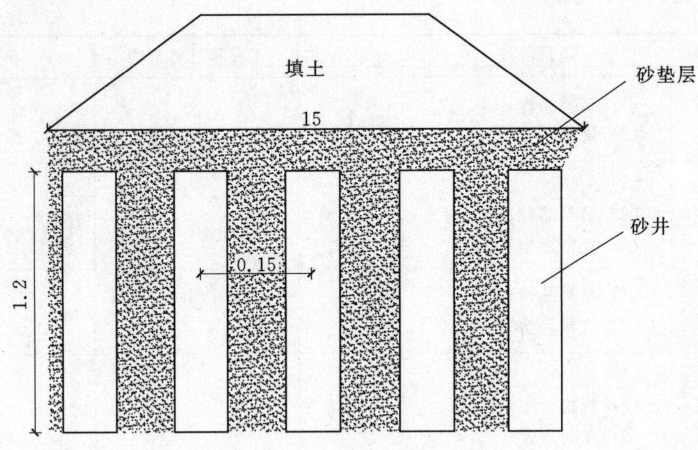

图 5.3　袋装砂井示意图（单位：m）

袋装砂井工程量：　[(250－150)/0.15＋1]×[(15＋2a)/0.15＋1]×1.2

＝(80920.80＋10680a)(m)

表 5.10　　　　　　　　　　　**清 单 工 程 量 计 算 表**

项目编码	项目名称	项目特征描述	计算单位	工程量
040201008001	袋装砂井	直径为 0.15m	m^3	80920.80

【例 5.2】　E 市某城市道路全长 950m，路面宽度为 22m，其中 K0＋090～K0＋150 段为挖方路段，其道路横断面如图 5.4 所示，路肩宽度为 1m，该路段属于雨量较大地段，需设置边沟与截水沟，其余均为填方路段，只设边沟，道路结构如图 5.5 所示，试求道路工程量。

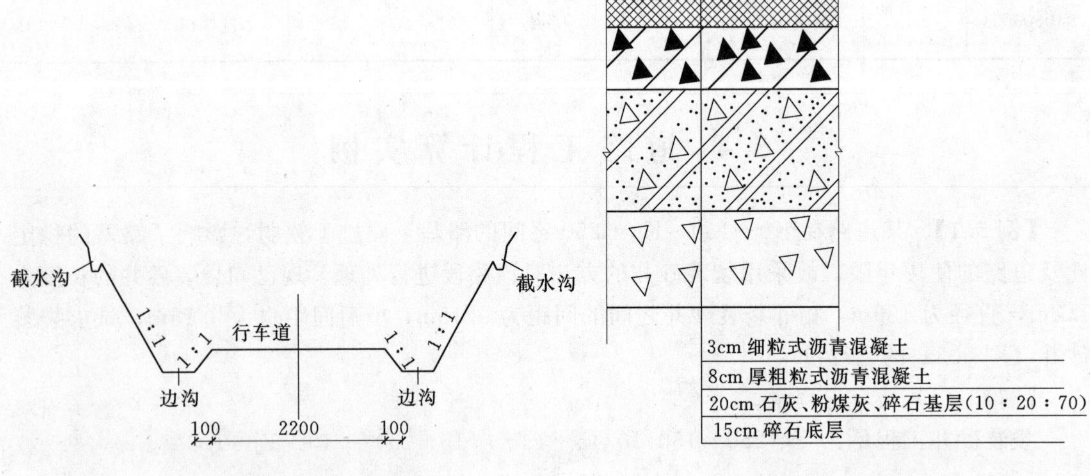

图 5.4　道路横断面（单位：cm）　　　　图 5.5　道路结构

【解】　(1) 清单工程量。

碎石底层面积：950×22＝20900.00(m^2)

石灰、粉煤灰、碎石基层（10∶20∶70）面积：950×22＝20900.00(m^2)

沥青混凝土面层面积：950×22＝20900.00(m^2)

边沟长度：950×2＝1900.00(m)

截水沟长度：(150－90)×2＝120.00(m)

清单工程量计算见表 5.11。

表 5.11　　【例 5.2】清单工程量计算表

序号	项目编码	项目名称	项 目 特 征 描 述	计量单位	工程量
1	040202011001	碎石	15cm 厚碎石底层	m^2	20900.00
2	040202006001	石灰、粉煤灰、碎石	20cm 厚石灰、粉煤灰、碎石基层（10∶20∶70）	m^2	20900.00
3	040203006001	沥青混凝土	8cm 厚粗粒式石油沥青，石料最大粒径 40mm	m^2	20900.00
4	040203006002	沥青混凝土	3cm 厚细粒式石油沥青，石料最大粒径 20mm	m^2	20900.00
5	040201022001	排水沟、截水沟	排水边沟	m^2	1900.00
6	040201022002	排水沟、截水沟	截水沟	m^2	120.00

（2）定额工程量。

碎石底层面积：　　950×(22＋1×2＋2a)＝(22800＋1900a)(m^2)

石灰、粉煤灰、碎石基层（10∶20∶70）面积：

950×(22＋1×2＋2a)＝(22800＋1900a)(m^2)

沥青混凝土面层面积：　　950×22＝20900.00(m^2)

边沟长度：　　950×2＝1900.00(m)

截水沟长度：(150－90)×2＝120.00(m)

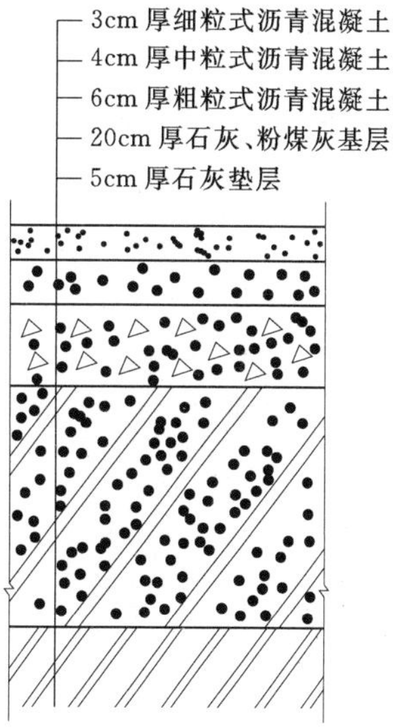

3cm 厚细粒式沥青混凝土
4cm 厚中粒式沥青混凝土
6cm 厚粗粒式沥青混凝土
20cm 厚石灰、粉煤灰基层
5cm 厚石灰垫层

图 5.6　道路结构

【例 5.3】 某条道路 K0＋000～K0＋435 为沥青混凝土结构，道路结构如图 5.6 所示，路面修筑宽度为 12m，路肩各宽 1m。由于该路段土基处于潮湿状态，为保证路基的稳定性，需要在路基土中掺入石灰（含灰量 10%）或进行干土处理，试计算其工程量。

【解】（1）清单工程量。

石灰垫层面积：　　435×12＝5220.00(m^2)

石灰、粉煤灰基层面积：　　435×12＝5220.00(m^2)

沥青混凝土面层面积：　　435×12＝5220.00(m^2)

掺入石灰量：　　5220×0.05＝261.00(m^3)

清单工程量计算见表 5.12。

表 5.12　　【例 5.3】清单工程量计算表

序号	项目编码	项目名称	项 目 特 征 描 述	计量单位	工程量
1	040201020001	褥垫层	5cm 厚石灰垫层	m^2	5220.00
2	040202004001	石灰、粉煤灰、土	20cm 厚石灰、粉煤灰基层	m^2	5220.00
3	040203006001	沥青混凝土	6cm 厚粗粒式石油沥青混凝土，石料最大粒径 40mm	m^2	5220.00

续表

序号	项目编码	项目名称	项目特征描述	计量单位	工程量
4	040203006002	沥青混凝土	4cm厚中粒式石油沥青混凝土，石料最大粒径40mm	m^2	5220.00
5	040203006003	沥青混凝土	3cm厚细粒式石油沥青混凝土，石料最大粒径20mm	m^2	5220.00
6	040201004001	掺石灰	石灰含灰量10%	m^3	261.00

(2) 定额工程量。

石灰垫层面积：$(12+1\times2+2a)\times435=(6090+870a)(m^2)$

沥青混凝土面层面积：$12\times435=5220.00(m^2)$

掺入石灰剂量：$(6090+870a)\times0.05=(304.5+43.5a)(m^3)$

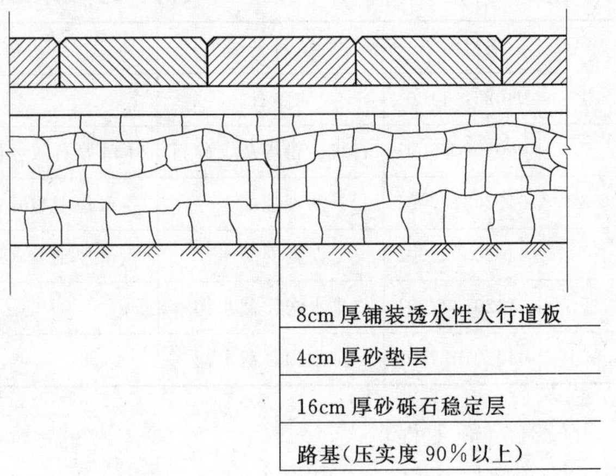

图5.7 道路断面

【例5.4】 某市道路全长450m，路幅宽度为29m，人行道两侧各宽6.8m，路缘石宽度为20cm。求人行道工程量和侧石工程量。其中道路断面如图5.7所示，人行道结构示意如图5.8所示，侧石大样如图5.9所示。

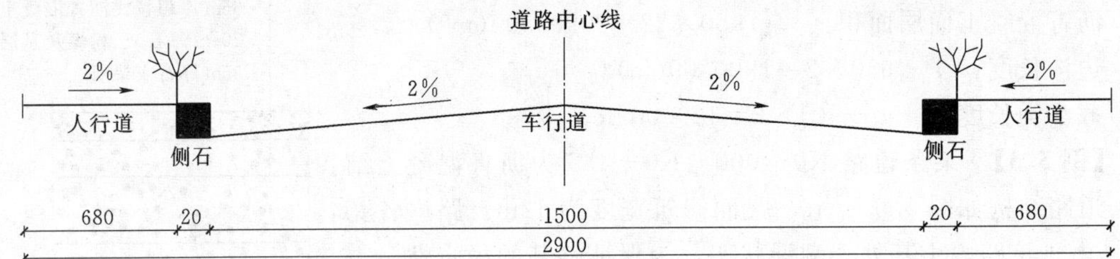

图5.8 人行道结构示意图（单位：cm）

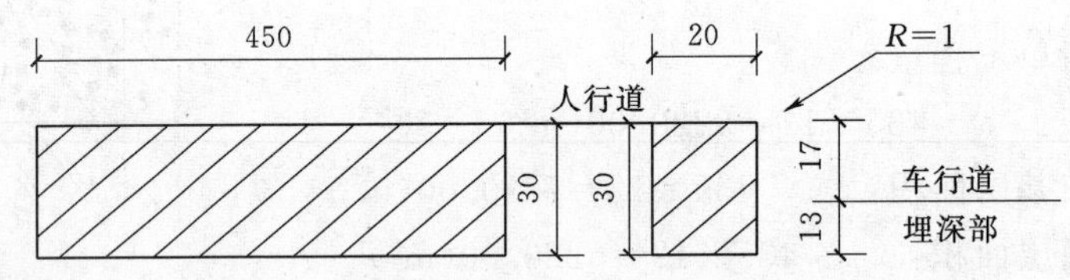

图5.9 侧石大样图

【解】 (1) 清单工程量。

砂砾石稳定层面积： $6.8\times2\times450=6120.00(m^2)$

砂垫层面积： $6.8\times2\times450=6120.00(m^2)$

人行道板的面积： $6.8\times2\times450=6120.00(m^2)$

侧石长度： $450\times2=900.00(m)$

清单工程量计算见表5.13。

表 5.13 **【例 5.4】清单工程量计算表**

序号	项目编码	项目名称	项目特征描述	计量单位	工程量
1	040201020001	褥垫层	砂垫层厚 4cm	m^2	6120.00
2	040202009001	砂砾石	砂砾石稳定层厚 16cm	m^2	6120.00
3	040204002001	人行道块料铺设	透水性人行道板厚 8cm	m^2	6120.00
4	040204004001	安砌侧（平、缘）石	C30 混凝土缘石安砌 450cm×30cm×20cm	m	900.00

（2）定额工程量。

砂砾石稳定层面积：$(6.8+a)\times2\times450=(6120+900a)(m^2)$

砂垫层的面积：$6.8\times2\times450=6120(m^2)$

人行道板的面积：$6.8\times2\times450=6120(m^2)$

侧石长度：$450\times2=900(m)$

【例 5.5】 某城市新建道路全长为 1900m，路面为混凝土路面，路面宽度为 21m，其中快车道为 9m，慢车道为 7m，人行道为 6m，快车道设有一伸缩缝，道路横断面如图 5.10 所示，

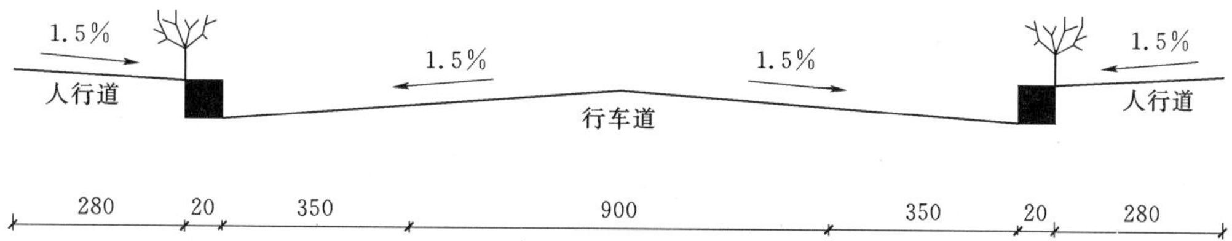

图 5.10 道路横断面（单位：cm）

伸缩缝横断面如图 5.11 所示。在人行道边缘每 6m 设一个树池，每 60m 设一检查井，且每一座检查井均与设计路面标高发生正负高差。试计算检查井、伸缩缝及树池的工程费。

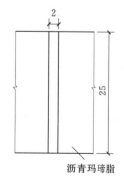

【解】（1）清单工程费。

检查井座数：$(1900/60+1)\times2=66$(座)

伸缩缝面积：$1900\times0.02=38.00(m^2)$

树池个数：$(1900/6+1)\times2=636$(个)

清单工程量计算见表 5.14。

（2）定额工程量同清单工程量。

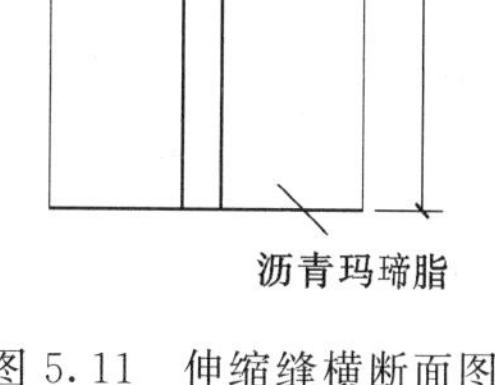

图 5.11 伸缩缝横断面图（单位：cm）

表 5.14 **【例 5.5】清单工程量计算表**

序号	项目编码	项目名称	项目特征描述	计量单位	工程量
1	040203007001	水泥混凝土	伸缩缝宽 2m，沥青玛蹄脂填料	m^2	38.00
2	040204007001	树池砌筑	人行道边缘砌筑树池	个	636
3	040204006001	检查井升降	检查井均与设计路面标高发生正负高差	座	66

【例 5.6】 如图 5.12 所示，表 5.15 为计算水泥混凝土道路土方工程、路面工程和辅助项目。

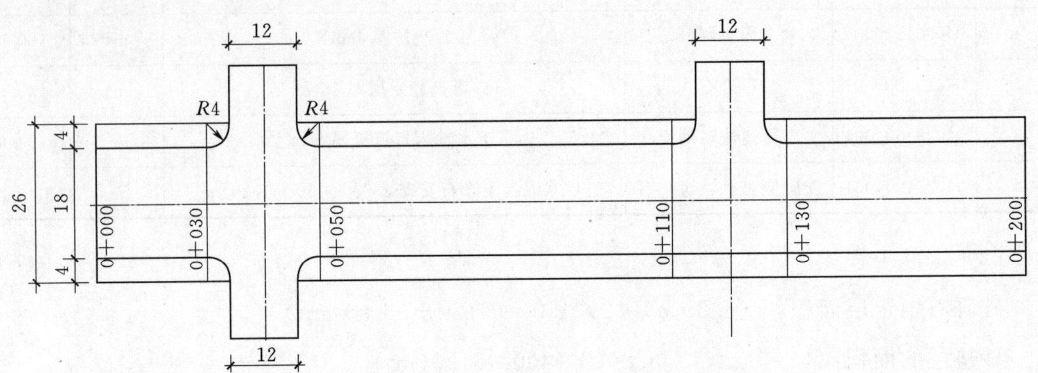

(a) 平面图

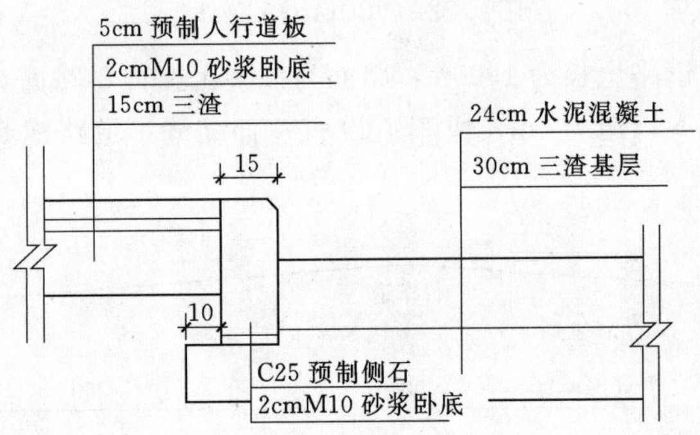

(b) 路面结构图

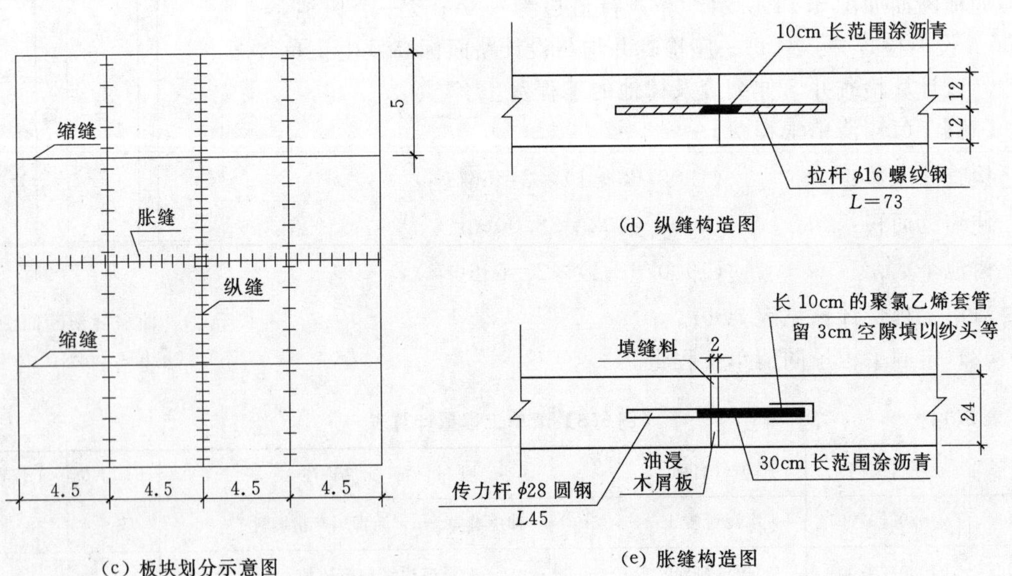

(c) 板块划分示意图

(d) 纵缝构造图

(e) 胀缝构造图

图 5.12　水泥混凝土路面

【解】（1）土方工程量。

$$V_{填}=V_2+V_4+V_6+V_{12}+V_{14}+V_{16}+V_{18}+V_{20}$$
$$=50+40+10+20+60+100+100+70=450(m^3)$$
$$V_{挖}=V_4+V_6+V_8+V_{10}+V_{12}+V_{14}+V_{16}+V_{18}+V_{20}$$
$$=20+60+100+140+100+30+10+20+50=530(m^3)$$

余土外运量：　　$V_{外运}=530-450=80(m^3)$

表 5.15　　水泥混凝土道路土方工程、路面工程和辅助项目计算表

桩号	距离/m	面积/m^2		土方/m^3		累计土方/m^3	
		填方	挖方	填方	挖方	填方	挖方
K0+000		2.00					
	20			50			
K0+020		3.00					
	20			40	20		
K0+040		1.00	2.00				
	20			10	60		
K0+060			4.00				
	20				100		
K0+080			6.00				
	20				140		
K0+100			8.00			$\Sigma_{填}=450$	$\Sigma_{挖}=530$
	20			20	100		
K0+120		2.00	2.00				
	20			60	30		
K0+140		4.00	1.00				
	20			100	10		
K0+160		6.00					
	20			100	20		
K0+180		4.00	2.00				
	20			70	50		
K0+200		3.00	3.00				

（2）路面工程量。

平直段：　　$200\times18=3600(m^2)$

支路：　　$12\times(10+4)\times3=504(m^2)$

叉口：　　$0.2146\times4^2\times6=20.6(m^2)$

道路面积：　　$3600+21+504=4125(m^2)$

侧石长度：　　$200\times2-(4+12+4)\times3+1.5\times2\pi\times4+10\times6=438(m)$

人行道面积：$200\times4\times2-12\times4\times3-0.2146\times4^2\times6-438\times0.15+10\times2\times3\times4=1610(m^2)$

混凝土面三渣基层：　　$4125+438\times0.25=4235(m^3)$

总三渣基层：　　$4235\times0.3+1610\times0.15=1512(m^3)$

混凝土路面厚（24cm）：　　$4125\times0.24=990(m^3)$

砂浆垫层：　　$0.15\times0.02\times438+1610\times0.02=33.5\ (m^3)$

（3）辅助项目。

1）纵缝拉杆（$\phi16$）：　　0.73×(5×2＋9)×200/5×1.578＝875(kg)

2）胀缝滑动传力杆（$\phi28$）：　　11×4×0.45×4.83＝96(kg)

3）长 10cm 小套子：　　11×4＝44(只)

4）传力杆涂沥青：　　(2π×0.028/2×0.25＋π×0.014^2)×44＝1(m^2)

5）胀缝预制沥青浸木板：S＝0.16×4.5×4＝2.9(m^2)

6）缩缝：　　(100/5－1)×2×18＝684(m)

7）沥青玛𤧛脂填缝：

胀缝：　　0.04×0.02×18＝0.014(m^3)

缩缝：　　684×0.05×0.005＝0.17(m^3)

8）纵缝涂沥青：　　200×0.24×3＝144(m^2)

【例 5.7】 某市 YYH 城市道路工程，施工标段为 K2＋520～K2＋860。土石方工程已完成，路面及人行工程 YYH 道路工程详见图 5.13。招标文件要求工程需要的人行道、侧石块将运距 1km，其他材料运距按 10km 考虑，施工期间要求符合文明施工的有关规定。请编制该路面工程及附属工程的工程量清单并计价。

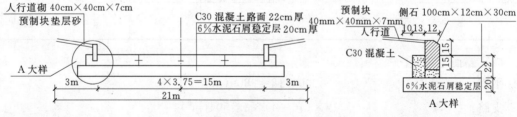

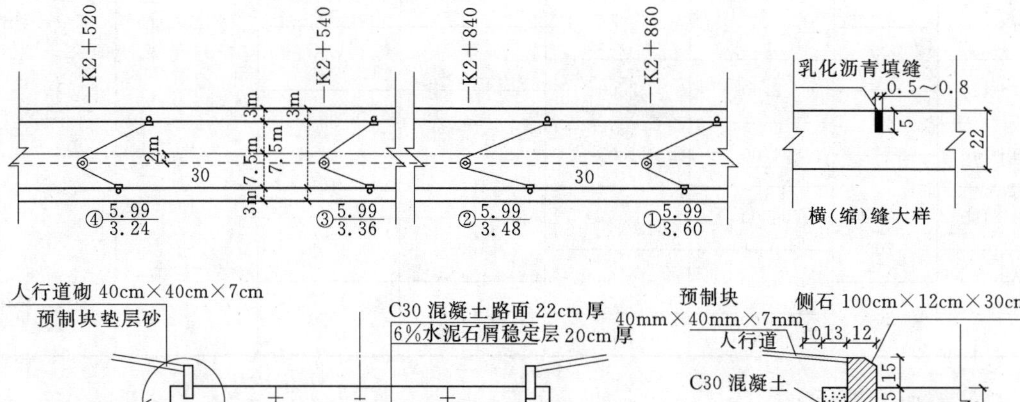

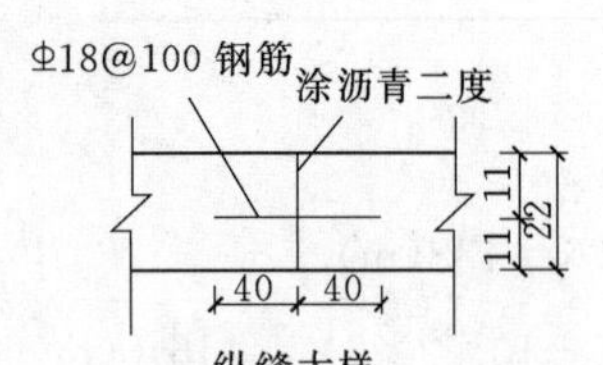

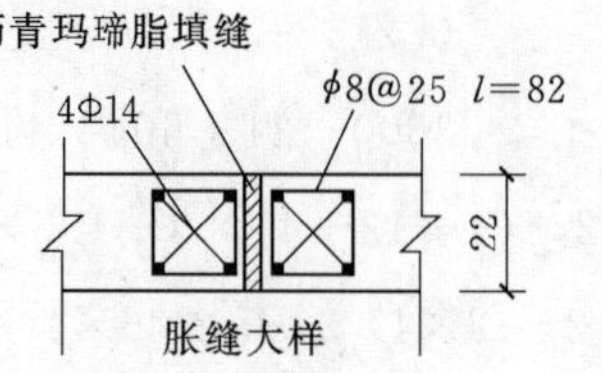

说明：
1. 尺寸单位：见图；
2. 缩缝每 5m 设一条，
胀缝每 100m 设一条。

图 5.13　YYH 道路工程图

【解】（1）清单工程量计算。根据招标文件及提供的施工图，该标段施工内容为 340m 的单幅式水泥混凝土路面，路面结构为两层，该工程有人行道、侧石等，对照《市政工程工程量计算规范》（GB 50857—2013）"道路工程"列出分部分项工程量清单项目

如下。

1）6%的水泥石屑基层：　　340×[15+2×(0.12+0.13+0.10)]=5338(m^2)

2）C30水泥混凝土路面：　　340×15=5100(m^2)

3）道路水泥混凝土路面钢筋：　1.629+0.449+0.047=2.125(t)

4）人行道预制块铺砌：　　(3-0.12)×340×2=1958.40(m^2)

5）混凝土侧石预制块安砌：　　340×2=680(m)

（2）分部分项工程量清单见表5.16。

表5.16　　单位工程费用汇总表

工程名称：YYH道路工程

序号	项目编码	工　程　内　容	计量单位	工程数量
1	040202015001	6%的水泥石屑基层	m^2	5338
2	040201007001	C30水泥混凝土路面（厚22cm，碎石最大22mm）	m^2	5100
3	040201007002	水泥混凝土路面钢筋（构造筋）	t	2.125
4	040204002001	40cm×40cm×7cm人行道预制块铺砌（砂垫层）	m^2	1958.40
5	040204004001	100cm×30cm×12cm混凝土侧石预制块安砌（C30混凝土后座）	m	680

（3）措施项目清单见表5.17。

表5.17　　措施项目清单

工程名称：YYH道路工程

序号	项目名称
1	施工现场围栏

（4）工程量清单计价。根据施工组织设计确定的施工方法，基层水泥石屑采用厂拌，8t自卸汽车运输，运距10km，人工摊铺机械碾压，水泥混凝土路面采用搅拌机现场拌制；伸缩缝采用机切缝；路面洒水养护；施工期间采用施工围栏（管理费按人工费加机械费的15%，利润按人工费的20%计；人行道单价6.48元/块，即40.5元/m^2；测试单价22.54元/块，即22.54元/m）。

1）分部分项工程量分解细化。在了解工程概况及熟读工程图纸的基础上，根据《市政工程工程量计算规范》（GB 50857—2013）和所采用的某市的市政综合定额，结合施工方案，列出各分部分项工程的施工项目，见表5.19～表5.25。

2）套用定额。根据分解细化列出的具体施工项目，对照该地定额或企业定额各章定额子目的工作内容，对应套用规定定额子目编号。如C30水泥混凝土路面（厚22cm，碎石最大粒径40mm）分解细化的施工项目有C30混凝土路面浇筑，C30混凝土（现场搅拌，最大粒径40mm），伸缝构造，切缝机切缝，路面洒水养护。

3）计算工程量。工程量的计算，以图5.13所示的YYH道路工程图施工图纸为依据，遵守所采用的市政综合定额的工程计算规则和计价办法进行计算；具体工程量的计算方法见表5.18。

4）填表计算。

5）其他表格填写见表5.26～表5.28。

表 5.18　　施工项目工程量计算表

序号	施 工 项 目	工程量（计算式）	备 注
	一、道路工程		
1	人工铺筑水泥石屑基层（20cm）	长×宽： 340×[15+2×(0.12+0.13+0.10)]=5338(m²)	按采用的消耗量定额中工程量计算规则的规定
2	.8t 自卸汽车运料 10km	长×宽×换算系数：5338×1.02=5444.76(m²)	
3	6%厂拌水泥石屑混合料	长×宽×换算系数：5338×1.02=5444.76(m²)	
4	路床整形碾压	长×宽： 340×[15+2×(0.12+0.13+0.10)]=5338(m²)	
	二、道路面层	长×宽：340×15=5100(m²)	
1	C30 混凝土路面浇筑	长×宽×定额换算厚度： 5100×22.44/100=1144.44(m²)	按采用的消耗量定额中工程量计算规则的规定
2	C30 混凝土拌制（现场搅拌碎石最大粒径 40mm）	一条伸缩缝侧面积×条数： 0.22×15×3=9.9(m²)	
3	伸缩缝构造	一条缝长×条数： 0.22×15×3=9.9(m²)	
4	切缝机切缝	长×宽：340×15=5100(m²)	
5	路面洒水养护		
	三、路面钢筋		
1	构造钢筋重量	(1) 纵缝拉杆（ϕ18）： 一条纵缝拉杆根数：340÷1.00+1=341(根) 三条纵缝钢筋重： 0.8×0.00199×341×3=1.629(t) (2) 胀缝钢筋： 1) 主筋（ϕ14）：[(3.75−0.05)+2×6.25×0.014]×0.001212×8×4×3=0.450(t) 2) 钢筋（ϕ8）：一根长度 l=0.82 (m) 一条胀缝一个车道内箍筋根数： [(3.75−0.05)÷0.25+1]×2=32(根) 箍筋重：0.82×0.000395×32×4×3=0.125(t) (3)小计：1.629+0.450+0.125=2.204(t)	
	四、人行道		
1	人行道铺砌	一侧人行道面积：(3−0.12)×340=979.20(m²)	按采用的消耗量定额中工程量计算规则的规定
2	人行道碾压	总面积：(3−0.12)×340×2=1958.40(m²)	
3	汽车运人行道块（1km，人力装卸）	1958.40×0.07×1.022=139.83(m³)	
	五、侧石及其他		
1	侧石安砌（勾缝）	340×2=682(m)	按采用的消耗量定额中工程量计算规则的规定
2	后座混凝土浇筑（C15）	(0.13×0.2+0.12×0.07)×340×2=25.16(m³)	
3	C15 混凝土拌制	25.16×1.015=25.54(m³)	
4	后座模板面积	0.22×340×2=9.60(m²)	
5	汽车运侧石（1km，人力装卸）	680×0.3×0.12×1.015=24.85	

表 5.19　　分部分项工程量清单综合单价计价表

工程名称：YYH 道路工程　　计量单位：m^2

项目编号：040202014001　　工程数量：5338

项目名称：6%水泥石屑基层（厚 20cm）　　综合单价：25.41

序号	定额编号	工程内容	定额单位	工程量	综合单价组成/元					分项合价/元
					人工费	材料费	机械费	管理费	利润	
1	—	厂拌 6%水泥混合料 20cm	100m²	54.45	43.60	1794.79	78.72	18.35	8.72	105860.60
2	—	8t 自卸汽车运料 10km	100m²	54.45	0	0	253.04	37.96	0	15844.95
3	—	人工铺石屑基层 20cm	100m²	53.38	102.8	0	56.79	23.94	20.56	17678.89
4	—	路床整形碾压	100m²	53.38	2.7	0	45.33	7.20	0.54	2977.00
合价					8005.61	97726.32	23515.50	4728.33	1601.12	135576.87
单价					1.5	18.31	4.41	0.89	0.30	

表 5.20　　分部分项工程量清单综合单价计价表

工程名称：YYH 道路工程　　计量单位：m^2

项目编号：040203005001　　工程数量：5100

项目名称：C30 水泥混凝土路面（厚 22cm，碎石最大，粒径 40mm）　　综合单价：57.67

序号	定额编号	工程内容	定额单位	工程量	综合单价组成/元					分项合价/元
					人工费	材料费	机械费	管理费	利润	
1	—	C30 混凝土路面浇筑	100m²	51	529.20	129.20	32.68	84.28	105.84	44941.2
2	—	C30 混凝土（现场搅拌，碎石最大粒径 40mm）	10m³	114.44	61.80	1981.90	51.69	17.02	12.36	243158.68
3	—	伸缩缝构造	10m²	0.99	55.40	484.79	51.69	8.31	11.08	553.98
4	—	切缝机切缝	100m	9.9	98.00	106.09	83.61	27.24	19.60	3311.95
5	—	路面洒水养护	100m²	51.00	15.60	20.82	0	2.84		
合价					35882.24	235989.89	8409.82	6643.29	7176.45	135576.87
单价					7.04	46.27	1.65	1.3	1.41	

表 5.21　　分部分项工程量清单综合单价计价表

工程名称：YYH 道路工程　　计量单位：t

项目编号：040701002001　　工程数量：2.204

项目名称：道路水泥混凝土路面钢筋（构造筋）　　综合单价：2854.65

序号	定额编号	工程内容	定额单位	工程量	综合单价组成/元					分项合价/元
					人工费	材料费	机械费	管理费	利润	
1	—	构造钢筋	t	2.204	191.60	2570.80	21.90	32.03	38.32	6291.65
合价					422.29	5666.04	48.27	70.59	84.46	6291.65
单价					191.60	2570.80	21.90	32.03	38.32	

表 5.22 分部分项工程量清单综合单价计价表

工程名称：YYH道路工程 计量单位：m^2

项目编号：040204001001 工程数量：1958.40

项目名称：40×40×7人行道预制块铺砌（砂垫层） 综合单价：48.10

序号	定额编号	工程内容	定额单位	工程量	综合单价组成/元					分项合价/元
					人工费	材料费	机械费	管理费	利润	
1	—	块料铺砌	$100m^2$	19.58	193.20	4167.01	52.79	36.90	38.64	87885.61
2	—	人行道碾压	$100m^2$	19.58	24.66	0	9.27	5.09	4.93	860.54
3	—	汽车运人行道块（1km，人力装卸）	$10m^3$	13.98	95.04	0	226.78	48.27	19.01	5439.62
合价					5594.36	81590.06	4385.52	1496.98	1118.86	94185.77
单价					2.86	41.67	2.24	0.76	0.57	

表 5.23 分部分项工程量清单综合单价计价表

工程名称：YYH道路工程 计量单位：m

项目编号：040204003001 工程数量：680

项目名称：100×30×12人行道预制块铺砌（砂垫层） 综合单价：36.6

序号	定额编号	工程内容	定额单位	工程量	综合单价组成/元					分项合价/元
					人工费	材料费	机械费	管理费	利润	
1	—	侧石铺设（勾缝）	100m	6.80	364.00	2299.92	0	54.60	72.80	18980.98
2	—	后座混凝土浇筑（C15）	$10m^3$	2.516	117.00	6.53	70.52	28.13	23.40	617.88
3	—	C15混凝土拌制（搅拌机）	$10m^3$	2.544	61.80	1550.20	51.69	17.02	12.36	4324.10
4	—	汽车运侧石（1km，人力装卸）	$10m^3$	2.485	95.04	0	226.78	48.27	19.01	966.91
合价					3163.58	19615.10	872.99	605.48	632.72	24889.87
单价					4.65	28.85	1.28	0.89	0.93	

表 5.24 分部分项工程量清单综合单价分析表

工程名称：YYH道路工程

序号	项目编码	项目名称	工程名称	综合单价组成/元					综合单价/元
				人工费	材料费	机械费	管理费	利润	
1	040202014001	6%水泥石屑基层（厚20cm）	水泥石屑拌和、铺筑、找平、碾压、养护	1.50	18.31	4.41	0.89	0.30	25.41
2	040203005001	C30混凝土路面（厚20cm，碎石最大粒径40mm）	混凝土浇筑，压痕、伸缩缝、切缝、路面养护	7.04	46.27	1.65	1.30	1.41	57.67
3	040701002001	水泥混凝土面钢筋（构造钢筋）	安装制作	191.60	2570.80	21.90	32.03	38.32	2854.65
4	040204001001	40×40×7人行道预制块铺砌（砂垫层）	整形碾压、垫层铺筑、块料铺设	2.86	41.67	2.24	0.76	0.57	48.10
5	040204003001	100×30×12人行道预制块铺砌（砂垫层）	基础铺筑、侧石安砌	4.65	28.85	1.28	0.89	0.93	36.60

表 5.25 分部分项工程量清单综合单价分析表

工程名称：YYH 道路工程

序号	项目编码	项　目　名　称	计量单位	工程量	综合单价/元	合价/元
1	040202014001	6%水泥石屑基层（厚 20cm）	m^2	5338	25.41	135638.58
2	040203005001	C30 混凝土路面（厚 20cm，碎石最大粒径 40mm）	m^2	5100	57.67	294117.00
3	040701002001	水泥混凝土面钢筋（构造钢筋）	t	2.204	2854.65	6291.65
4	040204001001	40×40×7 人行道预制块铺砌（砂垫层）	m^2	1958.40	48.10	94199.04
5	040204003001	100×30×12 人行道预制块铺砌（砂垫层）	m	680	36.60	24888.00
		分部小计				555134.27

表 5.26 措 施 项 目 费 计 算 表

工程名称：YYH 道路工程

序号	定额编号	工　程　内　容	定额单位	工程量	综合单价组成/元					分项合价/元
					人工费	材料费	机械费	管理费	利润	
1	—	纤维布施工护栏（高 2.5m）	100m	3.4	15.84	177.02	55.75	10.74	3.17	892.57
2	—	后座模板安拆	$100m^2$	14.96	22.60	93.67	7.36	4.49	4.52	1984.29
合　计										2876.86

表 5.27 措施项目清单计算表

工程名称：YYH 道路工程

序　号	项　目　名　称	金　额/元
1	文明施工	1107.48
2	安全生产	5592.78
3	临时设施	11074.81
4	混凝土，钢筋混凝土模板及支架、后座模板安拆	5592.78
5	施工现场围栏	892.57
	合　计	20651.93

表 5.28 单 位 工 程 汇 总 表

工程名称：YYH 道路工程

序　号	项　目　名　称	金　额/元
1	分部分项工程量清单计价合计	555134.27
2	措施项目清单计价合计	20651.93
3	其他项目清单计价合计	
4	规费（略）	
5	税金（略）	
	合　计	

复习思考题与习题

1. 某道路路基工程，已知挖土 2500m³，其中可利用 2000m³，填土需用 4000m³，现场挖填平衡。试计算余土外运量，填土缺方量。

2. 道路工程伸缩缝，工程量如何计算？模板工程量如何计算？

3. 水泥混凝土路面相关定额子目是否包括路面养生、锯缝、伸缝、缩缝、路面刻防滑槽、路面钢筋等工作内容？

4. 设计采用的人行道板、侧平石的砌料或垫层强度等级、厚度与定额不同时，如何套用定额？

5. 道路工程主要列了哪些清单项目？

6. 某道路工程车行道结构如图 5.14 所示，已知车行道宽 16m，道路长 600m，试确定该道路车行道工程量清单项目及项目编码，计算各清单项目工程量，并计算清单项目的报价工程量。

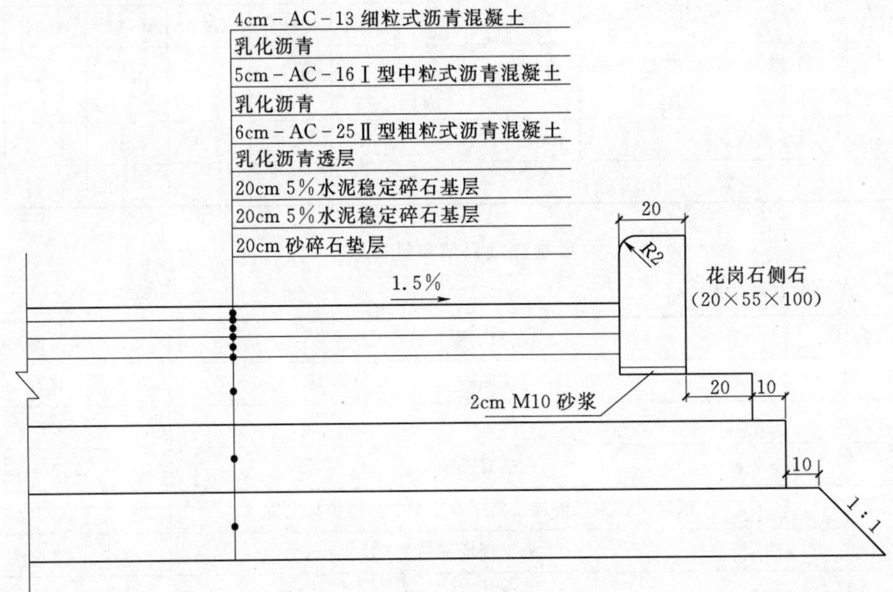

图 5.14　道路工程车行道结构（单位：cm）

第6章　桥　涵　工　程

6.1　桥涵工程简介

6.1.1　概述

桥梁包括：桥面系、上部结构、下部结构、附属工程。

（1）桥面系是指桥面铺装层、排水系统、伸缩缝、人行道、栏杆及路灯等。

（2）上部结构是指桥（台）墩以上的部分，主要有梁、拱圈、拉索、加筋肋、桥面板等。

（3）下部结构主要有墩（台）身、基础。

（4）附属工程有锥坡、护岸、导流堤、丁堤等。

6.1.2　桥梁工程施工

桥梁施工基本作业包括：模板工程、钢筋工程、混凝土工程和安装工程。

1. 模板工程

模板工程有木模板、钢模板、钢木结合模板。不管何种模板均应使模板在浇筑混凝土时不变形，因此都有支架定位。目前支架定位有木结构和钢管结构。

2. 钢筋工程

钢筋工程有普通钢筋与预应力钢筋两大类。前者用于钢筋混凝土结构，后者用于预应力混凝土结构。

（1）常用的普通钢筋有光圆钢筋和螺纹钢筋两大类，它们根据受力要求弯制成各种形式的受力筋和箍筋，然后通过电焊或者绑扎组成骨架。

（2）预应力筋由冷拔螺纹筋、钢绞线和钢丝束组成。通过张拉使其受力值大大提高。

3. 混凝土工程

混凝土工程有普通混凝土和预应力混凝土之分。

（1）普通混凝土是由水泥、砂、石、水按一定比例经过拌和、浇筑、养护后达到不同强度的混凝土，与普通钢筋结合在一起可承受多种荷载。

（2）预应力混凝土是通过先张法或后张法与预应力筋牢固结合，可承受较大的荷载。

1）先张法施工时，先将普通筋和预应力筋置于其上，然后张拉规定值后入膜、浇筑混凝土。

2）后张法施工时，先扎普通筋，后立膜，并预先留孔，待混凝土达到一定强度后，穿入预应力筋并张拉至其规定值，继而压浆和封端。

4. 安装工程

（1）由于许多构件采用工厂化及装配式，因此，往往要进行构件的出坑、运输、安装等工作。

(2) 出坑、运输、安装中，均可按设计规定的位置布置吊点或支承点。

(3) 安装桥梁构件常有陆上安装法、水上安装法、高空安装法和其他法。陆上安装法有车吊、跨墩式门式吊车吊、移动支架法；水上安装法有浮吊、扒杆法、钓鱼法；高空安装法有联合架桥机法、索道法、悬臂拼装法。其他法有转体法等。

6.2 桥涵工程定额工程量计算规则

6.2.1 市政定额桥涵工程划分

全统市政定额桥涵护岸工程分为打桩工程、钻孔灌注桩工程、砌筑工程、钢筋工程、现浇混凝土工程、预制混凝土工程、立交箱涵工程、安装工程、临时工程和装饰工程。

1. 打桩工程

打桩工程包括：打基础圆木桩；打木板桩；打钢筋混凝土方桩；打钢筋混凝土板桩；打钢筋混凝土管桩；打钢管桩；接桩；送桩；钢管桩内切割；钢管桩精割盖帽；钢管桩管内钻孔取土；钢管桩填心。

(1) 打基础圆木桩的工作内容包括：制桩、安装箍；运桩；移动桩架；安拆桩帽；吊桩、定位、校正、打桩、送桩；打拔缆风桩、松紧缆风桩；锯桩顶等。

(2) 打木板桩的工作内容包括：木板桩制作；运桩；移动桩架；安拆桩帽；打拔导桩、安拆夹桩木；吊桩、定位、校正、打桩、送桩；打拔缆风桩、松紧缆风桩等。

(3) 打钢筋混凝土方桩的工作内容包括：准备工作；捆桩、吊桩、就位、打桩、校正；移动桩架；安置或更换衬垫；添加润滑油、燃料；测量、记录等。

(4) 打钢筋混凝土板桩的工作内容包括：准备工作；打拔导桩、安拆夹桩木；移动桩架；捆桩、吊桩、就位、打桩、校正；安置或更换衬垫；添加润滑油、燃料；测量、记录等。

(5) 打钢筋混凝土管桩的工作内容包括：准备工作；安拆桩帽；捆桩、吊桩、就位、打桩、校正；移动桩架；安置或更换衬垫；添加润滑油、燃料；测量、记录等。

(6) 打钢管桩的工作内容包括：桩架场地平整；堆放；配合打桩；打桩。

(7) 接桩的工作内容如下。

1) 浆锚接桩：对接、校正；安装夹箍及拆除；熬制及灌注硫磺胶泥。

2) 焊接桩：对接、校正；垫铁片；安角铁、焊接。

3) 法兰接桩：上下对接、校正；垫铁片、上螺栓、绞紧；焊接。

4) 钢管桩、钢筋混凝土管桩电焊接桩：准备工具；磨焊接头；上、下节桩对接；焊接。

(8) 送桩的工作内容包括：准备工作；安装、拆除送桩帽、送桩杆；安置或更换衬垫；添加润滑油、燃料；测量、记录；移动桩架等。

(9) 钢管桩内切割的工作内容包括：准备机具；测定标高；钢管桩内排水；内切割钢管；截除钢筋、就地安放。

(10) 钢管桩精割盖帽的工作内容包括：准备机具；测定标高画线、整圆；排水；精割；清泥；除锈；安放及焊接盖帽。

(11) 钢管桩管内钻孔取土的工作内容包括：准备钻孔机具；钻机就位；钻孔取土；土方 150m 运输。

（12）钢管桩填心的工作内容包括：冲洗管桩内心；排水；混凝土填心。

2. 钻孔灌注桩工程

钻孔灌注桩工程包括：埋设钢护筒；人工挖桩孔；回旋、冲击式钻机钻孔；卷扬机带冲抓锥冲孔；泥浆机带冲抓锥冲孔；灌注桩混凝土。

（1）埋设钢护筒的工作内容包括：准备工作；挖土；吊装、就位、埋设、接护筒；定位下沉；还土、夯实；材料运输；拆除、清洗、堆放等全部操作过程。

（2）人工挖桩孔的工作内容包括：人工挖土、装土、清理；小量排水；护壁安装；卷扬机吊运土等。

（3）回旋、冲击式钻机钻孔的工作内容包括：准备工作、装拆钻架、就位、移动；钻进、提钻、出渣、清孔；测量孔径、孔深等。

（4）卷扬机带冲抓锥冲孔的工作内容包括：装、拆、移钻架，安卷扬机，串钢丝绳；准备抓具、冲抓、提钻、出渣、清孔等。

（5）泥浆机带冲抓锥冲孔的工作内容包括：搭、拆溜槽和工作平台；拌和泥浆；倒运护壁泥浆等。

（6）灌注桩混凝土的工作内容包括：安装、拆除导管、漏斗；混凝土配、拌、浇捣；材料运输等全部操作过程。

3. 砌筑工程

砌筑工程包括：浆砌块（料）石、混凝土预制块；砖砌体；拱圈底模。

（1）浆砌块（料）石、混凝土预制块的工作内容包括：放样；安拆样架、样桩；选修石料、预制块；冲洗石料；配拌砂浆；砌筑；湿治养护等。

（2）砖砌体的工作内容包括：放样；安拆样架、样桩；浸砖；配拌砂浆；砌砖；湿治养护等。

（3）拱圈底模的工作内容包括：拱圈底模制作、安装；拆除。

4. 钢筋工程

钢筋工程包括：钢筋制作、安装；铁件、拉杆制作、安装；预应力钢筋制作、安装；安装压浆管道和压浆。

（1）钢筋制作、安装的工作内容包括：钢筋解捆、除锈；调直、下料、弯曲；焊接、除渣；绑扎成形；运输入模。

（2）铁件、拉杆制作、安装的工作内容如下。

1）铁件：制作、除锈；钢板画线、切割；钢筋调直、下料、弯曲；安装、焊接、固定。

2）拉杆：下料、挑扣、焊接；除防锈漆；涂沥青；缠麻布；安装拉杆。

（3）预应力钢筋制作、安装的工作内容如下。

1）先张法：调直、下料；进入台座、安夹具；张拉、切断；整修等。

2）后张法：调直、切断；编束穿束；安装锚具、张拉、锚固；拆除、切割钢丝（束）、封锚。

（4）安装压浆管道和压浆的工作内容如下。

1）铁皮管、波纹管、三通管安装；定位固定。

2）胶管，管内塞钢筋或充气；安放定位；缠裹接头；抽拔；清洗胶管；清孔等。

3）管道压浆；砂浆配、拌、运、压浆等。

5. 现浇混凝土工程

现浇混凝土工程包括：基础；承台，支撑梁与横梁，墩身、台身，拱桥，箱梁，板，板梁，板拱，挡墙，混凝土接头及灌缝，小型构件；桥面混凝土铺装；桥面防水层。

(1) 基础的工作内容如下。

1) 碎石：安放流槽；碎石装运、找平。

2) 混凝土：装、运、抛块石；混凝土配、拌、运输、浇筑、捣固、抹平、养护。

3) 模板：模板制作、安装、涂脱模剂；模板拆除、修理、整堆。

(2) 承台，支撑梁与横梁，墩身、台身，拱桥，箱梁，板，板梁，板拱，挡墙，混凝土接头及灌缝，小型构件的工作内容如下。

1) 混凝土：混凝土配、拌、运输、浇筑、捣固、抹平、养护。

2) 模板：模板制作、安装、涂脱模剂；模板拆除、修理、整堆。

(3) 桥面混凝土铺装的工作内容如下。

1) 模板制作、安装、拆除。

2) 混凝土配、拌、运输、浇筑、捣固、湿治养护等。

(4) 桥面防水层的工作内容包括：清理面层；熬、涂沥青；铺油毡或玻璃布；防水砂浆配拌、运料、抹平；涂黏结剂；橡胶裁剪、铺设等。

6. 预制混凝土工程

预制混凝土工程包括：混凝土；模板。

(1) 混凝土：混凝土配、拌、运输、浇筑、捣固、抹平、养护。

(2) 模板：模板制作、安装、涂脱模剂；模板拆除、修理、整堆。

7. 立交箱涵工程

立交箱涵工程包括：透水管铺设；箱涵制作；箱涵外壁及滑板面处理；气垫安装、拆除及使用；箱涵顶进；箱涵内挖土；箱涵接缝处理。

(1) 透水管铺设的工作内容如下。

1) 钢透水管：钢管钻孔；涂防锈漆；钢管埋设；碎石充填。

2) 混凝土透水管：浇捣管道垫层；透水管铺设；接口坞砂浆；填砂。

(2) 箱涵制作的工作内容如下。

1) 混凝土：混凝土配、拌、运输、浇筑、捣固、抹平、养护。

2) 模板：模板制作、安装、涂脱模剂；模板拆除、修理、整堆。

(3) 箱涵外壁及滑板面处理的工作内容如下。

1) 外壁面处理：外壁面清洗；拌制水泥砂浆，熬制沥青，配料；墙面涂刷。

2) 滑板面处理：石蜡加热；涂刷；铺塑料薄膜层。

(4) 气垫安装、拆除及使用的工作内容包括：设备及管路安装、拆除；气垫启动及使用。

(5) 箱涵顶进的工作包括：安装顶进设备及横梁垫块；操作液压系统；安放顶铁，顶进，顶进完毕后设备拆除等。

(6) 箱涵内挖土的工作内容如下。

1) 人工挖土：安、拆挖土支架；铺钢轨，挖土，运土；机械配合吊土、出坑、堆放、清理。

2) 机械挖土工配合修底边；吊土、出坑、堆放、清理。

(7) 箱涵接缝处理的工作内容包括：混凝土表面处理；材料调制、涂刷；嵌缝。

8. 安装工程

安装工程包括：安装排架立柱；安装柱式墩、台管节；安装矩形板、安心板、微弯板；安装梁；安装双曲拱构件；安装双桁架构件；安装板拱；安装小型构件；钢管栏杆及扶手安装；安装支座；安装泄水孔；安装伸缩缝；安装沉降缝。

(1) 安装排架立柱的工作内容包括：安拆地锚；竖、拆及移动扒杆；起吊设备就位；整修构件；吊装、定位、固定；配、拌、运、填细石混凝土。

(2) 安装柱式墩、台管节的工作内容包括：安拆地锚；竖、拆及移动扒杆；起吊设备就位；冲洗管节，整修构件；吊装、定位、固定；砂浆配、拌、运；勾缝、坐浆等。

(3) 安装矩形板、安心板、微弯板的工作内容包括：安拆地锚；竖、拆及移动扒杆；起吊设备就位；整修构件；吊装、定位；铺浆、固定。

(4) 安装梁的工作内容包括：安拆地锚；竖、拆及移动扒杆；搭、拆木垛；组装、拆卸船排；打拔缆风桩；组装、拆卸万能杆件，装、卸，运，移动；安拆轨道、枕木、平车、卷扬机及索具；安装、就位，固定；调制环氧树脂等。

(5) 安装双曲拱构件的工作内容包括：安拆地锚；竖、拆及移动扒杆；起吊设备就位；整修构件；起吊，拼装，定位；坐浆，固定；混凝土及砂浆配、拌、运料、填塞、捣固、抹缝、养护等。

(6) 安装双桁架构件的工作内容包括：安、拆地锚；竖、拆及移动扒杆；整修构件；起吊，安装，就位，校正，固定；坐浆，填塞等。

(7) 安装板拱的工作内容包括：安拆地锚；竖、拆及移动扒杆；起吊设备就位；整修构件；起吊，安装，就位，校正，固定；坐浆，填塞，养护等。

(8) 安装小型构件的工作内容包括：起吊设备就位；整修构件；起吊，安装，就位，校正，固定；砂浆配、拌、运、捣固；焊接等。

(9) 钢管栏杆及扶手安装的工作内容如下。

1) 钢管栏杆：选料，切口，挖孔，切割；安装、焊接、校正、固定等（不包括混凝土捣脚）。

2) 钢管扶手：切割钢管，钢板；钢管挖眼，调直；安装，焊接等。

(10) 安装支座的工作内容包括：安装、定位、固定、焊接等。

(11) 安装泄水孔的工作内容包括：清孔、熬除沥青、绑扎、安装等。

(12) 安装伸缩缝的工作内容包括：焊接、安装；切割临时接头；熬、涂、拌沥青及油浸；混凝土配、拌、运；沥青玛𤧛脂嵌缝；铁皮加工；固定等。

(13) 安装沉降缝的工作内容包括：截、铺油毡或甘蔗板；熬涂沥青、安装整修等。

9. 临时工程

临时工程包括：搭、拆桩基础支架平台；搭、手推磨垛；拱、板涵拱盔支架；桥梁支架；组装、拆卸船排；组装、拆卸柴油打桩机；组装、拆卸万能杆件；挂篮安装、拆除、推移；筑、拆胎、地模；凿除桩顶钢筋混凝土。

(1) 搭、拆桩基础支架平台的工作内容包括：竖拆桩架；制桩、打桩；装、拆桩箍；装钉支柱，盖木，斜撑，搁梁及铺板；拆除脚手板及拔桩；搬运材料，整理，堆放；组装拆卸船排（水上）。

（2）搭、手推磨垛的工作内容包括：平整场地、搭设、拆除等。

（3）拱、板涵拱盔支架的工作内容包括：选料、制作、安装、拆除、机械移动、清场、整堆等。

（4）桥梁支架的工作内容如下。

1）木支架：支架制作、安装、拆除；桁架式包括：踏步、工作平台的制作、搭设、拆除；地锚埋设、拆除、缆风架设、拆除等。

2）钢支架：平整场地；搭、拆钢管支架；材料堆放等。

3）防撞墙悬挑支架：准备工作；焊接、固定；搭、拆支架，铺脚手板、安全网等。

（5）组装、拆卸船排的工作内容包括：选料、捆绑船排、就位、拆除、整理、堆放等。

（6）组装、拆卸柴油打桩机的工作内容包括：组装、拆除打桩机械及辅助机械，安拆地锚，打、拔缆风桩，试车，清场等。

（7）组装、拆卸万能杆件的工作内容包括：安装、拆除、整理、堆放等。

注：定额只含搭拆万能杆件摊销量，其使用费单位（t·d）由各省（自治区、直辖市）自定，工程量按每立方米空间体积125kg计算。

（8）挂篮安装、拆除、推移的工作内容如下。

1）安装：定位、校正、焊接、固定（不包括制作）。

2）拆除：气割、整理。

3）推移：定位、校正、固定。

（9）筑、拆胎、地模的工作内容包括：平整场地；模板制作、安装、拆除；混凝土配、拌、运；筑、浇、砌、堆、拆除等。

（10）凿除桩顶钢筋混凝土的工作内容包括：拆除、旧料运输。

10. 装饰工程

装饰工程包括：水泥砂浆抹面；水刷石、剁斧石；拉毛；水磨石；镶贴面层；水质涂料；油漆。

（1）水泥砂浆抹面的工作内容包括：清理及修理基底，补表面；堵墙眼；湿治；砂浆配、拌、抹灰等。

（2）水刷石、剁斧石的工作内容包括：清理基底及修补表面；刮底；嵌条；起线；湿治；砂浆配、拌、抹面；刷石；清场等。

（3）拉毛的工作内容包括：清理基底及修补表面；砂浆配、拌；打底抹面；湿治；罩面；拉毛；清场等。

（4）水磨石的工作内容包括：清理基底及修补表面；刮底；砂浆配、拌、抹面；压光；磨平；清场等。

（5）镶贴面层的工作内容包括：清理基底及修补表面；刮底；砂浆配、拌、抹平；砍、打及磨光块料边缘；镶贴；修嵌缝隙；除污；打蜡擦亮；材料运输及清场等。

（6）水质涂料的工作内容包括：清理基底；砂浆配、拌；打底抹面；抹腻子；涂刷；清场等。

（7）油漆的工作内容包括：除锈，清扫；抹腻子；刷油漆等。

6.2.2 桥涵工程定额工程量计算规则

（1）钢筋混凝土方桩、板桩按桩长度（包括桩尖长度）乘以桩横断面面积计算。

（2）钢筋混凝土管桩按桩长度（包括桩尖长度）乘以桩横断面面积，减去空心部分体积计算。

（3）钢管桩按成品桩考虑，以 t 计算。

（4）送桩。

1）陆上打桩时，以原地面平均标高增加 1m 为界限，界限以下至设计桩顶标高之间的打桩实体积为送桩工程量。

2）支架上打桩时，以当地施工期间的最高潮水位增加 0.5m 为界限，界限以下至设计桩顶标高之间的打桩实体积为送桩工程量。

3）船上打桩时，以当地施工期间的平均水位增加 1m 为界限，界限以下至设计桩顶标高之间的打桩实体积为送桩工程量。

（5）送桩定额按送 4m 为界，如实际超过 4m 时，按相应定额乘以下列调整系数。

1）送桩 5m 以内乘以 1.2 系数。

2）送桩 6m 以内乘以 1.5 系数。

3）送桩 7m 以内乘以 2.0 系数。

4）送桩 7m 以上，以调整后 7m 为基础，每超过 1m 递增 0.75 系数。

（6）灌注桩成孔工程量按设计入土深度计算，定额中的孔深指护筒项目至桩底的深度。成孔定额中同一孔内的不同土质，不论其所在的深度如何，均执行总孔深度定额。

（7）人工挖桩孔土方工程量按护壁外缘包围的面积乘以深度计算。

（8）灌注桩水下混凝土工程量按设计桩长增加 1.0m 乘以设计横断面面积计算。

（9）砌筑工程量按设计砌体尺寸以 m^3 体积计算，嵌入砌体中的钢管、沉降缝、伸缩缝以及单孔面积 $0.3m^2$ 以内的预留孔所占体积不予扣除。

（10）拱圈底模工程量按模板接触砌体的面积计算。

（11）混凝土工程量按设计尺寸以实体体积计算（不包括空心板、梁的空心体积），不扣除钢筋、铁丝、铁件、预留压浆孔道和螺栓所占的体积。

（12）模板工程量按模板接触混凝土的面积计算。

（13）现浇混凝土墙、板上单孔面积在 $0.3m^2$ 以内的孔洞体积不予扣除，洞侧壁模板面积也不再计算；单孔面积在 $0.3m^2$ 以上时，应予扣除，洞侧壁模板面积并入墙、板模板工程量之内计算。

（14）预制桩工程量按桩长度（包括桩尖长度）乘以桩横断面面积计算。

（15）预制空心构件按设计图示尺寸扣除空心体积，以实体积计算。空心板梁的堵头板体积不计入工程量内，其消耗量已在定额中考虑。

（16）预制空心板梁，凡采用橡胶囊做内模的，考虑其压缩变形因素，可增加混凝土数量，当梁长在 16m 以内时，可按设计计算体积增加 7%。若梁长大于 16m 时，则按增加 9%计算。如设计图已注明考虑橡胶囊变形时，不得再增加计算。

（17）预应力混凝土构件的封锚混凝土数量并入构件混凝土工程量计算。

（18）预制构件中预应力混凝土构件 T 形梁、I 形梁、双曲拱、桁架拱等构件均按模板接触混凝土的面积（包括侧模、底模）计算。

（19）灯柱、端柱、栏杆等小型构件按平面投影面积计算。

（20）预制构件中非预应力构件按模板接触混凝土的面积计算，不包括胎、地模。

(21) 空心板中空心部分，可按模板接触混凝土的面积计算工程量。

(22) 预制构件中的钢筋混凝土桩、梁及小型构件，可按混凝土定额基价的2%计算其运输、堆放、安装损耗，但该部分不计材料用量。

(23) 箱涵滑板下的肋楞，其工程量并入滑板内计算。

(24) 箱涵混凝土工程量，不扣除单孔面积0.3m^{2}以下部分的预留孔洞体积。

(25) 顶柱、中继间护套及挖土支架均属专用周转性金属构件，定额中已按摊销量计列，不得重复计算。

(26) 箱涵顶进定额分空顶、无中继间实土顶和有中继间实土顶3类，其工程量计算如下。

1) 空顶工程量按空项的单节箱涵重量以箱涵位移距离计算。

2) 实土顶工程量按被顶箱涵的重量乘以箱涵位移距离分段累计计算。

(27) 气垫只考虑在预制箱涵板底上使用，按箱涵底面积计算。气垫的使用天数由施工组织设计确定，但采用气垫后在套用顶进定额时应乘以0.7系数。

(28) 驳船不包括进出场费，其吨天单价由各省（自治区、直辖市）确定。

(29) 搭拆打桩工作平台面积计算。

1) 桥梁打桩，即

$$F=N_1F_1+N_2F_2$$

每座桥台（桥墩），即

$$F_1=(5.5+A+2.5)\times(6.5+D)$$

每条通道，即

$$F_2=6.5\times[L-(6.5+D)]$$

2) 钻孔灌注桩，即

$$F=N_1F_1+N_2F_2$$

每座桥台（桥墩），即

$$F_1=(A+6.5)\times(6.5+D)$$

每条通道，即

$$F_2=6.5\times[L-(6.5+D)]$$

式中　F——工作平台总面积，m^2；

F_1——每座桥台（桥墩）工作平台面积，m^2；

F_2——桥台至桥墩间或桥墩至桥墩间通道工作平台面积，m^2；

N_1——桥台和桥墩总数量；

N_2——通道总数量；

D——两排桩之间距离，m；

L——桥梁跨径或护岸的第一根桩中心至最后一根桩中心之间的距离，m；

A——桥台（桥墩）每排桩的第一根桩中心至最后一根桩中心之间的距离，m。

(30) 桥涵护岸装饰工程定额除金属面油漆以t计算外，其余项目均按装饰面积计算。

(31) 桥涵拱盔体积按起拱线以上弓形侧面积乘以（桥宽+2m）计算。

(32) 桥涵支架体积为结构底至原地面（水上支架为水上支架平台顶面）平均标高乘以

纵向距离再乘以（桥宽＋2m）计算。

6.3 桥涵工程清单工程量计算规则

6.3.1 桩基工程工程量计算

桩基一般由设置于土中的桩和承接上部结构的承台组成，如图6.1所示。桩顶埋入承台中，随着承台与地面的相对位置不同，而有低承台桩基和高承台桩基之分。前者的承台底面位于底面以下；而后者则高于底面以上，而且常处于水下。

由若干根设置于地基中的桩柱和承接建筑物（或构筑物）上部结构荷载的承台构成的基础为桩基础，它广泛适用于荷载大、地基软弱、天然地基的承载力和变形不满足设计要求的情况。

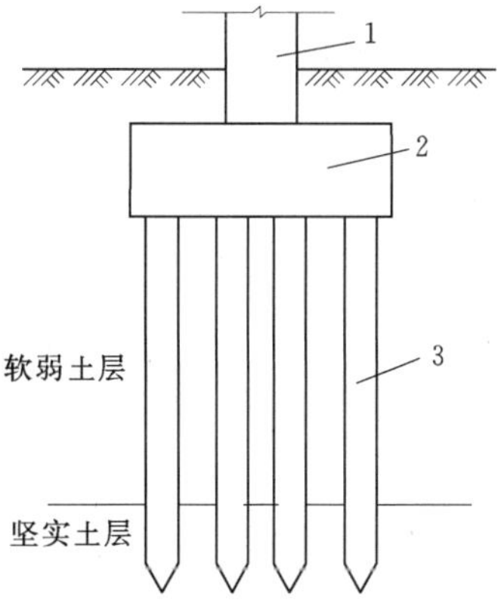

软弱土层

坚实土层

图6.1 桩基的基本组成部分

1—上部结构；2—承台；3—桩

1. 预制钢筋混凝土桩工程量计算

（1）工程量计算规则。预制钢筋混凝土桩工程量清单项目设置、项目特征描述的内容、计量单位及工程量计算规则，应按表6.1的规定执行。

（2）工程量清单项目释义

1）预制钢筋混凝土方桩。预制钢筋混凝土方桩是指采用振动或离心成形外围截面为

表6.1 预制钢筋混凝土桩

<table>
<tr><th>项目编码</th><th>项目名称</th><th>项目特征</th><th>计量单位</th><th>工程量计算规则</th><th>工作内容</th></tr>
<tr><td>040301001</td><td>预制钢筋混凝土方桩</td><td>（1）地层情况；
（2）送桩深度、桩长；
（3）桩截面；
（4）桩倾斜度；
（5）混凝土强度等级</td><td rowspan="2">（1）m；
（2）m^2；
（3）根</td><td rowspan="2">（1）以m为单位计量，按设计图示尺寸以桩长（包括桩尖）计算；
（2）以m^3为单位计量，按设计图示以桩长（包括桩尖）乘以桩的断面积计算；
（3）以根为单位计量，按设计图示以数量计算</td><td>（1）工作平台搭接；
（2）桩就位；
（3）桩机移位；
（4）沉桩；
（5）接桩；
（6）送桩</td></tr>
<tr><td>040301002</td><td>预制钢筋混凝土管桩</td><td>（1）地层情况；
（2）送桩深度、桩长；
（3）桩外径、壁厚；
（4）桩倾斜度；
（5）桩尖设置及类型；
（6）混凝土强度等级；
（7）填充材料种类</td><td>（1）工作平台搭接；
（2）桩就位；
（3）桩机移位；
（4）桩尖安装；
（5）沉桩；
（6）接桩；
（7）送桩；
（8）桩心填充</td></tr>
</table>

注 1. 地层情况按表4.1和表4.13的规定，并根据岩土工程勘察报告按单位工程各地层所占比例（包括范围值）进行描述。对无法准确描述的地层情况，可注明由投标人根据岩土工程勘察报告自行决定报价。

2. 各类混凝土预制桩以成品桩考虑，应包括成品桩购置费，如果用现场预制，应包括现场预制桩的所有费用。

3. 项目特征中的桩截面、混凝土强度等级、桩类型等可直接用标准图代号或设计桩型进行描述。

4. 打实验桩和打斜桩应按相应项目编码单独列项，并应在项目特征中注明实验桩或斜桩（斜率）。

5. 项目特征中的桩长应包括桩尖，空桩长度＝孔深－桩长，孔深为自然地面至设计桩底的深度。

6. 表中工作内容未含桩基础的承载力检测、桩身完整性检测。

正方形的用作桩基的预制钢筋混凝土构件。预制钢筋混凝土方桩分为预制钢筋混凝土实心方桩和预制钢筋混凝土空心方桩两大类。实心方桩和空心方桩的结构形式如图 6.2 和图 6.3 所示。

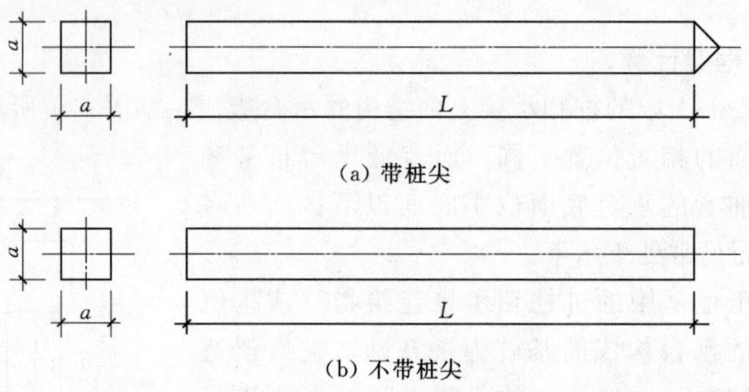

图 6.2　实心方桩的结构形式

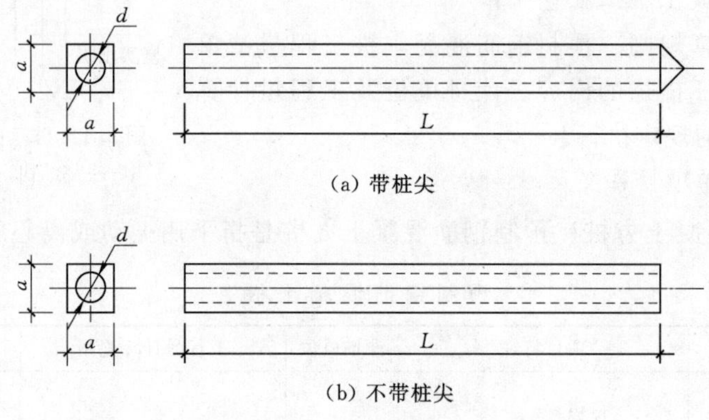

图 6.3　空心方桩的结构形式

a. 预制钢筋混凝土实心方桩的产品规格为 200mm×200mm、250mm×250mm、300mm×300mm、350mm × 350mm、400mm × 400mm、450mm × 450mm、500mm × 500mm 等规格。

b. 预制钢筋混凝土空心方桩的产品规格为 300mm × 300mm（ϕ150mm）、350mm × 350mm（ϕ170mm）、400mm×400mm（ϕ200mm）、450mm×450mm（ϕ220mm）。

2）预制钢筋混凝土管桩。采用振动或离心成形外周截面为圆形的预制钢筋混凝土构件。

2. 钢管桩工程量计算

（1）工程量计算规则。钢管桩工程量清单项目设置、项目特征描述的内容、计量单位及工程量计算规则，应按表 6.2 的规定执行。

（2）工程量清单项目释义。钢管桩由钢管、企口榫槽、企口榫销构成，适用于码头港口建设中的基础。钢管桩一般用普通碳素钢，抗拉强度为 402MPa，屈服强度为 235.2MPa，或按设计要求选用。按加工工艺区分，有螺旋缝钢管和直缝钢管两种。

钢管桩的直径自 ϕ406.4～2032.0mm、壁厚自 6～25mm 不等，常用钢管桩的规格见表 6.3。

表 6.2　　　钢　管　桩

项目编码	项目名称	项目特征	计量单位	工程量计算规则	工作内容
040301003	钢管桩	(1) 地层情况； (2) 送桩深度、桩长； (3) 材质； (4) 管径、壁厚； (5) 桩倾斜度； (6) 填充材料种类； (7) 防护材料种类	(1) t； (2) 根	(1) 以 t 为单位计量，按设计图示尺寸以质量计算； (2) 以根为单位计量，按设计图示以数量计算	(1) 工作平台搭拆； (2) 桩就位； (3) 桩机移位； (4) 沉桩； (5) 接桩； (6) 送桩； (7) 切割钢管、精割盖帽； (8) 管内取土、余土弃置； (9) 管内填芯、刷防护材料

注　1. 地层情况按表 4.1 和表 4.13 的规定，并根据岩土工程勘察报告按单位工程各地层所占比例（包括范围值）进行描述。对无法准确描述的地层情况，可注明由投标人根据岩土工程勘察报告自行决定报价。
2. 打实验桩和打斜桩应按相应项目编码单独列项，并应在项目特征中注明实验桩或斜桩（斜率）。
3. 项目特征中的桩长应包括桩尖，空桩长度=孔深-桩长，孔深为自然地面至设计桩底的深度。
4. 表中工作内容未含桩基础的承载力检测、桩身完整性检测。

表 6.3　　　常用钢管桩的规格

钢管桩尺寸			质　量		面　积		
外径 /mm	厚度 /mm	内径 /mm	kg/m	m/t	断面积 /cm²	外包面积 /m²	外表面积 /(m²/m)
406.4	9	388.4	88.2	11.34	112.4	0.130	1.28
	12	382.4	117	8.55	148.7		
609.6	9	591.6	133	7.52	169.8	0.292	1.92
	12	585.6	177	5.65	225.3		
	14	581.6	206	4.85	262.0		
	16	577.6	234	4.27	298.4		
914.4	12	890.4	311	3.75	340.2	0.567	2.87
	14	886.4	351	3.22	396.0		
	16	882.4	420	2.85	451.6		
	19	876.4	297	2.38	534.5		

3. 钻孔灌注桩及灌注桩后注浆工程量计算

钻孔灌注桩是指用钻（冲）孔机具在土中钻进，边破碎土体边出土渣而成孔，然后在孔内放入钢筋骨架，灌注混凝土而形成的柱。钻孔灌注桩施工设备简单，操作较方便，适用于各种黏性土、砂性土，也适用于碎石、卵石类土和岩层。

(1) 工程量计算规则。钻孔灌注桩及灌注桩后注浆工程量清单项目设置、项目特征描述的内容、计量单位及工程量计算规则，应按表 6.4 的规定执行。

(2) 工程量清单项目释义。

1) 泥浆护壁成孔灌注桩。泥浆护壁成孔灌注桩是指在泥浆护壁条件下成孔，采用水下灌注混凝土的桩。其成孔方法包括：冲击钻成孔、冲抓锥成孔、回旋钻成孔、潜水钻成孔、泥浆护壁的旋挖成孔等。泥浆护壁成孔灌注桩的施工工艺流程如图 6.4 所示。

表 6.4　　钻孔灌注桩及灌注桩后注浆

项目编码	项目名称	项目特征	计量单位	工程量计算规则	工作内容
040301004	泥浆护壁成孔灌注桩	(1) 地层情况； (2) 空桩长度、桩长； (3) 桩径； (4) 成孔方法； (5) 混凝土种类、强度等级		(1) 以 m 为单位计量，按设计图示尺寸以桩长（包括桩尖）计算； (2) 以 m^3 为单位计量，按不同截面在桩长范围内以体积计算； (3) 以根为单位计量，按设计图示以数量计算	(1) 工作平台搭拆； (2) 桩机移位； (3) 护筒埋设； (4) 成孔、固壁； (5) 混凝土制作、运输、灌注、养护； (6) 土方、废浆外运； (7) 打桩场地硬化及泥浆池、泥浆沟
040301005	沉管灌注桩	(1) 地层情况； (2) 空桩长度、桩长； (3) 复打长度； (4) 桩径； (5) 沉管方法； (6) 桩尖类型； (7) 混凝土种类、强度等级	(1) m； (2) m^2； (3) 根	(1) 以 m 为单位计量，按设计图示尺寸以桩长（包括桩尖）计算； (2) 以 m^3 为单位计量，按设计图示以桩长（包括桩尖）乘以桩的断面积计算； (3) 以根为单位计量，按设计图示以数量计算	(1) 工作平台搭拆； (2) 桩机移位； (3) 打（沉）拔钢管； (4) 桩尖安装； (5) 混凝土制作、运输、灌注、养护
040301006	干作业成孔灌注桩	(1) 地层情况； (2) 空桩长度、桩长； (3) 桩径； (4) 扩孔直径、高度； (5) 成孔方法； (6) 混凝土种类、强度等级			(1) 工作平台搭拆； (2) 桩机移位； (3) 成孔、扩孔； (4) 混凝土制作、运输、灌注、振捣、养护
040301008	人工挖孔灌注桩	(1) 桩芯长度； (2) 桩芯直径、扩底直径、扩底高度； (3) 护壁厚度、高度； (4) 护壁材料种类、强度等级； (5) 桩芯混凝土种类、强度等级	(1) m^3； (2) 根	(1) 以 m^3 为单位计量，按桩芯混凝土体积计算； (2) 以根为单位计量，按设计图示以数量计算	(1) 护壁制作、安装； (2) 混凝土制作、运输、灌注、振捣、养护
040301009	钻孔压浆桩	(1) 地层情况； (2) 桩长； (3) 钻孔直径； (4) 骨料种类、规格； (5) 水泥强度等级	(1) m； (2) 根	(1) 以 m 为单位计量，按设计图示尺寸以桩长计算； (2) 以根为单位计量，按设计图示以数量计算	(1) 钻孔、下注浆管、投放骨料； (2) 浆液制作、运输、压浆
040301010	灌注桩后注浆	(1) 注浆导管材料、规格； (2) 注浆导管长度； (3) 单孔注浆量； (4) 水泥强度等级	孔	按设计图示以注浆孔数计算	(1) 注浆导管制作、安装； (2) 浆液制作、运输、压浆

注　1. 地层情况按表 4.1 和表 4.13 的规定，并根据岩土工程勘察报告按单位工程各地层所占比例（包括范围值）进行描述。对无法准确描述的地层情况，可注明由投标人根据岩土工程勘察报告自行决定报价。

2. 项目特征中的桩截面、混凝土强度等级、桩类型等可直接用标准图代号或设计桩型进行描述。

3. 打实验桩和打斜桩应按相应项目编码单独列项，并应在项目特征中注明实验桩或斜桩（斜率）。

4. 项目特征中的桩长应包括桩尖，空桩长度=孔深－桩长，孔深为自然地面至设计桩底的深度。

5. 泥浆护壁成孔灌注桩是指在泥浆护壁条件下成孔，采用水下灌注混凝土的桩。其成孔方法包括：冲击钻成孔、冲抓锥成孔、回旋钻成孔、潜水钻成孔、泥浆护壁的旋挖成孔等。

6. 沉管灌注桩的沉管方法包括：锤击沉管法、振动沉管法、振动冲击沉管法、内夯沉管法等。

7. 干作业成孔灌注桩是指不用泥浆护壁和套管护壁的情况下，用钻机成孔后，下钢筋笼，灌注混凝土的桩，适用于地下水位以上的土层使用。其成孔方法包括：螺旋钻成孔、螺旋钻成孔扩底、干作业的旋挖成孔等。

8. 混凝土灌注桩的钢筋笼制作、安装，按《市政工程工程量计价规范》（GB 50857—2013）附录 J 钢筋工程中相关项目编码列项。

9. 本表工作内容未含桩基础的承载力检测、桩身完整性检测。

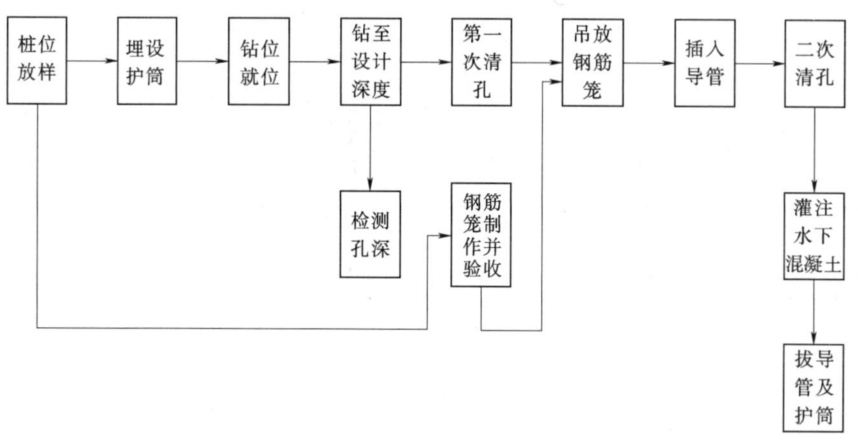

图 6.4 泥浆护壁成孔灌注桩施工工艺流程框图

2）沉管灌注桩。沉管灌注桩又称套管成孔灌注桩，是国内广泛采用的一种灌注桩。沉管灌注桩的沉管方法包括：锤击沉管法、振动沉管法、振动冲击沉管法、内夯沉管法等。沉管灌注桩的施工工艺流程为放线定位→钻机就位→锤击（振动）沉管→灌注混凝土→边拔管、边锤击（振动）、边灌注混凝土→下放钢筋笼→成桩。

3）干作业成孔灌注桩。干作业成孔灌注桩是指不用泥浆护壁和套管护壁的情况下，用钻机成孔后，下放钢筋笼，灌注混凝土的桩，适用于地下水位以上的土层使用。其成孔方法包括：螺旋钻成孔、螺旋钻成孔扩底、干作业的旋挖成孔等。

4）人工挖孔灌注桩。人工挖孔灌注桩是指在桩位采用人工挖掘方法成孔（或端部扩大），然后安放钢筋笼、灌注混凝土而成桩。人工挖孔灌注桩宜用地下水位以上的黏性土、粉土、填土、中等密实以上的砂土、风化岩层，也可在黄土、膨胀土和冻土中使用，适应性较强。

5）钻孔压浆桩。钻孔压浆桩施工法是利用长螺旋钻孔机钻孔的设计深度，在提升钻杆的同时通过设在钻头上的喷嘴向孔内高压灌注制备好的水泥浆为主剂的浆液，至浆液达到没有塌孔危险的位置或地下水位以上 0.5～1.0m 处；起钻后在孔内放置钢筋笼，投满粒料，并放入至少一根直通孔低的高压注浆胶管，用高压从孔底作二次补浆，直至浆液达到孔口为止。钻孔压浆桩施工具有无振动、无噪声、无排污，而且施工速度快、单桩承载力高等特点。

6）灌注桩后注浆。灌注桩后压浆施工是在钻孔灌注桩成桩后，采用高压注浆泵通过预埋注浆管注入水泥浆液，通过浆液的劈裂、填充、压密、固结等作用，从而提高桩基侧摩阻力和端承载力。灌注桩后压浆可用于各类钻、挖、钻孔灌注桩及地下连续墙的沉渣（虚土）、泥皮和桩底、桩侧一定范围土体的加固。

4. 挖孔桩土（石）方工程量计算

挖孔桩土（石）方工程量清单项目设置、项目特征描述的内容、计量单位及工程量计算规则，应按表 6.5 的规定执行。

截桩头工程量清单项目设置、项目特征描述的内容、计量单位及工程量计算规则，应按表 6.6 的规定执行。

表 6.5　　　　挖孔桩土（石）方

项目编码	项目名称	项目特征	计量单位	工程量计算规则	工作内容
040301007	挖孔桩土（石）方	（1）土（石）类别； （2）挖孔深度； （3）弃土（石）运距	m^3	按设计图示以尺寸（含护壁）截面积乘以挖孔深度以 m^3 为单位计算	（1）排地表水； （2）挖土、凿石； （3）基地钎深； （4）土（石）方外运

表 6.6　　　　截 桩 头

项目编码	项目名称	项目特征	计量单位	工程量计算规则	工作内容
040301011	截桩头	（1）桩类型； （2）桩头截面、高度； （3）混凝土强度等级； （4）有无钢筋	（1）m^3； （2）根	（1）以 m^3 为单位计量，按设计桩截面乘以桩头长度以体积计算； （2）以根为单位计量，按设计图示以数量计算	（1）截桩头； （2）凿平； （3）废料外运

5. 声测管工程量计算

声测管工程量清单项目设置、项目特征描述的内容、计量单位及工程量计算规则，应按表 6.7 的规定执行。

表 6.7　　　　声 测 管

项目编码	项目名称	项目特征	计量单位	工程量计算规则	工作内容
040301012	声测管	（1）材质； （2）规格型号	（1）t； （2）m	（1）按设计图示尺寸以质量计算； （2）按设计图示尺寸以长度计算	（1）检测管截断、封头； （2）套管制作、焊接； （3）定位、固定

6.3.2　基坑与边坡支护工程量计算

1. 基坑支护桩工程量计算

当拟开挖深基坑临边净距离内有建筑物、构筑物、管、线、缆或其他荷载，无法放坡的情况，且坑底有可靠结实的土层作为桩尖端嵌固点时，可使用基坑支护桩支护。基坑支护桩具有保护临边的建筑物、构筑物、管线、缆的安全；在基坑开挖过程中及基坑的使用期间，维持临空的土体稳定，以保证施工的安全作用。

基坑支护桩工程量清单项目设置、项目特征描述的内容、计量单位及工程量计算规则，应按表 6.8 的规定执行。

表 6.8　　　　基 坑 支 护 桩

项目编码	项目名称	项目特征	计量单位	工程量计算规则	工作内容
040302001	圆木桩	（1）地层情况； （2）桩长； （3）材质； （4）尾径； （5）桩倾斜度	（1）m； （2）根	（1）以 m 为单位计量，按设计图示尺寸以桩长（包括桩尖）计算； （2）以根为单位计量，按设计图示以数量计算	（1）工作平台搭拆； （2）桩机移位； （3）桩制作、运输、就位； （4）桩靴安装； （5）沉桩
040302002	预制钢筋混凝土板桩	（1）地层情况； （2）送桩深度、桩长； （3）桩截面； （4）混凝土强度等级	（1）m^3； （2）根	（1）以 m^3 为单位计量，按设计图示桩长（包括桩尖）乘以桩的断面积计算； （2）以根为单位计量，按设计图示以数量计算	（1）工作平台搭拆； （2）桩就位； （3）桩机移位； （4）沉桩； （5）接桩； （6）送桩

续表

项目编码	项目名称	项目特征	计量单位	工程量计算规则	工作内容
040302004	咬合灌注桩	(1) 地层情况； (2) 桩长； (3) 桩径； (4) 混凝土种类、强度等级； (5) 部位	(1) m； (2) 根	(1) 以m为单位计量，按设计图示尺寸以桩长计算； (2) 以根为单位计量，按设计图示以数量计算	(1) 桩机移位； (2) 成孔、固壁； (3) 混凝土制作、运输、灌注、养护； (4) 套管压拔； (5) 土方、废浆外运； (6) 打桩场地硬化及泥浆池、泥浆沟

注　地层情况按表4.1和表4.13的规定，并根据岩土勘察报告按单位工程各地层所占比例（包括范围值）进行描述，对无法准确描述地层情况，可注明由投标人根据岩土工程勘察报告自行决定报价。

2. 地下连续墙工程量计算

地下连续墙是指在所规定位置利用专用的挖槽机械和泥浆（又称稳定液、触变泥浆等）护壁，开挖出一定长度（一般为4～6m，称单元槽段）的深槽后，插入钢筋笼，并在充满泥浆的深槽中用导管法浇筑混凝土（混凝土浇筑从槽底开始，逐渐向上，泥浆也就被它置换出来），最后把这些槽段用特制的接头相互连接起来形成一道连续的现浇地下墙。

地下连续墙工程量清单项目设置、项目特征描述的内容、计量单位及工程量计算规则，应按表6.9的规定执行。

表6.9　　地下连续墙

项目编码	项目名称	项目特征	计量单位	工程量计算规则	工作内容
040302003	地下连续墙	(1) 地层情况； (2) 导墙类型、截面； (3) 墙体厚度； (4) 成槽深度； (5) 混凝土种类、强度等级； (6) 接头形式	m^3	按设计图示以墙中心线长乘以厚度乘以槽深，以体积计算	(1) 导墙挖填、制作、安装、拆除； (2) 挖土成槽、固壁、清底置换； (3) 混凝土制作、运输、灌注、养护； (4) 接头处理； (5) 土方、废浆外运； (6) 打桩场地硬化及泥浆池、泥浆沟

注　1. 地层情况按表4.1和表4.13的规定，并根据岩土勘察报告按单位工程各地层所占比例（包括范围值）进行描述，对无法准确描述地层情况，可注明由投标人根据岩土工程勘察报告自行决定报价。
　　2. 地下连续墙的钢筋网制作、安装按《市政工程计量规范》(GB 50857—3013) 附录J钢筋工程中相关项目编码列项。

3. 型钢水泥土搅拌墙工程量计算

型钢水泥土搅拌墙是一种基坑支护结构中的围护体，是整个基坑工程的一个分项，其设计、施工和质量检验应纳入整个基坑工程范畴。型钢水泥土搅拌墙工程量清单项目设置、项目特征描述的内容、计量单位及工程量计算规则，应按表6.10的规定执行。

表6.10　　型钢水泥土搅拌墙

项目编码	项目名称	项目特征	计量单位	工程量计算规则	工作内容
040302005	型钢水泥土搅拌墙	(1) 深度； (2) 桩径； (3) 水泥掺量； (4) 型钢材质、规格； (5) 是否拔出	m^3	按设计图示尺寸以体积计算	(1) 钻机移位； (2) 钻进； (3) 浆液制作、运输、压浆； (4) 搅拌、成桩； (5) 土方、废浆外运

4. 锚杆（索）、土钉支护工程量计算

（1）工程量计算规则。锚杆（索）、土钉支护工程量清单项目设置、项目特征描述的内容、计量单位及工程量计算规则，应按表6.11的规定执行。

表6.11　　锚杆（索）、土钉支护

<table>
<tr><th>项目编码</th><th>项目名称</th><th>项目特征</th><th>计量单位</th><th>工程量计算规则</th><th>工作内容</th></tr>
<tr><td>040302006</td><td>锚杆（索）</td><td>（1）地层情况；
（2）锚杆（索、类型、部位）；
（3）钻孔直径、深度；
（4）杆体材料品种、规格、数量；
（5）是否预应力；
（6）浆液种类、强度等级</td><td rowspan="2">（1）m；
（2）根</td><td rowspan="2">（1）以m为单位计量，按设计图示尺寸以钻孔深度计算；
（2）以根为单位计量，按设计图示以数量计算</td><td>（1）钻孔、浆液制作、运输、压浆；
（2）锚杆（索）制作、安装；
（3）张拉锚固；
（4）锚杆（索）施工平台搭设、拆除</td></tr>
<tr><td>040302007</td><td>土钉</td><td>（1）地层情况；
（2）钻孔直径、深度；
（3）置入方法；
（4）杆体材料品种、规格、数量；
（5）浆液种类、强度等级</td><td>（1）钻孔、浆液制作、运输、压浆；
（2）土钉制作、安装；
（3）土钉施工平台搭设、拆除</td></tr>
</table>

（2）工程量清单项目释义

1）锚杆（索）支护是在边坡、岩土深基坑等地表工程及隧道、采场等地下硐室施工中采用的一种加固支护方式。用金属件、木件、聚合物件或其他材料制成杆柱，打入地表岩体或硐室周围岩体预先钻好的孔中，利用其头部、杆体的特殊构造和尾部托板（也可不用），或依赖于黏结作用将围岩与稳定岩体结合在一起而产生悬吊效果、组合梁效果、补强效果，以达到支护的目的。具有成本低、支护效果好、操作简便、使用灵活、占用施工净空少等优点。

2）土钉支护是指在开挖边坡表面铺钢筋网喷射细石混凝土，并每隔一定距离埋设土钉，使与边坡土体形成复合体，共同工作，从而有效提高边坡稳定的能力，增强土体破坏的岩性，变土体荷载为支护结构的一部分，对土体起到嵌固的作用，对土坡进行加固，增加边坡支护锚固力，使基坑开挖后保持稳定。

5. 喷射混凝土工程量的计算

喷射混凝土是指用压力喷枪喷涂灌注细石混凝土的施工方法。常用于灌注隧道内衬、墙壁、天棚等薄壁结构或其他结构的衬里以及钢结构的保护层。

喷射混凝土工程量清单项目设置、项目特征描述的内容、计量单位及工程量计算规则，应按表6.12的规定执行。

表6.12　　喷射混凝土

<table>
<tr><th>项目编码</th><th>项目名称</th><th>项目特征</th><th>计量单位</th><th>工程量计算规则</th><th>工作内容</th></tr>
<tr><td>040302008</td><td>喷射混凝土</td><td>（1）部位；
（2）厚度；
（3）材料种类；
（4）混凝土类别、强度等级</td><td>m^2</td><td>按设计图示尺寸以面积计算</td><td>（1）修整边坡；
（2）混凝土制作、运输、喷射、养护；
（3）钻排水孔、安装排水管；
（4）喷射施工平台搭设、拆除</td></tr>
</table>

6.3.3　混凝土工程工程量计算

混凝土是指由胶凝材料、水和粗细骨料按适当比例配合，拌制成拌和物，经一定时间硬化而成的人造石材。常用混凝土强度等级有C10、C15、C20、C25、C30、C35、C40、C50、C60等，其中C10、C15为低强度的混凝土；C20、C25、C30为常用中高强度混凝土，也可用于桥梁建设的混凝土及预应力混凝土（C30及以上）；C40、C50、C60等为高强度混凝土，常用于特殊建筑构件。

1. 现浇混凝土构件工程量的计算

（1）工程量计算规则。现浇混凝土构件工程量清单项目设置、项目特征描述的内容、计量单位及工程量的计算规则，应按表6.13的规定执行。

表6.13　　现浇混凝土构件

<table>
<tr><th>项目编码</th><th>项目名称</th><th>项目特征</th><th>计量单位</th><th>工程量计算规则</th><th>工作内容</th></tr>
<tr><td>040303001</td><td>混凝土垫层</td><td>混凝土强度等级</td><td rowspan="16">m^3</td><td rowspan="16">按设计图示尺寸以体积计算</td><td rowspan="14">（1）模板制作、安装、拆除；
（2）混凝土拌和、运输、浇筑；
（3）养护</td></tr>
<tr><td>040303002</td><td>混凝土基础</td><td>（1）混凝土强度等级；
（2）嵌料（毛石）比例</td></tr>
<tr><td>040303003</td><td>混凝土承台</td><td>混凝土强度等级</td></tr>
<tr><td>040303004</td><td>混凝土墩（台）帽</td><td rowspan="4">（1）部位；
（2）混凝土强度等级</td></tr>
<tr><td>040303005</td><td>混凝土墩（台）身</td></tr>
<tr><td>040303006</td><td>混凝土支撑梁及横梁</td></tr>
<tr><td>040303007</td><td>混凝土墩（台）盖梁</td></tr>
<tr><td>040303008</td><td>混凝土拱桥拱座</td><td rowspan="2">混凝土强度等级</td></tr>
<tr><td>040303009</td><td>混凝土拱桥拱肋</td></tr>
<tr><td>040303010</td><td>混凝土拱上构件</td><td rowspan="2">（1）部位；
（2）混凝土强度等级</td></tr>
<tr><td>040303011</td><td>混凝土箱梁</td></tr>
<tr><td>040303012</td><td>混凝土连续板</td><td rowspan="2">（1）部位；
（2）结构形式；
（3）混凝土强度等级</td></tr>
<tr><td>040303013</td><td>混凝土板梁</td></tr>
<tr><td>040303014</td><td>混凝土拱板</td><td>（1）部位；
（2）混凝土强度等级</td></tr>
<tr><td>040303015</td><td>混凝土挡墙墙身</td><td>（1）混凝土强度等级；
（2）泄水孔材料品种、规格；
（3）滤水层要求；
（4）沉降缝要求</td><td rowspan="2">（1）模板制作、安装、拆除；
（2）混凝土拌和、运输、浇筑；
（3）养护；
（4）抹灰；
（5）排水孔制作、安装；
（6）滤水层铺筑；
（7）沉降缝</td></tr>
<tr><td>040303016</td><td>混凝土挡墙压顶</td><td>（1）混凝土强度等级；
（2）沉降缝要求</td></tr>
<tr><td>040303017</td><td>混凝土楼梯</td><td>（1）结构形式；
（2）底板厚度；
（3）混凝土强度等级</td><td>（1）m^2；
（2）m^3</td><td>（1）以m^2为单位计量，按设计图示尺寸以水平投影面积计算；
（2）以m^3为单位计量，按设计图示尺寸以体积计算</td><td>（1）模板制作、安装、拆除；
（2）混凝土拌和、运输、浇筑；
（3）养护</td></tr>
</table>

续表

项目编码	项目名称	项目特征	计量单位	工程量计算规则	工作内容
040303018	混凝土防撞护栏	(1) 断面； (2) 混凝土强度等级	m	按设计图示尺寸以长度计算	
040303019	桥面铺装	(1) 混凝土强度等级； (2) 沥青品种； (3) 沥青混凝土种类； (4) 厚度； (5) 配合比	m^2	按设计图示尺寸以面积计算	(1) 模板制作、安装、拆除； (2) 混凝土拌和、运输、浇筑； (3) 养护； (4) 沥青混凝土铺装； (5) 碾压
040303020	混凝土桥头搭板	混凝土强度等级	m^3	按设计图示尺寸以体积计算	(1) 模板制作、安装、拆除； (2) 混凝土拌和、运输、浇筑； (3) 养护
040303021	混凝土搭板枕梁				
040303022	混凝土桥塔身	(1) 形状； (2) 混凝土强度等级			
040303023	混凝土连系梁				
040303024	混凝土其他构件	(1) 名称、部位； (2) 混凝土强度等级			
040303025	钢管拱混凝土	混凝土强度等级			混凝土拌和、运输、浇筑

注 台帽、台盖梁均应包括耳墙、背墙。

(2) 工程清单项目释义。

1) 混凝土垫层。混凝土垫层是钢筋混凝土基础、砌体基础等上部结构与地基土之间的过渡层，用素混凝土浇筑，作用是使其表面平整，便于上部结构向地基均匀传递荷载，也起到保护基础的作用，都是素混凝土的，无需加钢筋。如有钢筋则不能称其为垫层，应视为基础底板。

2) 混凝土基础。混凝土基础是指将荷载通过逐步扩大的基础直接传到土质较好的天然地基或经人工处理的地基上。其操作流程如下。

a. 将地基垫层上支模板，安装钢筋笼（如果没有垫层，则基础的厚度放宽30～40mm），浇灌混凝土，振捣密实。

b. 待基础养护至70%的强度后，即可回填土，压实基础两侧的坑洞。

3) 混凝土承台。混凝土承台是把群桩基础所有基桩桩顶连成一体并传递荷载的结构。它是群桩基础的一个重要组成部分，应有足够的强度和刚度。

4) 混凝土墩（台）帽。混凝土墩（台）帽通过支座承托上部结构的荷载传递给墩身，是桥墩顶端的传力部位。

5) 混凝土墩（台）身。混凝土墩（台）身是指位于桥梁两端并与路基相接，起承受上部结构重力和外来力的钢筋混凝土构筑物。墩身与台身都是桥梁结构的一部分。墩身是桥墩的主体，通常采用料石、块石或混凝土建造。台身由前墙和侧墙构成。

6) 混凝土支撑梁及横梁。混凝土支撑梁及横梁是指横跨在桥梁上部结构中的起承重作用的条形钢筋混凝土构筑物。支撑梁也称主梁，是指起支撑两桥墩相对位移的大梁。横梁起承担横梁（次梁）上部的荷载，一般是搁在支撑梁上，其相对于支撑梁来说，跨度要小得多，一般为320m。

7）混凝土墩（台）盖梁。墩盖梁放在墩身顶部，台盖梁放在桥台上。盖梁的外形一般为槽形或T形，其抗弯强度较大。墩盖梁中的盖梁常制作成槽形，通过吊装安放在墩台上，其抗弯和抗扭性能较好。

8）混凝土拱桥拱座、拱肋。

a. 拱桥是用拱圈或拱肋作为主要承重结构的桥梁。

b. 拱座是位于拱桥端跨末端的拱脚支撑结构物。拱座是指与拱肋相连部分，又称拱台。拱座由于受力较集中且外形不规则，通常采用混凝土及钢筋混凝土制作。

c. 拱肋由钢筋混凝土预制而成，是拱桥中的主要受力构件，也是拱桥墩的重要组成部分。拱肋混凝土强度等级比拱波和拱板稍高，采用无支架施工时，拱肋应保证纵横向足够的稳定。

9）混凝土拱上构件。混凝土拱上构件是指拱桥拱圈以上包括桥面的构造物，包括实腹式拱上构件和空腹式拱上构件。

10）混凝土箱梁。混凝土箱梁是指上部结构采用箱形截面梁构成的梁式桥。箱梁的抗扭刚度大，可以承受正弯矩，且易于布置钢筋，适用于大跨度预应力钢筋混凝土桥和弯桥。

11）混凝土连续板。混凝土连续板的厚度较一般民用建筑中的板要厚，当采用预应力施工方法时，板厚为80～500mm（包括大型空心板）。连续板的截面形状一般为矩形，在顺桥向为连续结构，即在墩顶处上部结构是连续的，根据板内有无孔洞，分为实体连续板和空心连续板。连续板一般也为钢筋混凝土结构，空心连续板也可做成预应力混凝土结构。连续板的跨径一般在16m以内。

12）混凝土板梁。混凝土板梁一般分为实心板梁和空心板梁。实心板梁由钢筋混凝土或预应力混凝土制成。

13）混凝土板拱。板拱采用现浇混凝土，把拱肋拱波结合成整体的结构物。目前常用的有波形或折线形拱板。

14）混凝土挡墙墙身、压顶。挡墙也就是俗称的护坡。传统的护坡主要有浆砌或干砌块石护坡、现浇混凝土护坡、预制混凝土块体护坡等。

15）混凝土楼梯。现浇钢筋混凝土楼梯是将楼梯段、平台和平台梁现场浇筑成一个整体，其整体性好、抗震性强。其按构造的不同又分为板式楼梯和梁式楼梯两种。

16）混凝土防撞护栏。通常安装于如物流通道两侧、生产设备周边、建筑墙角、门的两侧及货台边沿等。一般桥梁上的防撞护栏指建筑在人行道和车行道之间的护栏，当汽车撞向护栏时又自动回到车行道，以确保人行道上行人的安全。

17）桥面铺装，桥面铺装是指在主梁的翼缘板（即行车道板）上铺筑一层三角垫层的混凝土和沥青混凝土面层，以保护和防止主梁的行车道板不受车辆轮胎（或履带）的直接磨损和雨水的侵蚀，同时，还可使车辆轮重的集中荷载起到一定的分布作用。故三角垫层内一般要设置用直径ϕ6～8mm做成20cm×20cm的钢筋网。三角垫层是指为了迅速排除桥面雨水，在进行桥面铺装时根据不同类型桥面沿横桥设置的1.5%～3%的双向横坡。三角垫层一段采用不低于主梁混凝土强度等级的混凝土做成。

18）混凝土桥头搭板。桥头搭板是指一端搭在桥头或悬臂梁端，另一端部分长度置于引道路面底基层或垫层上的混凝土或钢筋混凝土板。

19）混凝土搭板枕梁。枕梁是属于桥梁的一部分，在桥头搭板远离桥台，靠路基一侧。

20）混凝土桥塔身。一般来说，同等跨度桥梁的桥塔，悬索桥的要比斜拉桥的简单一些。首先对于桥塔的高度（以桥面以上的桥塔高度为准）来说，悬索桥的桥塔高度大致为（1/9～1/11）L，而斜拉桥的桥塔高度大致为（1/5～1/4）L（L 为桥梁的主孔跨度）。因此，悬索桥的桥塔高度大致仅为斜拉桥的一半。其次是从塔架（桥塔在桥梁横向的布置形式）的形状来说，较简单的独柱式、双柱式、单层或多层门式构架，和较复杂的H形、A形、倒V形以及倒Y形等塔架；而悬索桥的桥塔，迄今为止，绝大部分为单层或多层门式构架。另有一部分在两根塔柱之间具有交叉的桁式斜杆，但这种形式仅限于钢桥塔。另外，从构造上来说，悬索桥的桥塔只需考虑在塔顶上布置主缆的鞍座，而斜拉桥的桥塔则必须考虑在塔柱上设有量多且细节复杂的斜拉索的锚固构造。

塔身修建到一定的高度后，应采取稳定措施或设置安全风缆。在修建塔身过程中，应密切注意天气变化，发生大风或者雷雨时，应停止安装作业。塔身横向挠曲的曲率半径 R 不小于 $20H$（H 指桥面算起的高度）。

21）混凝土连系梁。连系梁是联系结构构件之间的系梁，作用是增加结构的整体性。连系梁主要起连接单榀框架的作用，以增大建筑物的横向或纵向刚度；连系梁除承受自身重力荷载及上部的隔墙荷载作用外，不再承受其他荷载作用。连系梁是结构受力构件之间连接的一种形式，它一般不参与结构计算，往往是根据规定或经验设定的。

连续梁是具有3个或3个以上支座的梁，但连系梁不一定是3个或多个。宜在两桩桩基的承台短向设置连系梁，当短向的柱底剪力和弯矩较小时可不设连系梁；连系梁顶面宜与承台顶位于同一标高。连系梁宽度不宜小于200mm，其高度可取承台中心距的1/5～1/10。

22）混凝土其他构件。混凝土其他构件包括：侧石、地梁、端柱柱子等。侧石用混凝土预制块或料石做成。地梁是指连接两柱基之间的连系梁。端柱柱子的一端与其他构件连接，另一端悬空。

23）钢管拱混凝土。钢管混凝土拱桥属于钢-混凝土组合结构中的一种。钢管混凝土拱桥是将钢管内填充混凝土，由于钢管的径向约束而限制受压混凝土的膨胀，使混凝土处于三向受压状态，从而显著提高混凝土的抗压强度。同时，钢管兼有纵向主筋和横向套箍的作用，也可作为施工模板，方便混凝土浇筑。施工过程中，钢管可作为劲性承重骨架，其焊接工作简单，吊装重量轻，从而能简化施工工艺、缩短施工工期。

2. 预制混凝土构件工程量计算

预制混凝土是指在施工现场安装之前，按照采暖、卫生和通风空调工程施工图纸及土建工程有关尺寸，进行预先下料，加工成组合部件或在预制加工厂定购的各种构件。这种方法可以提高机械化程度，加快施工现场安装速度、缩短工期，但要求土建施工尺寸准确。

预制混凝土构件是指工厂或施工现场根据合同约定和设计要求，预期加工的各类构件。

（1）工程量计算规则。预制混凝土构件工程量清单项目设置、项目特征描述的内容、计量单位及工程量计算规则，应按表6.14的规定执行。

（2）工程量清单项目释义。

1）预制混凝土梁的形式有T形和I形等。T形梁和I形梁统称为肋形梁，是一种多梁式的主梁构件。

表 6.14　　预制混凝土构件

项目编码	项目名称	项目特征	计量单位	工程量计算规则	工作内容
040304001	预制混凝土梁	(1) 部位； (2) 图集、图纸名称； (3) 构件代号、名称； (4) 混凝土强度等级； (5) 砂浆强度等级	m^3	按设计图示尺寸以体积计算	(1) 模板制作、安装、拆除； (2) 混凝土拌和、运输、浇筑； (3) 养护； (4) 构件安装； (5) 接头灌缝； (6) 砂浆制作； (7) 运输
040304002	预制混凝土柱				
040304003	预制混凝土板				
040304004	预制混凝土挡土墙墙身	(1) 图集、图纸名称； (2) 构件代号、名称； (3) 结构形式； (4) 混凝土强度等级； (5) 泄水孔材料种类、规格； (6) 滤水层要求； (7) 砂浆强度等级			(1) 模板制作、安装、拆除； (2) 混凝土拌和、运输、浇筑； (3) 养护； (4) 构件安装； (5) 接头灌缝； (6) 泄水孔制作、安装； (7) 滤水层铺设； (8) 砂浆制作； (9) 运输
040304005	预制混凝土其他构件	(1) 部位； (2) 图集、图纸名称； (3) 构件代号、名称； (4) 混凝土强度等级； (5) 砂浆强度等级			(1) 模板制作、安装、拆除； (2) 混凝土拌和、运输、浇筑； (3) 养护； (4) 构件安装； (5) 接头灌缝； (6) 砂浆制作； (7) 运输

2）预制混凝土柱是连接基础与上部结构的中间部分，在框架结构及桥梁工程中是主要的承重构件。柱子包括承重型柱子和装饰型柱子。承重型柱子截面形式包括：圆形、方形、矩形等。

3）预制混凝土板可分为实心板和空心板。实心预制混凝土板一般都设计成等厚的矩形截面，采用 C20 混凝土制作。实心预制混凝土板的宽度一般为 1m，边板则视桥的宽度而定，板与板之间接缝（企口缝）用混凝土连接。空心板是将板的横截面中间部分挖成空洞，以达到减轻自重、节约材料的目的。装配式空心板的标准宽度一般为 1m，通常用钢筋混凝土和预应力混凝土做成。

4）预制混凝土挡土墙墙身，按作用不同，预制混凝土挡土墙可分为以下几项。

a. 路肩墙：护肩及改善综合坡度。

b. 路堤墙：收缩坡脚，防止边坡或基底（对于陡坡路堤）滑动，沿河路堤则可防水流冲刷等。

c. 路堑墙：减少开挖，降低边坡高度。

d. 山坡墙：支挡坡上覆盖层，可兼起拦石作用。

e. 隧道及明洞口挡墙：缩短隧道或明洞口长度。

f. 桥梁两端挡墙：护台及连接路堤，作为翼墙或桥台。

5）预制混凝土其他构件。预制混凝土其他构件包括：预制混凝土桁架拱构件、预制混凝土小型构件。

a. 桁架拱片是桁架桥的主要承重结构，当桥宽一定时，桁架拱片数量越多，其总用数量也越多，桁架拱片一般用整体的钢筋骨架。

b. 预制混凝土小型构件包括：桥涵缘（帽）石、浸水桥标志、栏杆柱及扶手等。

6.3.4 砌筑工程工程量计算

1. 垫层工程量计算

垫层在桥梁工程前期的作用是方便支模放线。垫层工程量清单项目设置、项目特征描述的内容、计量单位及工程量计算规则，应按表6.15的规定执行。

表6.15 垫 层

项目编码	项目名称	项目特征	计量单位	工程量计算规划	工作内容
040305001	垫层	（1）材料品种、规格； （2）厚度	m^3	按设计图示尺寸以体积计算	垫层铺筑

注 “垫层”指碎石、块石等非混凝土类垫层。

2. 块料砌筑工程量计算

干砌块料、浆砌块料和砖砌块体工程量清单项目设置、项目特征描述的内容、计算单位及工程量计算规则，应按表6.16的规定执行。

表6.16 干砌块料、浆砌块料和砖砌体

项目编码	项目名称	项目特征	计量单位	工程量计算规则	工作内容
040305002	干砌块料	（1）部位； （2）材料品种、规格； （3）泄水孔材料品种、规格； （4）滤水层要求	m^3	按设计图示尺寸以体积计算	（1）砖筑； （2）砌体勾缝； （3）砌体抹面； （4）泄水孔制作、安装； （5）滤层铺设； （6）沉降缝
04035003	浆砌块料	（1）部位； （2）材料品种、规格； （3）砂浆强度等级； （4）泄水孔材料品种、规格			
040305004	砖砌体				

注 干砌块料、浆砌块料和砖砌体应根据工程部位不同，分别设置清单编码。

3. 护坡工程量计算

护坡是指自河岸或路旁用石块、水泥等筑成的斜坡，其主要作用是用来防止河流和雨水的冲刷。

铺砌前，应由测量人员放出锥坡坡脚边线。按设计要求先铺砌护坡坡脚，然后根据坡长，坡度自下而上按设计尺寸分层铺砌。铺砌前应首先进行基底的检验及验收，符合质量要求后进行试砌，将片石在基面或按砌面上试砌。找出不平稳部位及其大小，再用手锤敲取尖凸部位。填槽塞缝用大小适宜的石块，以手锤填实缝隙，必须使砌石稳固，当下层砌完后，再砌上层。

护坡工程量清单项目设置、项目特征描述的内容、计量单位及工程量计算规则，应按表

6.17 的规定执行。

表 6.17　　护　坡

项目编码	项目名称	项目特征	计量单位	工程量计算规则	工作内容
040305005	护坡	（1）材料品种； （2）结构形式； （3）厚度； （4）砂浆强度等级	m^2	按设计图示尺寸以面积计算	（1）修整边坡； （2）砌筑； （3）砌体勾缝； （4）砌体抹面

6.3.5　立交箱涵工程工程量计算

立交箱涵指同一平面内相互交错的箱涵，或由几层相互叠交的箱涵构成，此种类型的箱涵比较复杂，施工比较困难。箱涵可分为单孔箱涵和多孔箱涵。

1. 透水管工程量计算

透水管是一种具有倒滤透（排）水作用的新型管材，它克服了其他排水管材的诸多弊病，因其产品独特的设计原理和构成材料的优良性能，它排、渗水效果强，利用“毛细”现象和“虹吸”原理，集吸水、透水、排水为一体，具有满足工程设计原理的耐压能力及透水性和反滤作用。

（1）工程量计算规则。透水管工程量清单项目设置、项目特征描述的内容、计量单位及工程量计算规则，应按表 6.18 的规定执行。

表 6.18　　透　水　管

项目编码	项目名称	项目特征	计量单位	工程量计算规则	工作内容
040306001	透水管	（1）材料品种、规格； （2）管道基础形式	m	按设计图示尺寸以长度计算	（1）基础铺设； （2）管道铺设、安装

（2）工程量清单项目释义。

1）透水管的特点如下。

a. 孔隙直径小，全方位透水，渗透性好。

b. 抗压耐拉强度高，使用寿命长。

c. 耐腐蚀和抗微生物侵蚀性好。

d. 整体连续性好，接头少，衔接方便。

e. 重量轻，施工方便。

f. 质地柔软，与土结合性好等优点。

2）透水管的构成分以下 3 部分。

a. 内衬钢线。采用高强度镍铬合金高碳钢线，经磷酸防锈处理后外覆 PVC 保护层，防酸碱腐蚀，独特的钢线螺旋补强体构造，确保管壁表面平整并承受相应的土体压力。

b. 过滤层。采用土工无纺布作为过滤层，确保有效过滤并防止沉积物进入管内。

c. 上下滤布。经纱采用高强力特多龙纱外覆 PVC（电阻加热法），纬纱采用特殊纤维形成足够的抗拉强度。

2. 箱涵滑板、底板、侧墙、顶板工程量计算

滑板是指滑升模板，即可上下滑动的模板。常用滑板结构包括铁轨滑板和混凝土地梁滑板。为了使混凝土与滑板面层有很好的脱模性，在滑板面层涂石蜡和垫层塑料薄膜。

箱涵底板制作时应在底板上设置胎模。胎模一定要平整；否则箱涵底部不光滑，受力也不均匀。

箱涵侧墙是指涵洞开挖后，在涵洞两侧砌筑的墙体用来防止两侧的土体坍塌。可以用砖砌侧墙，也可以用混凝土浇筑。

箱涵顶板是指箱涵的顶部，其厚度及其抗压强度要通过上部土压力的计算来确定。要在顶板上面抹一层防水砂浆及涂沥青防水层，从而防止上部地下水的渗透。

箱涵滑板、底板、侧墙和顶板工程量项目设置、项目特征描述的内容、计量单位及工程量计算规则，应按表 6.19 的规定执行。

表 6.19　　箱涵滑板、底板、侧墙和顶板

项目编码	项目名称	项目特征	计量单位	工程量计算规则	工作内容
040306002	滑板	(1) 混凝土强度等级； (2) 石蜡层要求； (3) 塑料薄膜品种、规格	m^3	按设计图示尺寸以体积计算	(1) 模板制作、安装、拆除； (2) 混凝土拌和、运输、浇筑； (3) 养护； (4) 涂石蜡层； (5) 铺塑料薄膜
040306003	箱涵底板	(1) 混凝土强度等级； (2) 混凝土抗渗要求； (3) 防水层工艺要求			(1) 模板制作、安装、拆除； (2) 混凝土拌和、运输、浇筑； (3) 养护； (4) 防水层铺涂
040306004	箱涵侧墙				(1) 模板制作、安装、拆除； (2) 混凝土拌和、运输、浇筑； (3) 养护； (4) 防水砂浆； (5) 防水层铺涂
040306005	箱涵顶板				

3. 箱涵顶进工程量计算

箱涵顶进是用高压油泵、千斤顶、顶铁或顶柱等设备工具将预制箱涵顶推到指定位置的过程。顶进设备包括液压系统及顶力传递部分，顶力传递设备应按传力要求进行结构设计，并应按最大顶力和顶程确定所需规格及数量。箱涵顶进方法有 5 种，分别为一次顶入法、分次顶进法、气垫法、顶拉法和中继间法。

箱涵顶进工程量清单项目设置、项目特征描述的内容、计量单位及工程量计算规则，应按表 6.20 的规定执行。

表 6.20　　箱 涵 顶 进

项目编码	项目名称	项目特征	计量单位	工程量计算规则	工作内容
040306006	箱涵顶进	(1) 断面； (2) 长度； (3) 弃土运距	kt·m	按设计图示尺寸以被顶箱涵的质量，乘以箱涵的位移距离分节累计计算	(1) 顶进设备安装、拆除； (2) 气垫安装、拆除； (3) 气垫使用； (4) 钢刃角制作、安装、拆除； (5) 挖土实顶； (6) 土方场内外运输； (7) 中继间安装、拆除

4. 箱涵接缝工程量计算

箱涵接缝处理是指为防止箱涵漏水，在箱涵的接缝处及顶部喷沥青油，涂抹石棉水泥、防水膏或铺装石棉木丝板。

箱涵接缝工程量清单项目设置、项目特征描述的内容、计量单位及工程量计算规则，应按表 6.21 的规定执行。

表 6.21　　箱　涵　接　缝

项目编码	项目名称	项目特征	计量单位	工程量计算规则	工作内容
040306007	箱涵接缝	(1) 材质； (2) 工艺要求	m	按设计图示以止水带长度计算	接缝

6.3.6 钢结构工程工程量计算

1. 钢构件工程量计算

钢结构是指用钢材建造的工程结构的统称。传统的钢结构采用热轧型钢和钢板，应用焊接或者拴接等方法，根据弹性理论设计而成。由于钢材具有强度高、比容重小、弹性模量大、塑性好及加工方便等优点，多以钢结构应用于大跨、高耸、承受动载或重载的工程结构上以及移动式和大直径、高压容器管道等特种构筑物。

(1) 工程量计算规则。钢构件工程量清单项目设置、项目描述的内容、计量单位及工程量计算规则，应按表 6.22 的规定执行。

表 6.22　　钢　构　件

项目编码	项目名称	项目特征	计量单位	工程量计算规则	工作内容
040307001	钢箱梁	(1) 材料、品种、规格； (2) 部位； (3) 探伤要求； (4) 防火要求； (5) 补刷油漆品种、色彩、工艺要求	t	按设计图示尺寸以质量计算。不扣除孔眼的质量，焊条、铆钉、螺栓等不另增加质量	(1) 拼装； (2) 安装； (3) 探伤； (4) 涂刷防火涂料； (5) 补刷油漆
040307002	钢板梁				
040307003	钢桁架				
040307004	钢拱				
040307005	劲性钢结构				
040307006	钢结构叠合梁				
040307007	其他钢构件				

(2) 工程量清单项目释义。

1) 钢箱梁。钢箱梁，又称钢板箱形梁，是大跨径桥梁常用的结构形式。一般用在跨度较大的桥梁上。外形像一个箱子，故称为钢箱梁。

在大跨度缆索支撑桥梁中，钢箱主梁的跨度达几百米乃至上千米，一般分为若干梁段制造和安装，其横截面具有宽幅和扁平的外形特点，高宽比达到 1∶10 左右。

钢箱梁一般由顶板、底板、腹板和横隔板、纵隔板及加劲肋等通过全焊接的方式连接而成。其中，顶板为由盖板和纵向加劲肋构成的正交异形桥面板。

较典型的钢箱梁各板的厚度可为：盖板厚度 14mm，纵向 U 形肋厚度 6mm，上口宽 320mm，下口宽 170mm，高 260mm，间距 620mm；底板厚 10mm，纵向 U 形加劲肋；斜腹板厚 14mm，中腹板厚 9mm；横隔板间距 4.0m，厚度 12mm；梁高 2～3.5m。

2) 钢板梁。钢板梁是指由钢板焊接、拴接或铆接，形成“工”字形的实腹式钢梁作为主要承重结构的桥梁。适用于中小跨径（铁路为40m，公路为50～80m）。

3）钢桁梁。钢桁梁的组成包括：桥面、桥面系、主桁架、连接系、制动撑架及支座，如图6.5所示。

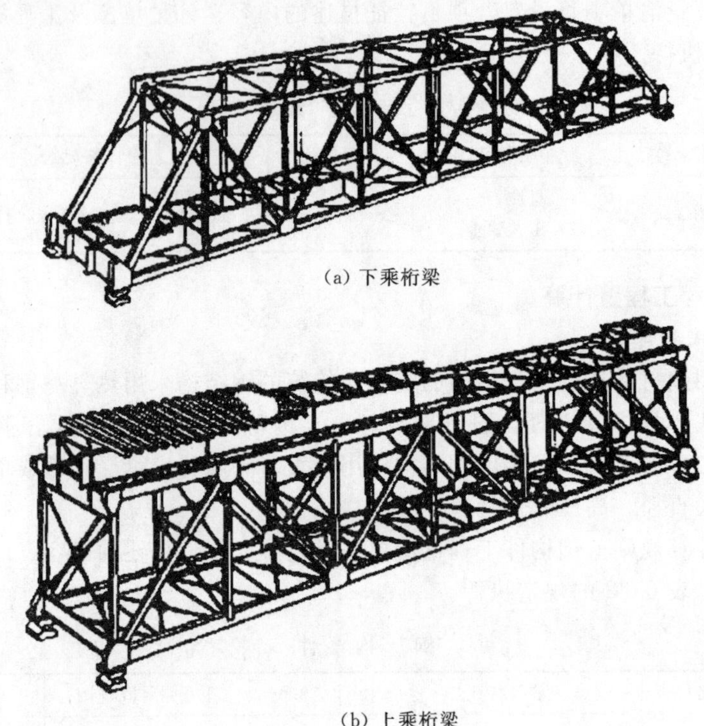

(a) 下乘桁梁

(b) 上乘桁梁

图6.5 钢桁架组成

4）钢拱。钢拱的加工在工地加工厂内利用胎架进行，焊制好的钢拱使用前在加工场内进行试拼，将整个隧道轮廓各节钢拱进行整体试拼，以检查连接部位是否吻合，加工误差符合规范要求的钢拱运到工地使用。

5）劲性钢结构。劲钢结构也就是适用型钢等，既能受压也能受拉的构件作为主体结构的钢结构。

6）钢结构叠合梁，框架梁的横截面一般为矩形或T形，当楼盖结构为预制板装配式楼盖时，为减少结构所占的高度，增加建筑净空，框架梁截面常为“十”字形或花篮形，在装配整体式框架结构中，常将预制梁做成T形截面，在预制板安装就位后，再现浇部分混凝土，即形成叠合梁。

2. 悬（斜拉）索工程量计算

斜拉桥，又称斜张桥，是将桥面用许多拉索直接拉在桥塔上的一种桥梁，是由承压的塔、受拉的索和承弯的梁体组合起来的一种结构体系。其可看作是拉索代替支墩的多跨弹性支承连系梁，其可使梁体内弯矩减小，降低建筑高度，减轻了结构重量，节省了材料。

斜拉桥由索塔、主梁、斜拉索组成。

悬索桥，悬索桥（吊桥）指的是以通过索塔悬挂并锚固于两岸（或桥两端）的缆索（或钢链）作为上部结构主要承重构件的桥梁。其缆索几何形状由力的平衡条件决定，一般接近

抛物线。从缆索垂下许多吊杆，把桥面吊住，在桥面和吊杆之间常设置加劲梁，同缆索形成组合体系，以减小活载所引起的挠度变形。

悬（斜拉）索工程量清单项目设置、项目特征描述的内容、计量单位及工程量计算规则，应按表6.23的规定执行。

表6.23　悬（斜拉）索

项目编码	项目名称	项目特征	计量单位	工程量计算规则	工作内容
040307008	悬（斜拉）索	（1）材料品种； （2）直径； （3）抗拉强度； （4）防护方式	t	按设计图示尺寸以质量计算	（1）拉索安装； （2）张拉、索力调整、锚固； （3）防护壳制作、安装

3. 钢拉杆工程量计算

钢拉杆是指由钢质杆体和连接件等组件组装的受拉构件。钢拉杆按杆体强度分为345、460、550、650等4种强度级别。钢拉杆杆体力学性能见表6.24。

表6.24　钢拉杆杆体力学性能

强度级别	杆体直径 d/mm	屈服强度 R_eH /(N/mm²)	抗拉强度 R_m /(N/mm²)	断后伸长率 A/%	断面收缩率 Z/%	冲击吸收功 A_{kv} 温度/℃	冲击吸收功 A_{kv} J
		不小于					
GLG345	20～210	345	470	21	—	0	34
						−20	
						−40	27
GLG460	20～180	460	610	19	50	0	34
						−20	
						−40	27
GLG550	20～150	550	750	17		0	34
						−20	
						−40	27
GLG650	20～120	650	850	15	45	0	34
						−20	
						−40	27

钢拉杆工程量清单项目设置、项目特征描述的内容、计量单位及工程量计算规则，应按表6.25的规定执行。

表6.25　钢　拉　杆

项目编码	项目名称	项目特征	计量单位	工程量计算规则	工作内容
040307009	钢拉杆	（1）材料品种、规格； （2）直径； （3）抗拉强度； （4）防护方式	t	按设计图示尺寸以质量计算	（1）连接、紧锁件安装； （2）钢拉杆安装； （3）钢拉杆防腐； （4）钢拉杆防护壳制作、安装

6.3.7 装饰与桥梁附属工程工程量计算

1. 装饰工程工程量计算

装饰设计是艺术创作，它要把艺术构思、艺术形象、形象美的韵律贯注到设计中去，给建筑以美的灵魂，从而满足建筑物的观赏功能，体现出建筑物的艺术价值、创造出优美的生活空间。建筑装饰材料从化学性质上可分为无机材料（如石材、陶瓷、玻璃、铝合金、不锈钢等）和有机材料（塑料、胶黏剂、有机高分子涂料等），还有些材料是合成材料和复合材料。

装饰工程工程量清单项目设置、项目特征描述的内容、计量单位及工程量计算规则，应按表 6.26 的规定执行。

表 6.26　　装　饰

项目编码	项目名称	项目特征	计量单位	工程量计算规则	工作内容
040308001	水泥砂浆抹面	(1) 砂浆配合比； (2) 部位； (3) 厚度	m^2	按设计图示尺寸以面积计算	(1) 基层清理； (2) 砂浆抹平
040308002	剁斧石饰面	(1) 材料； (2) 部位； (3) 形式； (4) 厚度			(1) 基层清理； (2) 饰面
040308003	镶贴面层	(1) 材料； (2) 规格； (3) 厚度； (4) 部位			(1) 基层清理； (2) 镶贴面层； (3) 勾缝
040308004	涂料	(1) 材料品种； (2) 部位			(1) 基层清理； (2) 涂料涂刷
040308005	油漆	(1) 材料品种； (2) 部位； (3) 工艺要求			(1) 除锈； (2) 刷油漆

注　如遇本项目清单缺项时，可按现行国家标准《房屋建筑与装饰工程工程量计算规范》(GB 50854—2013) 中相关项目编码列项。

2. 桥栏杆工程量计算

栏杆是桥梁上的安全设施。栏杆在使用中起分隔、导向的作用，使被分割区域边界明确清晰，设计好的栏杆很具有装饰意义。

桥栏杆工程量清单项目设置、项目特征描述的内容、计量单位及工程量计算规则，应按表 6.27 的规定执行。

表 6.27　　桥　栏　杆

项目编码	项目名称	项目特征	计量单位	工程量计算规则	工作内容
040309001	金属栏杆	(1) 栏杆材质、规格； (2) 油漆品种、工艺要求	(1) t； (2) m	(1) 按设计图示尺寸以质量计算； (2) 按设计图示尺寸以延长米计算	(1) 制作、运输、安装； (2) 除锈、刷油漆
040309002	石质栏杆	材料品种、规格	m	按设计图示尺寸以长度计算	制作、运输、安装
040309003	混凝土栏杆	(1) 混凝土强度等级； (2) 规格尺寸			

3. 桥梁支座工程量及计算

架设于墩台上，顶面支承桥梁上部结构的装置。其功能为将上部结构固定于墩台，承受作用在上部结构的各种力，并将它可靠地传给墩台；在荷载、温度、混凝土收缩和徐变作用下，支座能适应上部结构的转角和位移，使上部结构可自由变形而不产生额外的附加内力。

按支座变形可能性分为固定支座、单向活动支座、多向活动支座。

按支座所用材料分为钢支座（平板支座、弧形支座、摇轴支座、辊轴支座）、是否带滑动能力划分支座（滑动支座、固定支座）、橡胶支座（板式橡胶支座、盆式橡胶支座、铅芯橡胶支座、高阻尼隔震橡胶支座）。

按支座结构形式分为弧形支座、摇轴支座、辊轴支座、板式橡胶支座和四氟板式橡胶支座、盆式橡胶支座、球形钢支座、拉压支座等。

桥梁支座工程量清单项目设置、项目特征描述的内容、计量单位及工程量计算规则，应按表 6.28 的规定执行。

表 6.28　　桥　梁　支　座

项目编码	项目名称	项目特征	计量单位	工程量计算规则	工作内容
040309004	橡胶支座	（1）材质； （2）规格、型号； （3）形式	m	按设计图示以数量计算	支座安装
040309005	钢支座	（1）规格、型号； （2）形式			
040309006	盆式支座	（1）材质； （2）承载力			

4. 桥梁伸缩装置工程量计算

桥梁伸缩装置是指为满足桥面变形的要求，通常在两梁端之间、梁端与桥台之间或桥梁的铰接位置上设置的伸缩装置。要求伸缩装置在平行、垂直于桥梁轴线的两个方向，均能自由伸缩，牢固可靠，车辆行驶过时应平顺、无突跳与噪声；要能防止雨水和垃圾泥土渗入阻塞；安装、检查、养护、消除污物都要简易方便。在设置伸缩缝处，栏杆与桥面铺装都要断开。

桥梁伸缩装置的类型如下。

（1）镀锌薄钢板伸缩装置。在中小跨径的装配式简支梁上，当梁的变形量在 20～40mm 以内时常选用。

（2）钢伸缩装置。它的构造计较复杂，只有在温差较大的地区或跨径较大的桥梁上才采用。钢伸缩装置也适宜于在斜桥上使用。

（3）橡胶伸缩装置。它是以橡胶带作为跨缝材料。这种伸缩装置的构造简单，使用方便，效果好。在变形量较大的大跨度桥上，可以采用橡胶和钢板组合的伸缩装置。

桥梁伸缩装置工程量清单项目设置、项目特征描述的内容、计量单位及工程量计算规则，应按表 6.29 的规定执行。

5. 隔声屏障工程量计算

隔声屏障是一个隔声设施。它为了遮挡声源和接收者之间直达声，在声源和接收者之间插入一个设施，使声波传播有一个显著的附加衰减，从而减弱接收者所在的一定区域内的噪

表 6.29 桥梁伸缩装置

项目编码	项目名称	项目特征	计量单位	工程量计量规则	工作内容
040309007	桥梁伸缩装置	(1) 材料品种； (2) 规格、型号； (3) 混凝土种类； (4) 混凝土强度等级	m	以m为单位计算，按设计图示尺寸以延长米计算	(1) 制作、安装； (2) 混凝土拌和、运输、浇筑

声影响。隔声屏障主要用于室外。

隔声屏障的分类如下。

(1) 根据材质分，主要有全金属隔声屏障、全玻璃钢隔声屏障、耐力板（PC）全透明隔声屏障、高强水泥隔声屏障、水泥木屑隔声屏障等。

(2) 根据轮廓形式分，主要有直立隔声屏障、直立小弧隔声屏障、全封闭隔声屏障。

(3) 根据组合形式分，主要有全透明隔声屏障、全不透明隔声屏障、吸隔声板与透明材料组合型隔声屏障。

(4) 根据面板形式分，主要有波浪板、百叶板、平板穿孔型隔声屏障。

隔声屏障工程量清单项目设置、项目特征描述的内容、计量单位及工程量计算规则，应按表 6.30 的规定执行。

表 6.30 隔 声 屏 障

项目编码	项目名称	项目特征	计量单位	工程量计算规则	工作内容
040309008	隔声屏障	(1) 材料品种； (2) 结构形式； (3) 油漆品种、工艺要求	m^2	按设计图示尺寸以面积计算	(1) 制作、安装； (2) 除锈、刷油漆

6. 桥面排水与防水工程量计算

桥面排水与防水工程工程量清单项目设置、项目特征描述的内容、计量单位及工程量计算规则，应按表 6.31 的规定执行。

表 6.31 桥面排水与防水

项目编码	项目名称	项目特征	计量单位	工程量计算规则	工作内容
040309009	桥面排（泄）水管	(1) 材料品种； (2) 管径	m	按设计图示以长度计算	进水口、排（泄）水管制作、安装
040309010	防水层	(1) 部位； (2) 材料品种、规格； (3) 工艺要求	m^2	按设计图示尺寸以面积计算	防水层铺涂

6.4 桥涵工程计算实例

【例 6.1】 某工程挖孔灌注桩工程，如图 6.6 所示，$D=840$mm，1/4 砖护壁，C20 混凝土桩芯，桩深 27m，现场搅拌，求单桩工程量。

【解】 (1) 清单工程量。

桩芯：$l=27.00$m，护壁 $l=27.00$m。

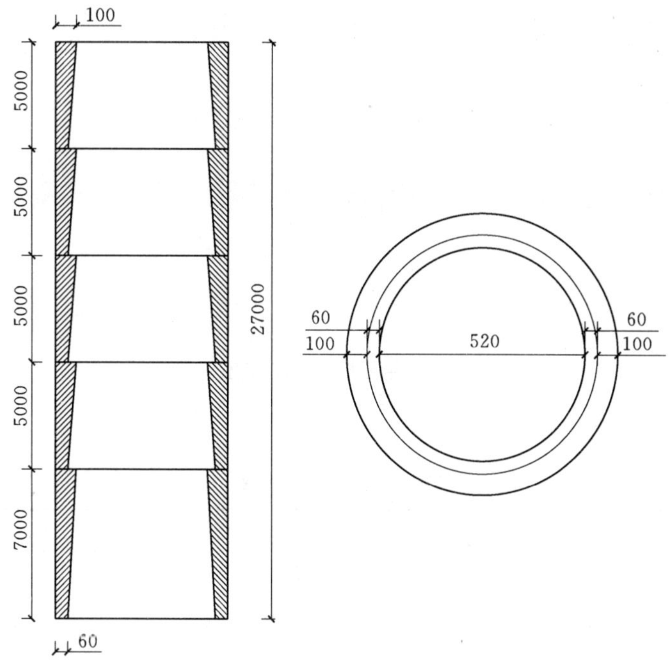

图 6.6 挖孔灌注桩

清单工程量计算见表 6.32。

表 6.32 **清单工程量计算表**

序号	项目编号	项目名称	项目特征描述	计量单位	工程量
1	040301006001	干作业成孔灌注桩	C20 混凝土桩芯，桩径 840mm，深度 27m	m	27.00

(2) 定额工程量。

挖孔灌注桩 C20 桩桩芯：

$$V_1 = \frac{1}{3}\pi(R^2 + r^2 + Rr)h$$

$$= \left[\frac{1}{3}\times 3.142\times 5(0.32^2 + 0.36^2 + 0.32\times 0.36)\times 4 + \frac{1}{3}\times 3.142\times 7\times(0.32^2 + 0.36^2 + 0.32\times 0.36)\right]$$

$$= 7.27 + 2.56$$

$$= 9.83(\text{m}^2)$$

红砖护壁：

$$V_2 = V - V_1 = \frac{1}{4}\times 3.142\times 0.84^2\times 27 - 9.83 = 5.13(\text{m}^2)$$

普通土
岩石
32000
1200
1500

图 6.7 某机械成孔灌注桩

【例 6.2】 某机械成孔灌注桩，桩高 $h=32$m，桩径设计为 1.5m，地质条件上部为普通土，下部要求入岩，如图 6.7 所示，试计算该孔的成孔工程量、灌注混凝土工程量、入岩增加量及泥浆运输工程量。

【解】 (1) 定额工程量。

1）机械成孔灌注桩成孔工程量： $V_1=32\times\left(\frac{1.5}{2}\right)^2\times\pi=56.52(m^3)$

2）灌注混凝土工程量： $V_2=32\times\left(\frac{1.5}{2}\right)^2\pi\times1.2=67.82(m^3)$

3）入岩增加量： $V_3=1.2\times\left(\frac{1.5}{2}\right)^2\pi=2.12(m^3)$

4）泥浆运输工程量： $V_4=32\times\left(\frac{1.5}{2}\right)^2\pi=56.52(m^3)$

（2）清单工程量。

$$V=32\times\left(\frac{1.5}{2}\right)^2\pi=56.52(m^3)$$

清单工程量计算见表6.33。

表6.33　　清单工程量计算表

项目编码	项目名称	项目特征描述	计量单位	工程量
040301007001	挖孔桩土（石）方	桩高 $h=30$m，桩径设计为1.5m，地质条件上都为普通土，下部要求入岩	m^3	56.52

【例6.3】 某桥梁采用埋置式桥台，其具体尺寸如图6.8所示，计算该桥台的工程量。

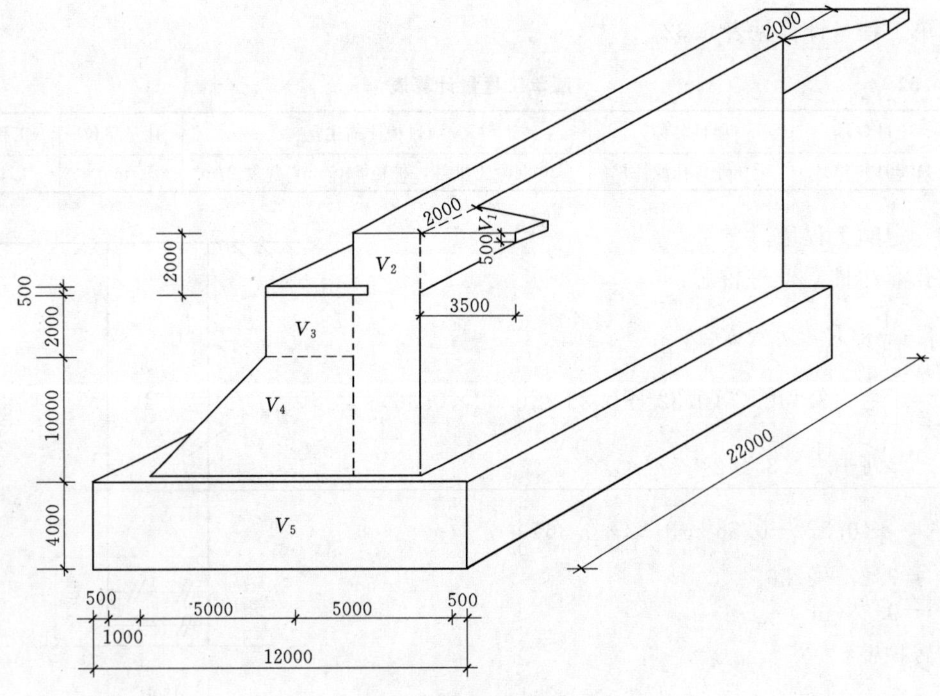

图6.8　埋置式桥台示意图

【解】（1）清单工程量。

$$V_1=\frac{1}{3}\times3.5\times(0.5^2+2^2+2\times0.50)\times2$$
$$=12.25(m^3)$$

$$V_2=5\times22\times(10+2+2)=1540.00(\text{m}^3)$$

$$V_3=5\times22\times(0.5+2)=275.00(\text{m}^3)$$

$$V_4=\frac{1}{2}\times(5+6)\times10\times22=1210.00(\text{m}^3)$$

$$V_5=12\times22\times4=1056(\text{m}^3)$$

$$\begin{aligned}V&=V_1+V_2+V_3+V_4+V_5\\&=12.25+1540+275+1210+1056\\&=4093.25(\text{m}^3)\end{aligned}$$

清单工程量计算见表 6.34。

表 6.34 清单工程量计算表

项目编码	项目名称	项目特征描述	计量单位	工程量
040303005001	混凝土墩（台）身	埋置式桥台	m^3	4093.25

（2）定额工程量计算同清单工程量。

【例 6.4】 某桥梁工程，纵向为 7 跨，其桥墩形式及细部尺寸如图 6.9 所示，采用 C20 混凝土浇筑，石子最大粒径 20mm，计算该桥桥墩工程量。

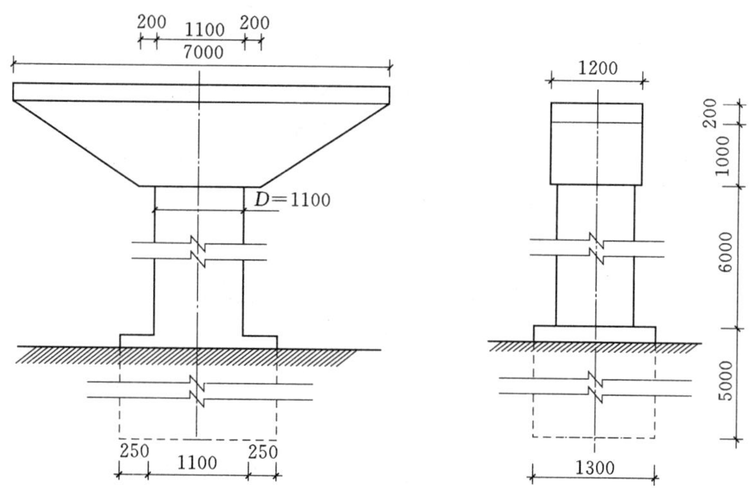

图 6.9 某桥墩拱结构及细部尺寸

【解】（1）清单工程量。

$$\begin{aligned}\text{墩帽工程量}&=\left(1.2\times7.0\times0.2+2\times\frac{1}{2}\times1.0\times2.8\times1.2+1.0\times1.2\times1.4\right)\times6\\&=(1.68+3.36+1.68)\times6\\&=40.32(\text{m}^3)\end{aligned}$$

$$\text{墩身工程量}=\frac{1}{4}\times3.142\times1.1^2\times6.0\times6=34.22(\text{m}^3)$$

$$\text{基础工程量}=1.5\times1.3\times5.0\times6=58.50(\text{m}^3)$$

$$\text{桥墩工程量}=40.32+34.22+58.5=133.04(\text{m}^3)$$

清单工程量计算见表 6.35。

表 6.35　　　**清单工程量计算表**

序号	项目编码	项目名称	项目特征描述	计量单位	工程量
1	040303004001	混凝土墩（台）帽	墩帽，C20 混凝土，石子最大粒径 20mm	m^3	40.32
2	040303005001	混凝土墩（台）身	墩身，C20 混凝土，石子最大粒径 30mm	m^3	34.22
3	040303002001	混凝土基础	C20 混凝土，石子最大粒径 20mm	m^3	58.50

（2）定额工程量计算同清单工程量。

【例 6.5】 为了增加桥梁的美观，某斜拉桥的索塔截面设计如图 6.10 所示，其采用现浇混凝土制作，塔厚 2m，计算该索塔的工程量。

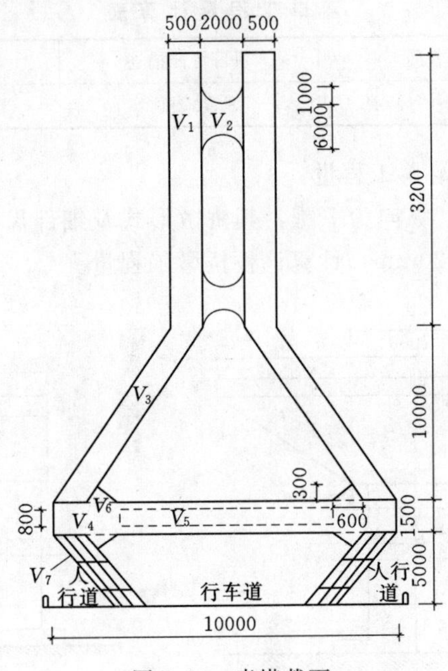

图 6.10　索塔截面

【解】 清单工程量。

$$V_1=0.5\times32\times2=32.00(m^3)$$

$$V_2=[2.0\times(6+1)-\pi\times1^2]\times2=21.72(m^3)$$

$$V_3=0.5\times10\times2=10.00(m^3)$$

$$V_4=10\times1.5\times2=30.00(m^3)$$

$$V_5=[10-(0.5+0.6)\times2]\times0.8\times2=12.48(m^3)$$

第 5 部分横向离第 6 部分的距离为

$$V_6=0.6\times0.3\times\frac{1}{2}\times2=0.18(m^3)$$

$$V_7=0.5\times5\times2=5(m^3)$$

$$\begin{aligned}V&=2(V_1+V_2+V_3)+V_4-V_5+4V_6+2V_7\\&=2\times(32+21.72+10)+30-12.48+4\times0.18+2\times5\\&=155.68(m^3)\end{aligned}$$

清单工程量计算见表 6.36。

表 6.36　　清单工程量计算表

项目编号	项目名称	项目特征描述	计量单位	工程量
040303022001	混凝土桥塔身	现浇混凝土索塔	m^3	155.68

【例 6.6】 图 6.11 所示为某桥面的铺装构造，计算其分层工程量。

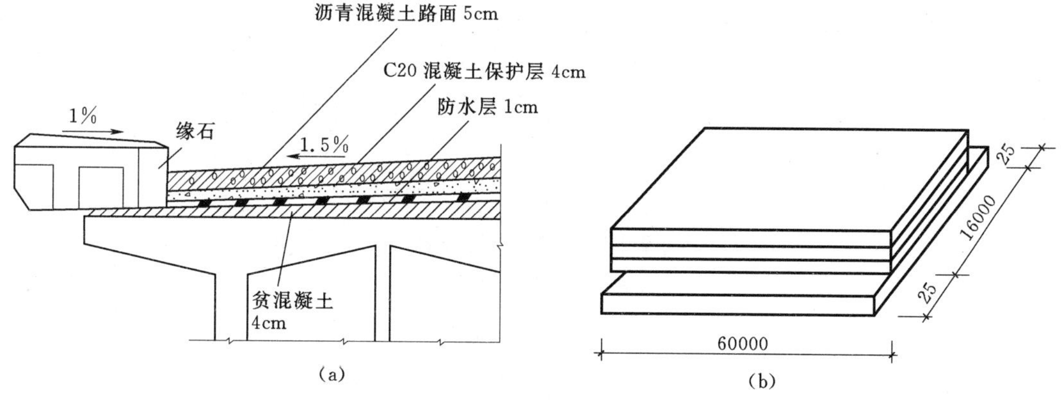

图 6.11　桥面铺装构造

【解】 (1) 计算其工程量。

沥青混凝土路面面积：　$S_1=60\times16=960.00(m^2)$

C20 混凝土保护层：　$S_2=60\times16=960.00(m^2)$

防水层：　$S_3=60\times16=960.00(m^2)$

贫混凝土层：　$S_4=60\times(16+0.025\times2)=963.00(m^2)$

清单工程量计算见表 6.37。

表 6.37　　清单工程量计算表

序号	项目编号	项目名称	项目特征描述	计量单位	工程量
1	040303019001	桥面铺装	5cm 厚沥青混凝土路面	m^2	960.00
2	040303019002	桥面铺装	4cm 厚 C20 混凝土保护层	m^2	960.00
3	040303019003	桥面铺装	1cm 厚防水层	m^2	960.00
4	040303019004	桥面铺装	4cm 厚贫混凝土	m^2	963.00

(2) 定额工程量。

沥青混凝土路面体积：　$V_1=60\times16\times0.05=48.00(m^3)$

C20 混凝土保护层：　$V_2=60\times16\times0.04=38.40(m^3)$

防水层：　$V_3=60\times16\times0.01=9.60(m^3)$

贫混凝土层：　$V_4=60\times(16+0.025\times2)\times0.04=38.52(m^3)$

【例 6.7】 某桥梁工程在修筑过程中，桥面一些小型构件，如人行道板、栏杆侧原石等均采用现场预制安装，桥梁横截面图、路缘石横断面图、人行道板横断面图、栏杆立面图、栏杆平面图分别如图 6.12～图 6.16 所示。试计算各小型构件的混凝土及模板工程量（已知桥梁总长 35m，栏杆每 5m 一根）。

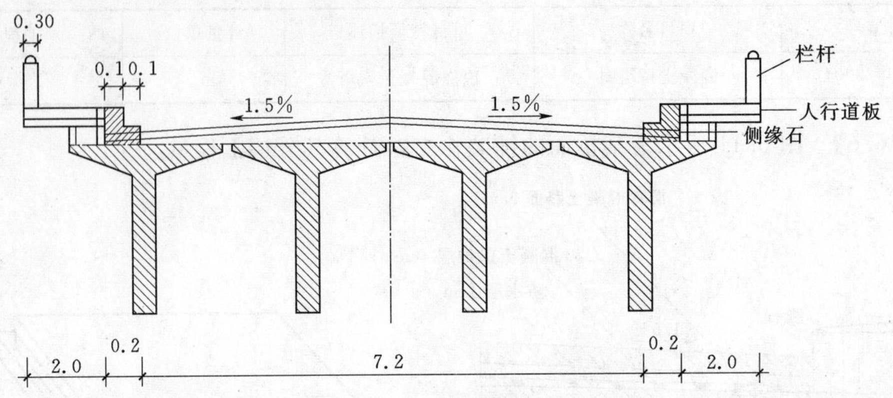

图 6.12　桥梁横截面图

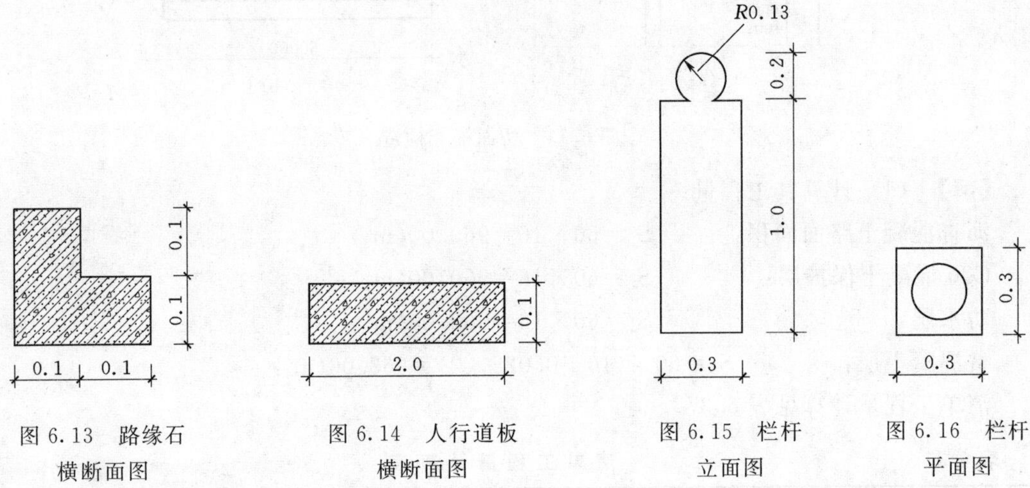

图 6.13　路缘石横断面图　　图 6.14　人行道板横断面图　　图 6.15　栏杆立面图　　图 6.16　栏杆平面图

【解】（1）清单工程量。

1）人行道板预制混凝土工程量：

$$V_1=2.0\times0.1\times35\times2=14.00(\text{m}^3)$$

人行道板模板工程量：$S_1=0.1\times2.0\times35\times2=14.00(\text{m}^2)$

路缘石预制混凝土工程量：

$$V_2=(0.2\times0.2-0.1\times0.1)\times35\times2=21.00(\text{m}^3)$$

路缘石模板工程量：　　$S_2=0.2\times35\times2\times2=28.00(\text{m}^2)$

栏杆预制混凝土工程量：

$$r=\sqrt{0.13^2-0.07^2}=0.11(\text{m})$$

$$h=0.26-0.2=0.06(\text{m})$$

$$V_1=2.0\times0.1\times35\times2=14.00(\text{m}^3)$$

人行道板模板工程量：$S_1=0.1\times2.0\times35\times2=14.00(\text{m}^2)$

2）路缘石预制混凝土工程量：

$$V_2=(0.2\times0.2-0.1\times0.1)\times35\times2=21.00(\mathrm{m}^3)$$

路缘石模板工程量：　$S_2=0.2\times35\times2\times2=28.00(\mathrm{m}^2)$

3）栏杆预制混凝土工程量：

$$r=\sqrt{0.13^2-0.07^2}=0.11(\mathrm{m})$$

$$h=0.26-0.2=0.06(\mathrm{m})$$

球缺的体积公式为（图 6.17）

$$V=\frac{1}{6}\pi h\times(3r^2+h^2)$$

$$\begin{aligned}V_3&=\left[0.3\times0.3\times1.0+\frac{4}{3}\pi\times0.13^3-\frac{\pi}{6}\times0.06\times(3\times0.11^2+0.06^2)\right]\times\left(\frac{35}{5}+1\right)\\&=8\times(0.09+0.008)\\&=0.78(\mathrm{m}^3)\end{aligned}$$

栏杆模板工程量：

$$S_3=\left(\frac{35}{3}+1\right)\times(0.3\times1\times4)=9.60(\mathrm{m}^2)\text{（4 个侧面）}$$

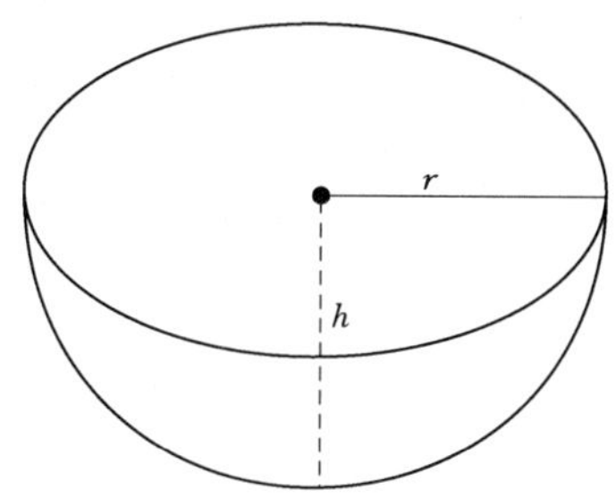

图 6.17　球缺体积计算示意图

清单工程量计算见表 6.38。

表 6.38　　**清单工程量计算表**

序号	项目编号	项目名称	项目特征描述	计量单位	工程量
1	040304005001	预制混凝土构件	人行道板	m^3	14.00
2	040304005002	预制混凝土构件	路缘石	m^3	21.00
3	040304005003	预制混凝土构件	栏杆	m^3	0.78

（2）定额工程量计算同清单工程量。

【例 6.8】 某桥梁一面的台身与台基础的砌筑材料和截面尺寸如图 6.18 所示，计算该桥的台身与台基础各砌筑材料的工程量。

【解】 清单工程量。

镶面石：　$V=0.15\times4.2\times9.2=5.80(\mathrm{m}^3)$

浆砌块石：$V=\frac{1}{2}[0.4+(0.55+0.4)]\times4.2\times9.2+(0.05+0.15+0.4+0.55+1.2)\times0.5\times10$

$=37.83(\mathrm{m}^3)$

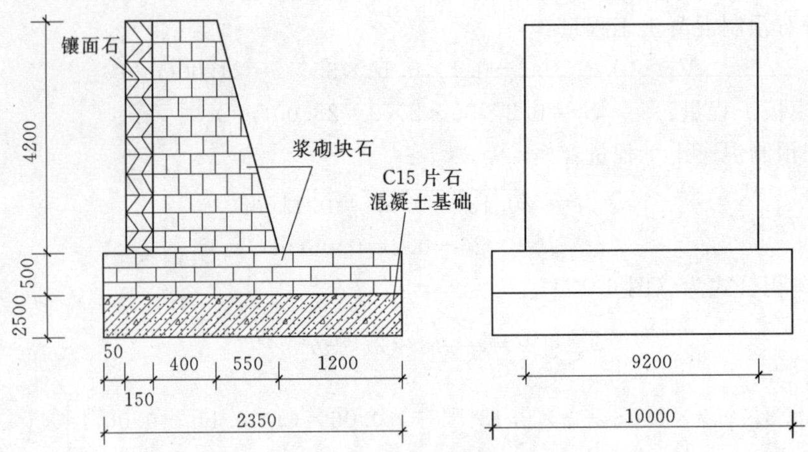

图 6.18 台身与台基础的砌筑材料和截面尺寸

C15 片石混凝土：　　　　$V=2.35\times2.5\times10=58.75(m^3)$

清单工程量计算见表 6.39。

表 6.39　　　　清单工程量计算表

序号	项目编码	项目特征计算	计量单位	工程量
1	040503003001	桥墩，镶面石	m^3	5.52
2	040503003002	桥墩，浆砌块石	m^3	37.83
3	040503003003	C15 片石混凝土基础	m^3	58.75

【例 6.9】 某涵洞为箱涵形式，如图 6.19 所示，其箱涵底板表面为水泥混凝土板，厚度为 20cm，C20 混凝土箱涵侧墙厚 50cm，C20 混凝土顶板厚 30cm，涵洞长为 15cm，计算各部分工程量。

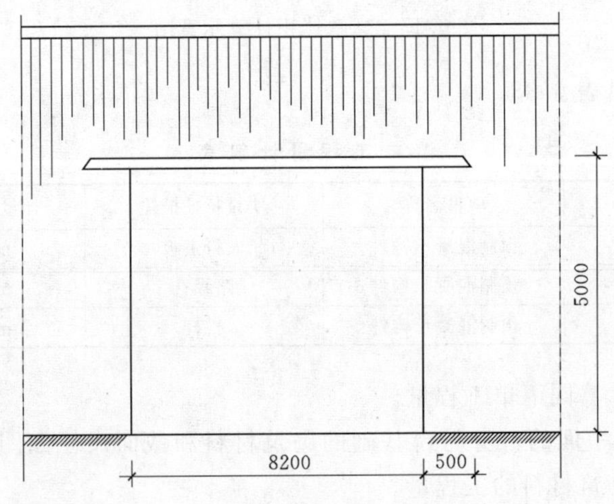

图 6.19 箱涵洞

【解】 清单工程量。

(1) 箱涵底板：　　　　$V_1=8.2\times15\times0.2=24.60(m^3)$

(2) 箱涵侧墙：　　　　$V_2=15\times5\times0.5=37.50(m^3)$

$$V=2V_2=2\times37.5=75.00(m^3)$$

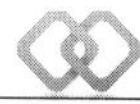

(3) 箱涵顶板： $V=(8.2+0.5\times2)\times0.3\times15=41.40(m^3)$

清单工程量计算见表 6.40。

表 6.40　　清单工程量计算表

序号	项目编码	项目名称	计量单位	工程量
1	040306003001	箱涵底板表面为水泥混凝土土板，厚度为 20cm	m^3	24.60
2	040306004001	侧墙厚 50cm，C20 混凝土	m^3	75.00
3	040306005001	底板厚 30cm，C20 混凝土	m^3	41.40

【例 6.10】 某钢桁架梁跨，其中前表面有 6 根斜杆、5 根直杆，上表面有 8 根斜杆、5 根直杆，该桥共两跨。当跨度增大时，梁的跨度也要增大，如仍用板梁，则腹板、盖板、加劲角钢及接头等就显得尺寸巨大而笨重；若采用腹杆代替腹板组成桁梁，则重量大为减轻，故在某跨度为 48m 的桥梁中采用这种结构形式，计算钢桁梁的工程量（图 6.20 中采用宽 300mm，厚 150mm 的钢板）。

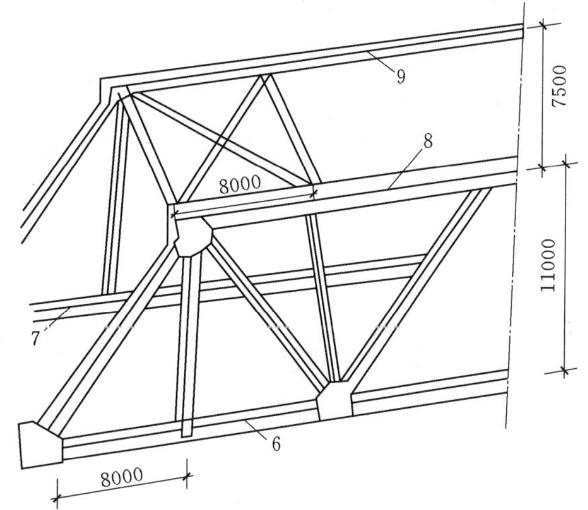

图 6.20　钢桁架

【解】 清单工程量：如图 6.20 所示，其前面的斜杆：

$$L_{斜杆1}=\sqrt{8^2+11^2}=13.6(m)$$

$$V_{斜杆1}=13.6\times0.3\times0.15=0.612(m^3)$$

$$V_{直杆1}=11\times0.3\times0.15=0.495(m^3)$$

上表面的斜杆：

$$L_{斜杆}=\sqrt{7.5^2+8^2}=10.97(m)$$

$$V_{斜杆}=10.97\times0.3\times0.15=0.494(m^3)$$

$$V_{直杆}=7.5\times0.3\times0.15=0.338(m^3)$$

图 6.20 所示为某钢桁梁的一跨。其中前表面有 6 根斜杆、5 根直杆，上表面有 8 根斜杆、5 根直杆，可推知下表面有 12 根斜杆、7 根直杆，全桥共有 2 跨。

前后表面斜杆： $V_{斜杆3}=0.612\times6\times2\times2=14.688(m^3)$

前后表面直杆： $V_{直杆3}=0.495\times5\times2\times2=9.9(m^3)$

上表面斜杆： $V_{斜杆4}=0.494\times8\times2=7.904(m^3)$

上表面直杆： $V_{直杆4}=0.338\times5\times2=3.38(m^3)$

下表面斜杆： $V_{斜杆5}=0.494\times12\times2=11.856(m^3)$

下表面直杆： $V_{直杆5}=0.338\times7\times2=4.732(m^3)$

图 6.20 所示的 6、7、8、9 杆的体积为

$$V_6=V_7=48\times0.3\times0.15=2.16(m^3)$$

$$V_8=V_9=(48-2\times8)\times0.3\times0.15=1.44(m^3)$$

$$V=V_{斜3}+V_{直3}+V_{斜4}+V_{直4}+V_{斜5}+V_{直5}+2V_6+2V_7+2V_8+2V_9$$
$$=14.688+9.9+7.904+3.38+11.856+4.732+2\times2.16+2\times2.16+2\times1.44+2\times1.44$$
$$=66.86(\mathrm{m}^3)$$

钢的密度为 $7.85\times10^3\mathrm{kg/m}^3$，故钢桁梁的工程量为

$$m=7.85\times10^3\times66.86=524.85\times10^3=524.851(\mathrm{t})$$

清单工程量计算见表 6.41。

表 6.41　　清单工程量计算表

项目编号	项目名称	项目特征描述	计量单位	工程量
040307003001	钢桁梁	钢桁梁跨，前表面 6 根细杆、5 根直杆，上表面 8 根斜杆、5 根直杆，共两跨	t	524.851

【例 6.11】 如图 6.21 所示，计算 8 根现浇 C20 钢筋混凝土矩形梁的钢筋工程量，混凝土保护层厚 25mm。

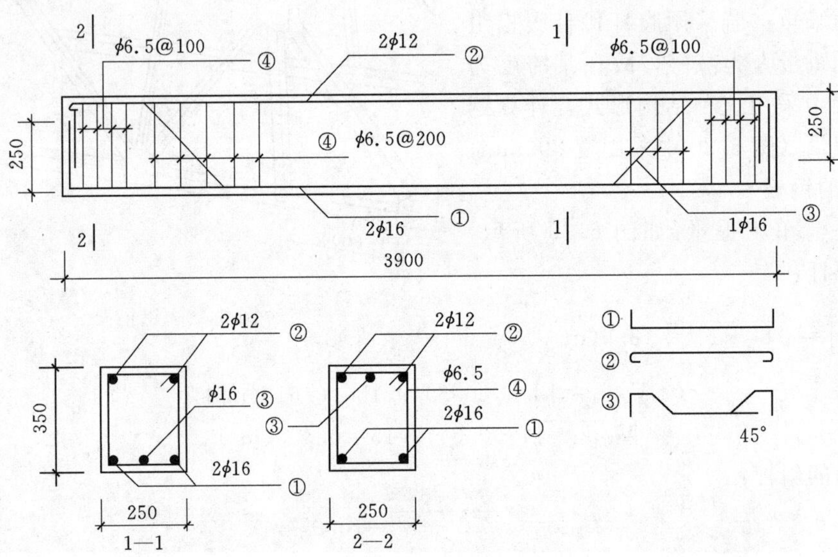

图 6.21　现浇 C20 钢筋混凝土矩形梁

【解】 (1) 清单工程量。

1) 号筋 (ϕ16，2 根)。

$$L_1=(3.90-0.025\times2+0.25\times2)\times2=8.70(\mathrm{m})$$

2) 号筋 (ϕ12，2 根)。

$$L_2=(3.90-0.025\times2+0.012\times6.25\times2)\times2=8.0(\mathrm{m})$$

3) 号筋 (ϕ16，1 根)。

$$L_3=3.90-0.025\times2+0.25\times2+(0.35-0.025\times2)\times0.414\times2-(0.35-0.025\times2)\times2$$
$$=4.35+0.25-0.6$$
$$=4(\mathrm{m})$$

4) 号筋 (ϕ6.5)。

$$箍筋根数=\frac{3.90-0.025\times2-0.10\times3\times2端-0.20\times2端}{0.20+1根+(4根\times2端)}$$

$$=14.25+1+8=24(根)$$

每个箍筋长=[(0.35−0.025×2+0.0065)+(0.25−0.025×2+0.0065)]×2+11.9×0.0025×2
=1.09(m)

调整后，每个箍筋长=(0.35+0.25)×2−0.02=1.18(m)。

箍筋总长：l_4=1.18×24=28.32(m)。

计算8根矩形梁的钢筋重：

ϕ16：(8.70+4)×8×0.006165×16×16=160.35(kg)=0.160(t)

ϕ12：8.0×8×0.888=56.83(kg)=0.057(t)

ϕ6.5：28.32×8×0.26=58.91(kg)=0.059(t)

钢筋总质量：0.160+0.057+0.059=0.276(t)

清单工程量见表6.42。

表6.42　清单工程量计算表

项目编号	项目名称	项目特征描述	计算单位	工程量
0400901001001	现浇构件钢筋	现浇C20钢筋混凝土矩形梁	t	0.276

(2) 定额工程量同清单工程量。

复习思考题与习题

1. 打桩工程的分类是什么？

2. 桥涵工程进行分部分项工程量清单编制时，清单项目特征、工程内容的规定对项目编码、项目名称有何影响？

3. 常见的桥涵工程清单项目有哪些？

4. “钻孔灌注桩”清单项目一般有哪些可组合的工作内容？

5. 打圆木桩，桩长500mm，桩尖50mm，外径180mm，求打桩工程量。

6. 某桥梁基础为矩形两层台阶形式，C20混凝土，石子最大粒径为20mm，如图6.22所示，计算该基础的工程量。

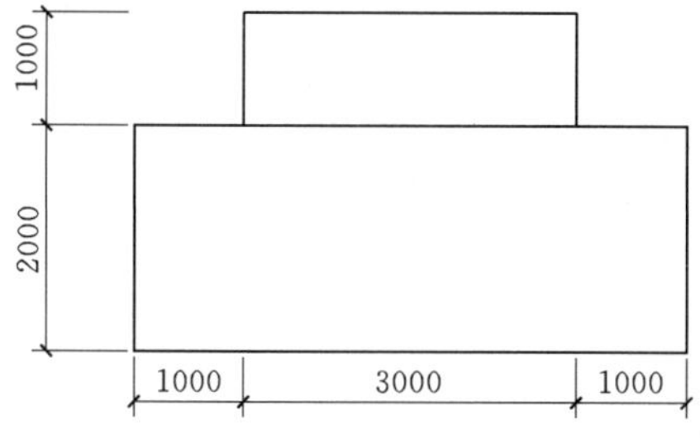

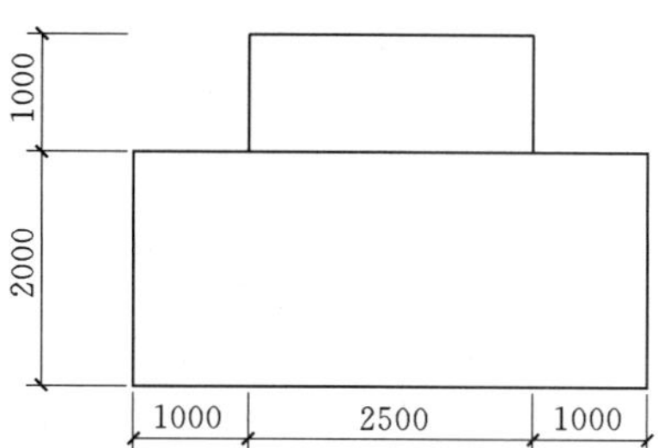

图6.22　某桥梁基础

第7章　隧　道　工　程

7.1　隧道工程简介

7.1.1　概述

隧道是修建在岩石或土体内，供交通、水利、军事等使用的地下建筑物。隧道工程具有克服高程障碍、缩短线路长度、改善线路条件（平面、纵断面）、提高运输效率、保证行车安全、避开特殊地质和地面建筑物等方面的作用。

隧道一般可分为两大类：一类是修建在岩层中的，称为岩石隧道；另一类是修建在土层中的，称为软土隧道。岩石隧道修建在山体中的较多，故又称为山岭隧道；软土隧道通常修建在水底或修建在城市立交时采用，故又称为水底隧道和城市道路隧道。

隧道工程根据施工方法和埋藏条件不同，分为隧道和明洞。此外，隧道习惯上又按长度进行分类，可分为特长隧道（$L>3000$m）、长隧道（$1000\text{m}\leqslant L\leqslant 3000$m）、中隧道（$250\text{m}<L<1000$m）、短隧道（$L\leqslant 250$m）。

道路隧道结构，主要由主体构筑物和附属构筑物两大类组成。其中，主体构筑物是为了保持岩体的稳定和行车安全而修建的人工永久建筑物，通常指洞身补砌和洞门构筑物。其结构见图7.1。

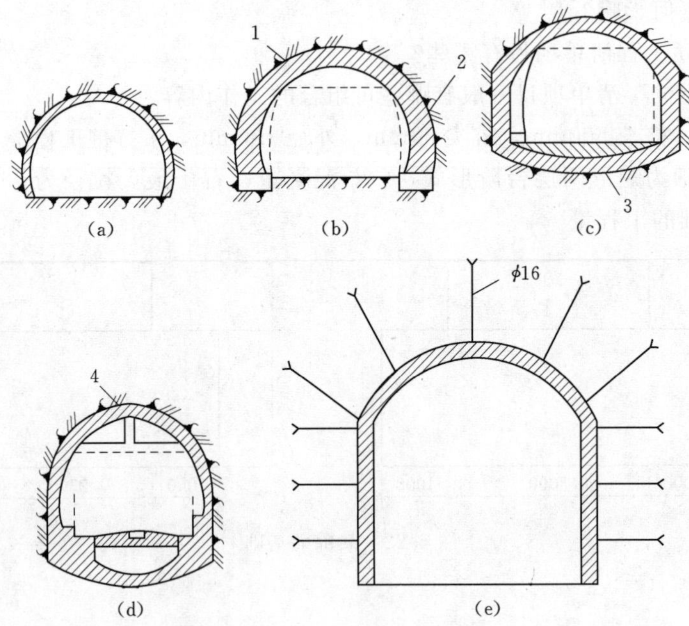

图7.1　山岭隧道衬砌示意图

1—拱圈；2—侧墙；3—仰拱；4—通风道

7.1.2　隧道工程施工

隧道施工就是要挖除坑道范围内的岩体，并尽量保持坑道围岩的稳定。显然，开挖是隧道施工的第一道工序，也是关键工序。在坑道的开挖过程中，围岩稳定与否，虽然主要取决于围岩本身的工程地质条件，但无疑开挖对围岩的稳定状态有着直接而重要的影响。

根据不同的地质条件，隧道的开挖方法可归纳为图 7.2 所示的几种类型。

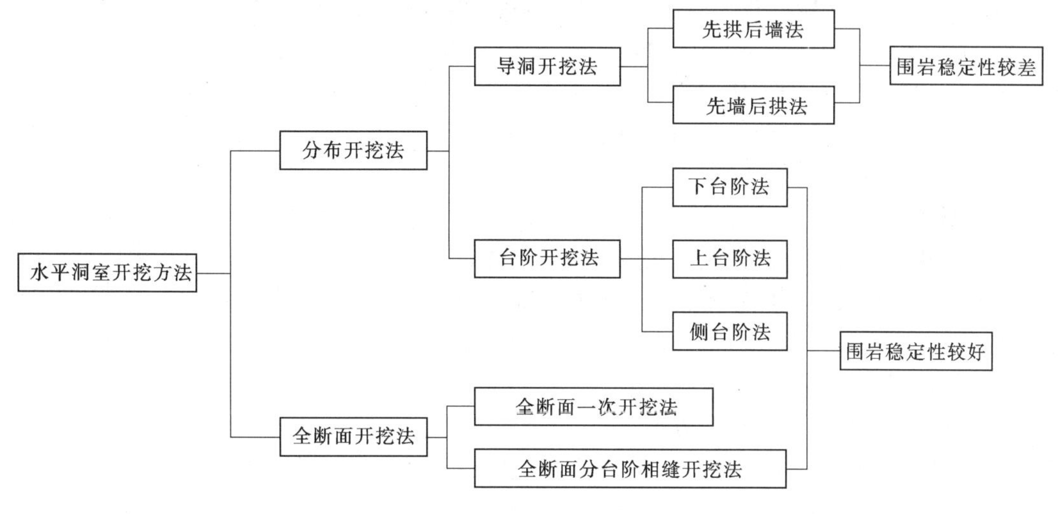

图 7.2　洞室开挖方法

7.2　隧道工程定额工程量计算规则

7.2.1　市政定额隧道工程划分

全统市政定额桥涵护岸工程分为隧道开挖及出渣，隧道内衬，隧道沉井，临时工程，垂直顶升，盾构法掘进，地下连续墙，地下混凝土结构，地基加固、监测，金属构件制作。

1. 隧道开挖及出渣

隧道开挖及出渣工程包括：平硐、斜井、竖井全断面开挖，隧道内地沟开挖，隧道平硐出渣，隧道斜井、竖井出渣。

（1）平硐，斜井，竖井全断面开挖，隧道内地地沟开挖的工作内容包括：选孔位、钻孔、装药、放炮、安全处理、爆破材料的领退。

（2）隧道平硐出渣的工作内容包括：装（人装含 5m 以内；机装含边角扒渣）、运、卸（含扒平），汽车运，清理道路。

（3）隧道斜井、竖井出渣的工作内容包括：装、卷扬机提升、卸（含扒平）及人工推运（距井口 50m 内）。

2. 隧道内衬

隧道内衬工程包括：混凝土及钢筋混凝土衬砌，石料衬砌，喷射混凝土支护、砂浆锚杆、喷射平台，硐内材料运输，钢筋制作、安装。

（1）混凝土及钢筋混凝土衬砌的工作内容包括：钢拱架、钢模板安装、拆除、清理，砂石清洗、配料、混凝土搅拌、硐外运输、二次搅拌、浇捣养护；操作平台制作、安装、拆除等。

(2) 石料衬砌的工作内容包括：运料、拌浆、表面修凿、搭拆简易脚手架、养护等。

(3) 喷射混凝土支护、砂浆锚杆、喷射平台的工作包括以下内容。

1) 喷射混凝土支护：配料、投料、搅拌、混合料200m内运输、喷射机操作、喷射混凝土、清洗岩面。

2) 砂浆锚杆：选眼孔位、打眼、洗眼、调制砂浆、灌浆、顶装锚杆。

3) 喷射平台：场内架料搬运、搭拆平台、材料清理、回库堆放。

(4) 硐内材料运输的工作内容包括：人工装卸车、运走、堆放、空回。

(5) 钢筋制作、安装的工作内容包括：钢筋解捆、除锈、调直、制作、运输、绑扎或焊接成形等。

3. 隧道沉井

隧道沉井工程包括：沉井基坑垫层；沉井制作；金属脚手架、砖封预留孔洞；吊车挖土下沉；水力机械冲吸泥下沉；不排水潜水员吸泥下沉；钻吸法出土下沉；触变泥浆制作和输送、环氧沥青防水层；砂石料填心（排水下沉）；砂石料填心（不排水下沉）；混凝土封底；钢封门安装；钢封门拆除。

(1) 沉井基坑垫层的工作内容如下。

1) 砂垫层：平整基坑、运砂、分层铺平、浇水振实、抽水。

2) 刃脚基础垫层：配模、立模、拆模；混凝土吊运、浇捣、养护。

(2) 沉井制作的工作内容如下。

1) 配模、立模、拆模。

2) 钢筋制作、绑扎。

3) 商品混凝土泵送、浇捣、养护。

4) 施工缝处理、凿毛。

(3) 金属脚手架、砖封预留孔洞的工作内容如下。

1) 金属脚手架：材料搬运、搭拆脚手架、拆除材料分类堆放。

2) 砖封预留孔洞：调制砂浆、砌筑、水泥砂浆抹面、沉井后拆除清理。

(4) 吊车挖土下沉的工作内容包括：吊车挖土、装车、卸土；人工挖刃脚及地梁下土体；纠偏控制沉井标高；清底修平、排水。

(5) 水力机械冲吸泥下沉的工作内容包括：安装、拆除水力机械和管路；搭拆施工钢平台；水枪压力控制；水力机械冲吸泥下沉、纠偏等。

(6) 不排水潜水员吸泥下沉的工作内容如下。

1) 安装、拆除吸泥起重设备。

2) 升降移动吸泥管。

3) 吸泥下沉纠偏。

4) 控制标高。

5) 排泥管、进水管装拆。

(7) 钻吸法出土下沉的工作内容如下。

1) 管路敷设、取水、机械移位。

2) 破碎土体、冲吸泥浆、排泥。

3）测量检查。

4）下沉纠偏。

5）纠偏控制标高。

6）管路及泵维修。

7）清泥平整等。

（8）触变泥浆制作和输送、环氧沥青防水层的工作内容如下。

1）触变泥浆制作和输送：沉井泥浆管路预埋、泥浆池至井壁管路敷设、触变泥浆制作、输送、泥浆性能指标测试。

2）清洗混凝土表面、调制涂料、涂刷、搭拆简易脚手架。

（9）砂石料填心（排水下沉）的工作内容包括：装运砂石料、吊入井底、依次铺石料、黄砂、整平、工作面排水。

（10）砂石料填心（不排水下沉）的工作内容包括：装运石料、吊入井底、潜水员铺平石料。

（11）混凝土封底的工作内容如下。

1）商品混凝土干封底：混凝土输送、浇捣、养护。

2）水下混凝土封底：搭拆浇捣平台、导管及送料架；混凝土输送、浇捣；测量平整；抽水；凿除凸面混凝土；废混凝土块吊出井口。

（12）钢封门安装的工作内容包括：铁件焊接定位、钢封门吊装、横扁担梁定位、焊接、缝隙封堵。

（13）钢封门拆除的工作内容包括：切割、吊装定位钢梁及连接铁件、钢封门吊装堆放。

4. 临时工程

临时工程包括：硐内通风筒安、拆年摊销；硐内风、水管道安、拆年摊销；硐内电路架设、拆除年摊销；硐内外轻便轨道铺、拆年摊销。

（1）硐内通风筒安、拆年摊销的工作内容包括：铺设管道、清扫污物、维修保养、拆除及材料运输。

（2）硐内风、水管道安、拆年摊销的工作内容包括：铺设管道、阀门、清扫污物、除锈、校正维修保养、拆除及材料运输。

（3）硐内电路架设、拆除年摊销的工作内容包括：线路沿壁架设、安装、随用随移、安全检查、维修保养、拆除及材料运输。

（4）硐内外轻便轨道铺、拆年摊销的工作内容包括：铺设枕木、轻轨、校平调顺、固定、拆除、材料运输及保养维修。

5. 垂直顶升

垂直顶升工程包括：顶升管节、复合管节制作；垂直顶升设备安装、拆除；管节垂直顶升；止水框、连系梁安装；阴极保护安装；滩地揭顶盖。

（1）顶升管节、复合管节制作的工作内容如下。

1）顶升管节制作：钢模板制作、装拆、清扫、刷油、骨架入模；混凝土拌制；吊运、浇捣、蒸养；法兰打孔。

2）复合管片制作：安放钢壳；钢模安拆、清理、刷油；钢筋制作、焊接；混凝土拌制；吊运、浇捣、蒸养。

3）管节试拼装：吊车配合；管节试拼、编号对螺孔、检验校正；搭平台、场地平整。

（2）垂直顶升设备安装、拆除的工作内容如下。

1）顶升车架安装：清理修正轨道、车架组装、固定。

2）顶升车架拆除：吊拆、运输、堆放、工作面清理。

3）顶升设备安装：制作基座、设备吊运、就位。

4）顶升车架拆除：油路、电路拆除；基座拆除；设备吊运、堆放。

（3）管节垂直顶升的工作内容如下。

1）首节顶升：车架就位、转向法兰安装；管节吊运；拆除纵环向螺栓；安装闷头、盘根、压条、压板等操作设备；顶升到位等。

2）中间节顶升：管节吊运；穿螺栓、粘贴橡胶板；填丁、抹平、填孔、放顶块；顶升到位。

3）尾节顶升：管节吊运；穿螺栓、粘贴橡胶板；填丁、抹平、填孔、放顶块；顶升到位；安装压板；撑筋焊接并与管片连接。

（4）止水框、连系梁安装的工作内容如下。

1）止水框安装：吊运、安装就位；校正；搭拆脚手架。

2）连系梁安装：吊运、安装就位；焊接、校正；搭拆脚手架。

（5）阴极保护安装的工作内容如下。

1）恒电位仪安装：恒电位仪检查、安装；电器连接调试、接电缆。

2）电极安装：支架制作、电极体安装、接通电缆、封环氧。

3）隧道内电缆铺设：安装护套管、支架、电缆敷设、固定、接头、封口、挂牌等。

4）过渡箱制作安装：箱体制作、安装就位、电缆接线。

（6）滩地揭顶盖的工作内容包括：安装卷扬机、搬运、清除杂物；拆除螺栓、揭云顶盖；安装取水头。

6. 盾构法掘进

盾构法掘进工程包括：盾构吊装；盾构吊拆；车架安装、拆除；干式出土盾构掘进；水力出土盾构掘进；平衡盾构掘进；衬砌压浆；柔性接缝环（施工阶段）；柔性接缝环（正式阶段）；洞口混凝土环圈；预制钢筋混凝土管片；预制管片成环水平拼装；管片短驳运输；管片设置密封条；管片嵌缝；负环管片拆除；隧道内管线路拆除。

（1）盾构吊装的工作内容包括：起吊机械设备及盾构载运车就位、盾构吊入井底基座、盾构安装。

（2）盾构吊拆的工作内容包括：拆除盾构与车架连杆、起吊机械及附属设备就位、盾构整体吊出井口、上托架装车。

（3）车架安装、拆除的工作内容如下。

1）安装：车架吊入井底、井下组装就位与盾构连接、车架上设备安装、电水气管安装。

2）拆除：车架及附属设备拆除、吊出井口、装车安放。

（4）干式出土盾构掘进的工作内容包括：操作盾构掘进机；切割土体，干式出土；管片出装；螺栓紧固、装拉杆；施工管路铺设；照明、运输、供气通风；贯通测量、通信；井口土方装车；一般故障排除。

（5）水力出土盾构掘进的工作内容包括：操作盾构掘进机；高压供水、水力出土；管片

拼装；螺栓紧固、装拉杆；施工管路铺设；照明、运输、供气通风；贯通测量、通信；井口土方装车；一般故障排除。

（6）平衡盾构掘进的工作内容包括：操作盾构掘进机；干式（水力）出土；管片拼装；螺栓紧固；施工管路铺设；照明、运输、供气通风；贯通测量、通信；井口土方装车；排泥水输出井口。

（7）衬砌压浆的工作内容包括：制浆、运装；盾尾同步压浆；补压浆；封堵、清洗。

（8）柔性接缝环（施工阶段）的工作内容如下。

1）临时防水环板：盾构出洞后接缝处淤泥清理、钢板环圈定位、焊接、预留压浆孔。

2）临时止水缝：洞口安装止水带及防水圈、环板安装后堵压，防水材料封堵。

（9）柔性接缝环（正式阶段）的工作内容如下。

1）拆除临时钢环板：钢板环圈切割、吊拆堆放。

2）拆除洞口环管片：拆卸连接螺栓、吊车配合拆除管片、凿除涂料、壁画清洗。

3）安装钢环板：钢环板分别吊装、焊接固定。

4）柔性接缝环：壁内刷涂料、安放内外壁止水带、压乳胶水泥。

（10）洞口混凝土环圈的工作内容包括：配模、立模、拆模；钢筋制作、绑扎；洞口环圈混凝土浇捣、养护。

（11）预制钢筋混凝土管片的工作内容如下。

1）钢模安装、拆卸清理、刷油。

2）钢筋制作、焊接、预埋件安放、钢筋骨架入模。

3）测量检验。

4）混凝土拌制。

5）吊运浇捣。

6）入养护池蒸养。

7）出槽堆放、抗渗质检。

（12）预制管片成环水平拼装的工作内容包括：钢制台座，校准；管片场内运输；吊拼装、拆除；管片成环量测检验及数据记录。

（13）管片短驳运输的工作内容包括：从堆放起吊、行车配合、装车、驳运到场中转场地；垫道木、吊车配合按类堆放。

（14）管片设置密封条的工作内容包括：管片吊运堆放；编号、表面清理、涂刷黏结剂；粘贴泡沫挡土衬垫及防水橡胶条；管片边角嵌丁基腻子胶。

（15）管片嵌缝的工作内容包括：管片嵌缝槽表面处理、配料嵌缝。

（16）负环管片拆除的工作内容包括：拆除后盾钢支撑；清除管片内污垢杂物；拆除井内轨道；清除井内污泥；凿除后靠混凝土；切割连接螺栓；管片吊出井口；装车。

（17）隧道内管线路拆除的工作内容包括：贯通后隧道内水管、风管、走道板、拉杆、钢轨、轨枕、各种施工支架拆除、吊运出井口；装车或堆放；隧道内淤泥清除。

7. 地下连续墙

地下连续墙工程包括：导墙；挖土成槽；钢筋笼制作、吊运就位；锁口管吊拔；浇捣混凝土连续墙；大型支撑基坑土方；大型支撑安装、拆除。

（1）导墙的工作内容如下。

1）导墙开挖：放样、机械挖土、装车、人工整修；浇捣混凝土基座；沟槽排水。

2）现浇导墙：配模单边立模；钢筋制作；设置分隔板；浇捣混凝土、养护；拆模、清理堆放。

（2）挖土成槽的工作内容包括：机具定位；安放跑板导轨；制浆、输送、循环分离泥浆；钻孔、挖土成槽、护壁整修测量；场内运输、堆土。

（3）钢筋笼制作、吊运就位的工作内容如下。

1）钢筋笼制作：切断、成形、绑扎、点焊、安装；预埋铁件及泡沫塑料板；钢筋笼试拼装。

2）钢筋笼吊运就位；钢筋笼驳运吊入槽；钢筋校正对接；安装护铁、就位、固定。

（4）锁口管吊拔的工作内容包括：锁口管对接组装、入槽就位、浇捣混凝土过程中上下移动、拔除、拆卸、冲洗堆放。

（5）浇捣混凝土连续墙的工作内容如下。

1）清底置换：地下墙接缝清刷、空压机吹气搅拌吸泥，清底置换。

2）浇筑混凝土：浇棚架就位、导管安拆、商品混凝土浇筑、吸泥浆入池。

（6）大型支撑基坑土方的工作内容包括：操作机械引斗挖土、装车；人工推铲、扣挖支撑下土体；挖引水沟、机械排水；人工整修底面。

（7）大型支撑安装、拆除的工作内容如下。

1）安装：吊车配合、围囹、支撑驳运卸车；定位放样；槽壁面凿出预埋件；钢牛腿焊接；支撑拼接、焊接安全栏杆、安装定位；活络接头固定。

2）拆除：切割、吊出支撑分段、装车及堆放。

8. 地下混凝土结构

地下混凝土结构包括：基坑垫层；钢丝网水泥护坡；钢筋混凝土地梁、底板；钢筋混凝土墙；钢筋混凝土柱、梁、平台、顶板、楼梯、电缆沟、侧石；钢筋混凝土内衬弓形底板、支承墙；隧道内衬侧墙及顶内衬、行车道槽形板安装；隧道内车道；钢筋调整。

（1）基坑垫层的工作内容如下。

1）砂垫层：砂石料吊车吊运、摊铺平整分层浇水振实。

2）混凝土垫层：配模、立模、拆模、商品混凝土浇捣、养护。

（2）钢丝网水泥护坡的工作内容如下。

1）混凝土护坡：修整边坡、钢丝网片、混凝土浇捣抹平养护。

2）砂浆护坡：修整边坡、钢丝网片、砂浆配、拌、运、浇铺抹平养护。

（3）钢筋混凝土地梁、底板的工作内容如下。

1）地梁：水泥砂浆砌砖、钢筋制作、绑扎、混凝土浇捣养护。

2）底板：配模、立模、拆模、钢筋制作、绑扎、混凝土浇捣养护。

（4）钢筋混凝土墙的工作内容如下。

1）墙：配模、立摸、拆模、钢筋制作、绑扎、混凝土浇捣养护、混凝土表面处理。

2）衬墙：地下墙封面凿毛、清洗；配模、立模、拆模；钢筋制作、绑扎；混凝土浇捣养护、表面处理。

（5）钢筋混凝土柱、梁、平台、顶板、楼梯、电缆沟、侧石的工作内容包括：配模、立模、拆模；钢筋制作、绑扎；混凝土浇捣养护；混凝土表面处理。

（6）钢筋混凝土内衬弓形底板、支承墙的工作内容包括：隧道内冲洗、配模、立模、拆模；钢筋制作、绑扎；混凝土浇捣养护。

（7）隧道内衬侧墙及顶内衬、行车道槽形板安装的工作内容如下。

1）顶内衬：牵引内衬滑模及操作平台的定位、上油、校正、脱卸清洗；混凝土泵送或集料电瓶车运至工作面浇捣养护；混凝土表面处理。

2）槽形板：槽形板吊入隧道内驳运；行车安装；混凝土充填；焊接固定；槽形板下支撑搭拆。

（8）隧道内车道的工作内容包括：配模、立模、拆模；钢筋制作、绑扎；混凝土浇捣、制缝、扫面；湿治、沥青灌缝。

（9）钢筋调整的工作内容包括：钢筋除锈；钢筋调直制作、绑扎或焊接成形；运输等。

9. 地基加固、监测

地基加固、监测工程包括：分层注浆；压密注浆，双重管、三重管高压旋喷；地表监测孔布置；地下监测孔布置；监控测试。

（1）分层注浆的工作内容包括：定位、钻孔；注护壁泥浆；放置注浆阀管；配制浆液；插入注浆芯管；分层劈裂注浆；检测注浆效果等。

（2）压密注浆的工作内容包括：定位、钻孔；护壁泥浆；配制浆液、安插注浆管；分段压密注浆；检测注浆效果等。

（3）双重管、三重管高压旋喷的工作内容包括：泥浆槽开挖；定位、钻孔；配制浆液；接管旋喷、提升成桩；泥浆沉淀处理；检测注浆效果等。

（4）地表监测孔布置的工作内容如下。

1）土体分层沉降：测点布置、仪表标定、钻孔、导向管加工、预埋件加工埋设、安装导向管磁环、浇灌水泥浆、做保护圈盖、测读初读数。

2）土体水平位移：测点布置、仪表标定、钻孔、测斜管加工焊接、埋设测斜管、浇灌水泥浆、做保护圈盖，测读初读数。

3）孔隙水压力：测点布置、密封检查、钻孔、接线、预埋件加工、埋设、接线、埋设泥球形成止水隔离层、回填黄砂及原状土、做保护圈盖、测读初读数。

4）地表桩：测点布置、预埋标志点、做保护圈盖、测读初读数。

5）混凝土构件变形：测点布置、测点表面处理、粘贴应变片、密封、接线、读初读数。

6）建筑物测斜：测点布置、手枪钻打孔、安装倾斜顶埋件、测读初读数。

7）建筑物振动：测点布置、仪器标定、预埋传感器、测读初读数。

8）地下管线沉降位移：测点布置、开挖暴露管线、埋设抱箍标志头、回填、测读初读数。

9）混凝土构件钢筋应力：测点布置、钢笼上安装钢筋计、排线固定、保护圈盖、测读初读数。

10）混凝土构件混凝土应变：测点布置、钢笼上安装混凝土钢筋计、排线固定、保护圈盖、测读初读数。

11）钢支撑轴力：测点布置、仪器标定、安装预埋件、安装轴力计、排线、加预应力读初读数。

12）混凝土水化热：测点布置，仪器标定、安装埋设、做保护装置、测读初读数。

13）混凝土构件界面土压力（孔隙水压计）：测点布置、预埋件加工、预埋件埋设、拆除预埋件、安装土压计（孔隙水压计）、测读初读数。

（5）地下监测孔布置的工作内容包括：基坑回弹、测点布置、仪器标定、钻孔、埋设、水泥灌浆、做保护圈盖、测读初读数。

（6）监控测试的工作内容包括：测试及数据采集、监测日报表、阶段处理报告、最终报告、资料立案归档。

10. 金属构件制作

金属构件制作工程包括：顶升管节钢壳；钢管片；顶升止水框、连系梁、车架；走道板、钢跑板、盾构基座、钢围图、钢闸墙；钢轨枕、钢支架；钢扶梯、钢栏杆；钢支撑、钢封门。

（1）顶升管节钢壳的工作内容包括：画线、号料、切割、金属加工、校正、焊接、钢筋成形、法兰与钢筋焊接成形等。

（2）钢管片的工作内容包括：画线、号料、切割、校正、滚圆弧、刨边、刨槽；上模具焊接成形、焊预埋件；钻孔；吊运油漆等。

（3）顶升止水框、连系梁、车架的工作内容包括：画线、号料、切割、校正、焊接成形、钻孔、吊运油漆等。

（4）走道板、钢跑板、盾构基座、钢围图、钢闸墙的工作内容包括：画线、号料、切割、拆方、拼装、校正、焊接成形、油漆、堆放。

（5）钢轨枕、钢支架的工作内容包括：画线、号料、切割、校正、焊接成形、油漆、编号、堆放。

（6）钢扶梯、钢栏杆的工作内容包括：画线、切割、煨弯、分段组合、焊接、油漆。

（7）钢支撑、钢封门的工作内容包括：放样、落料、卷筒找圆、油漆、堆放。

7.2.2 隧道工程定额工程量计算规则

（1）隧道的平洞、斜井和竖井开挖与出渣工程量，按设计图开挖断面尺寸，另加允许开挖量以 m^3 计算。本定额光面爆破允许超挖量：拱部为15cm，边墙为10cm，若采用一般爆破，其允许超挖量：拱部为20cm，边墙为15cm。

（2）隧道内地沟的开挖和出渣工程量，按设计断面尺寸，以 m^3 计算，不得另行计算允许超挖量。

（3）平洞出渣的运距，按装渣重心至卸渣重心的直线距离计算，若平洞的轴线为曲线时，洞内段的运距按相应的轴线长度计算。

（4）斜井出渣的运距，按装渣重心至斜井口摘钩点的斜距离计算。

（5）竖井的提升运距，按装渣重心至井口吊斗摘钩点的垂直距离计算。

（6）粘胶布通风筒及铁风筒按每一洞口施工长度减30m计算。

（7）风、水钢管按洞长加100m计算。

（8）照明线路按洞长计算，如施工组织设计规定需要按双排照明时，应按实际双线部分增加。

（9）动力线路按洞长加50m计算。

（10）轻便轨道以施工组织设计所布置的起、止点为准，定额为单线，如实际为双线应加倍计算，对所设置的道岔，每处按相应轨道折合30m计算。

（11）洞长＝主洞＋支洞（均以洞口断面为起止点，不含明槽）。

（12）隧道内衬现浇混凝土和石料衬砌的工程量，按施工图所示尺寸加允许超挖量（拱部为15cm，边墙为10cm）以m^3计算，混凝土部分不扣除0.3m^2以内孔洞所占体积。

（13）隧道衬砌边墙与拱部连接时，以拱部起拱点的连线为分界线，以下为边墙，以上为拱部。边墙底部的扩大部分工程量（含附壁水沟），应并入相应厚度边墙体积内计算。拱部两端支座，先拱后墙的扩大部分工程量，应并入拱部体积计算。

（14）喷射混凝土数量及厚度按设计图计算，不另加超挖、填平补齐的数量。

（15）混凝土初喷5cm为基本层，每增5cm按增加定额计算，不足5cm按5cm计算，若做临时支护可按一个基本层计算。

（16）喷射混凝土定额已包括混合料200m运输，超过200m时，材料运费另计。运输吨位按初喷5cm，拱部26t/100^2，边墙23t/100^2；每增厚5cm，拱部16t/100m^2，边墙14t/100m^2。

（17）锚杆按ϕ22mm计算，若实际不同时，定额人工、机械应按表7.1所列系数调整，锚杆按净重计算不加损耗。

表7.1　定额人工、机械系数调整表

锚杆直径/mm	ϕ28	ϕ25	ϕ22	ϕ20	ϕ18	ϕ26
调整系数	0.62	0.78	1	1.21	1.49	1.89

（18）钢筋工程量按图示尺寸以t计算。现浇混凝土中固定钢筋位置的支撑钢筋、双层钢筋用的架立筋（铁马）、伸出构件的锚固钢筋按钢筋计算，并入钢筋工程量内。钢筋的搭接用量：设计图纸已标明的钢筋接头，按图纸规定计算；设计图纸未标明的通长钢筋接头，ϕ25mm以内的，每8m计算一个接头，ϕ25mm以上的，每6m计算一个接头；搭接长度按规范计算。

（19）模板工程量按模板与混凝土的接触面积以m^2计算。

（20）喷射平台工程量，按实际搭设平台的最外力杆（或最外平杆）之间的水平投影面积以m^2计算。

（21）沉井工程的井点布置及工程量，按批准的施工组织设计计算，执行《全国统一市政工程预算定额》第一册“通道项目”中的相应定额。

（22）基坑开挖的底部尺寸，按沉井外壁每侧加宽2.0m计算，执行《全国统一市政工程预算定额》第一册“通道项目”中的基坑挖土定额。

（23）刃脚的计算高度，从刃脚踏面至井壁外凸口计算，如沉井井壁没有外凸口时，则从刃脚踏面至底板顶面为准。底板下的地梁并入底板计算。框架梁的工程量包括切入井壁部分的体积。井壁、隔墙或底板混凝土中，不扣除单孔面积0.3m^2以内的孔洞所占体积。

（24）沉井制作的脚手架安、拆，不论分几次下沉，其工程量均按井壁中心周长与隔墙长度之和乘以井高计算。

（25）掘进过程中的施工阶段划分。

1）负环段掘进：从拼装后靠管片起至盾尾离开出洞井内壁止。

2）出洞段掘进：从盾尾离开洞井内壁至盾尾开出洞井内壁40m止。

3）正常段掘进：从出洞段掘进结束至进洞段掘进开始的全段掘进。

4）进洞段掘进：按盾构切口距进洞井外壁5倍盾构直径的长度计算。

（26）掘进定额中盾构机按摊销考虑，若遇到下列情况时，可将定额中盾构掘进机台班内的折旧费和大修理费扣除，保留其他费用作为盾构使用费台班进入定额。盾构掘进机费用按不同情况另行计算。

1）顶端封闭采用垂直顶升方法施工的给排水隧道。

2）单位工程掘进长度不大于800m的隧道。

3）采用进口或其他类型盾构机掘进的隧道。

4）由建设单位提供盾构机掘进的隧道。

（27）柔性接缝环适合于盾构工作井洞门与圆隧道接缝处理，长度按管片中心圆周长度计算。

（28）预制混凝土管片工程量按实体积加1%耗损计算，管片试拼装以每100环管片拼装1组（3环）计算。

（29）顶升车架及顶升设备的安拆，以每顶升一组出口为安拆一次计算。顶升车架制作费按顶升一组摊销50%计算。

（30）顶升管节外壁如需压浆时，则套用分块压浆定额计算。

（31）垂直顶升管节试拼装工程量按所需顶升的管节数计算。

（32）地下连续墙成槽土方量按连续墙设计长度、宽度和槽深（加超深0.5m）计算。混凝土浇筑量同连续墙成槽土方量。

（33）锁口管及清底置换以段为单位（段指槽壁单元槽段），锁口管吊拔按连续墙段数加1段计算，定额中已包括锁口管的摊销费用。

（34）现浇混凝土工程量按施工图计算，不扣除单孔面积0.3m^2以内的孔洞所占体积。

（35）有梁板的柱高，自柱基础顶面至梁、板顶面计算，梁高以设计高度为准。梁与柱交接，梁长算至柱侧面（即柱间净长）。

（36）隧道路面沉降缝、变形缝按《全国统一市政工程预算定额》第二册“道路工程”相应定额执行，其人工、机械乘以1.1系数。

（37）地基注浆加固以m^2为单位的子目，已按各种深度综合取定，工程量按加固土体的体积计算。

（38）监控测量以一个施工区域内监控3项或6项测定内容划分步距，以组日为计算单位，监测时间由施工组织确定。

（39）金属构件的工程量按设计图纸的主材（型钢、钢板，方、圆钢等）的重量以t计算，不扣除孔眼、缺角、切肢、切边的重量。

（40）支撑由活络头、固定头和本体组成，本体按固定头单价计算。

7.3 隧道工程清单工程量计算规则

7.3.1 隧道岩石开挖工程工程量计算

1. 隧道开挖工程量计算

平洞（平巷）是指隧道设计轴线与水平线平行，或与水平线形成一个较小夹角的隧道。

斜洞开挖包括：横洞开挖、平行导坑和斜井。横洞是在隧道侧面修筑的与之相交的坑道；

平行导坑是与隧道平行修筑的坑道；斜井是在隧道侧面上方开挖的与之相连的倾斜坑道。

竖井是在隧道上方开挖的与隧道相连的竖向坑道、覆盖层较薄的长隧道，或者中间适应位置覆盖层不厚、具备提升设备、施工中又需增加工作面时，则可用竖井增加工作面的方案。竖井深度一般不超过150m，位置可设在隧道一侧，一般情况下与隧道的距离为15～25m或设置在正上方。

工程量计算规则如下。

平洞开挖、斜井开挖、竖井开挖、地沟开挖工程量清单项目设置、项目特征描述的内容、计量单位及工程量计算规则，应按表7.2的规定执行。

表7.2　　平洞、斜井、竖井及地沟开挖

项目编码	项目名称	项目特征	计量单位	工程量计算规则	工作内容
040401001	平洞开挖	(1) 岩石类别； (2) 开挖断面； (3) 爆破要求； (4) 弃渣运距	m^3	按设计结构断面尺寸乘以长度以体积计算	(1) 爆破或机械开挖； (2) 施工面排水； (3) 出渣； (4) 弃渣场内堆放、运输； (5) 弃渣外运
040401002	斜井开挖				
040401003	竖井开挖	(1) 断面尺寸； (2) 岩石类别； (3) 爆破要求； (4) 弃渣运距			
040401004	地沟开挖				

注　弃渣运距可以不描述，但应注明由投标人根据施工现场实际情况自行考虑决定报价。

2. 导管及注浆工程量计算

注浆是指通过钻孔向含有水裂缝、空洞或不稳定的地层注入水泥浆或其他浆液，以堵水或加固地层的施工技术。注浆的目的主要是防渗、堵水、固结、防止滑坡、降低地表下沉、提高地基承载力、回填及加固。

小导管注浆施工时应注意以下几点。

(1) 施工期间，尤其在注浆时，应对支护的工作状态进行检查，当发现支护变形或损坏时，应立即停止注浆，采取措施。

(2) 注浆结束4h后，方进行掌子面的开挖。

(3) 相邻两排小导管搭接长度应符合设计要求，且不小于1m。

(4) 钢管要与拱架焊接牢固，注浆后注浆孔要堵塞密实。

小导管、管棚及注浆工程工程量清单项目设置、项目特征描述的内容、计量单位及工程量计算规则，应按表7.3的规定执行。

表7.3　　小导管、管棚及注浆

项目编码	项目名称	项目特征	计量单位	工程量计算规则	工作内容
040401005	小导管	(1) 类型； (2) 材料种类； (3) 管径、长度	m	按设计图示尺寸以长度计算	(1) 制作； (2) 布眼； (3) 钻孔； (4) 安装
040401006	管棚				
040401007	注浆	(1) 浆液种类； (2) 配合比	m^3	按设计注浆量以体积计算	(1) 浆液制作； (2) 钻孔注浆； (3) 堵孔

7.3.2 岩石隧道衬砌工程工程量计算

1. 隧道衬砌工程量计算

隧道衬砌是指隧硐成形后，用砖石、混凝土等建筑材料给硐壁加衬，使隧道不仅美观而且对围岩的支承力也加强。

砌筑是将砂浆作为胶结材料将块材结合成整体，以满足正常使用要求及承受各种荷载。块材分为砖、石及砌块三大类。

工程量计算规则如下。

隧道衬砌工程工程量清单项目设置、项目特征描述的内容、计量单位及工程量计算规则，应按表7.4的规定执行。

表7.4　　隧 道 衬 砌

<table>
<tr><th>项目编码</th><th>项目名称</th><th>项目特征</th><th>计量单位</th><th>工程量计算规则</th><th>工作内容</th></tr>
<tr><td>040401001</td><td>混凝土仰拱衬砌</td><td rowspan="2">(1) 拱跨径；
(2) 部位；
(3) 厚度；
(4) 混凝土强度等级</td><td rowspan="9">m^3</td><td rowspan="9">按设计图示尺寸以体积计算</td><td rowspan="5">(1) 模板制作、安装、拆除；
(2) 混凝土拌和、运输、浇筑；
(3) 养护</td></tr>
<tr><td>040401002</td><td>混凝土顶拱衬砌</td></tr>
<tr><td>040401003</td><td>混凝土边墙衬砌</td><td>(1) 部位；
(2) 厚度；
(3) 混凝土强度等级</td></tr>
<tr><td>040401004</td><td>混凝土竖井衬砌</td><td>(1) 厚度；
(2) 混凝土强度等级</td></tr>
<tr><td>040401005</td><td>混凝土沟道</td><td>(1) 断面尺寸；
(2) 混凝土强度等级</td></tr>
<tr><td>040401008</td><td>拱圈砌筑</td><td>(1) 断面尺寸；
(2) 材料品种、规格；
(3) 砂浆强度等级</td><td rowspan="4">(1) 砌筑；
(2) 勾缝；
(3) 抹灰</td></tr>
<tr><td>040401009</td><td>边墙砌筑</td><td>(1) 厚度；
(2) 材料品种、规格；
(3) 砂浆强度等级</td></tr>
<tr><td>040401010</td><td>砌筑沟道</td><td>(1) 断面尺寸；
(2) 材料品种、规格；
(3) 砂浆强度等级</td></tr>
<tr><td>040401011</td><td>洞门砌筑</td><td>(1) 形状；
(2) 材料品种、规格；
(3) 砂浆强度等级</td></tr>
</table>

注　遇本表清单项目未列的砌筑构筑物时，应按《市政工程工程量计算规范》(GB 50857—2013) 附录C桥涵工程中相关项目编码列项。

2. 喷射混凝土工程量计算

喷射混凝土是利用压缩空气的力量将混凝土高速喷射到岩面上，在连续高速冲击下，与岩面紧实牢固地黏结在一起，并充填岩面的裂隙和凹坑，使岩面形成完整而稳定的结构。

喷射混凝土的施工方法包括两种：一种是干料法；另一种是湿料法。干料法是由水泥、砂石及少量速凝剂组成的混合料，停放时间不得超过20min；湿料法是预先将混合料加水搅拌，然后送到喷枪头，加入气压，进行喷射，目前多采用干料法施工。

工程量计算规则如下。

喷射混凝土工程工程量清单项目设置、项目特征描述的内容、计量单位及工程量计算规则，应按表 7.5 的规定执行。

表 7.5　　喷射混凝土

项目编码	项目名称	项目特征	计量单位	工程量计算规则	工作内容
040402006	拱部喷射混凝土	(1) 结构形式； (2) 厚度； (3) 混凝土强度等级； (4) 掺加材料品种、用量	m^3	按设计图示尺寸以面积计算	(1) 清洗基层； (2) 混凝土拌和、运输、浇筑、喷射； (3) 收回弹料； (4) 喷射施工平台搭设、拆除
040402007	边墙喷射混凝土				

3. 锚杆工程量计算

锚杆支护是在开挖后的岩面上，用钻孔机按设计要求的深度、间距和角度向岩面钻孔。在孔内灌满砂浆后，插入锚杆，使砂浆、锚杆和岩石黏结为一体（砂浆锚杆），以制止或缓和岩体变形继续发展，使岩体仍然保持相当大的承载力。

锚杆是用金属或其他高抗拉性能的材料制作的一种杆状构件。使用某些机械装置和黏结介质，通过一定的施工操作，将其安设在地下工程的围岩或其他工程结构体中。按其与被支护体的锚固形式分为断头锚固式锚杆、全长黏结式锚杆、摩擦式锚杆和混合式锚杆。

工程量计算规则如下。

锚杆工程工程量清单项目设置、项目特征描述的内容、计量单位及工程量计算规则，应按表 7.6 的规定执行。

表 7.6　　锚　杆

项目编码	项目名称	项目特征	计量单位	工程量计算规则	工作内容
040402012	锚杆	(1) 直径； (2) 长度； (3) 锚杆类型； (4) 砂浆强度等级	t	按设计图示尺寸以体积计算	(1) 钻孔； (2) 锚杆制作、安装； (3) 压浆

4. 构筑物填充工程量计算

为防止隧道周围土体变形，防止地表沉降，在盾构隧道施工过程中，应及时对盾尾和管片衬砌之间的建筑空隙进行充填压浆，压浆还可以改善隧道衬砌的受力状态。构筑物填充工程量清单项目设置、项目特征描述的内容计量单位及工程量计算规则，应按表 7.7 的规定执行。

表 7.7　　构筑物填充

项目编码	项目名称	项目特征	计量单位	工程量计算规则	工作内容
040402013	充填压实	(1) 部位； (2) 浆液成分强度	m^3	按设计图示尺寸以体积计算	(1) 打孔、安装； (2) 压浆
040402014	仰拱填充	(1) 填充材料； (2) 规格； (3) 强度等级		按设计图示回填尺寸以体积计算	(1) 配料； (2) 填充

5. 排水与防水工程量计算

(1) 工程量计算规则。排水与防水工程量清单项目设置、项目特征描述的内容、计量单位及工程量计算规则，应按照表 7.8 的规定执行。

表 7.8 排 水 与 防 水

项目编码	项目名称	项目特征	计量单位	工程量计算规则	工作内容
040402015	透水管	(1) 材质； (2) 规格	m	按设计图示尺寸以长度计算	安装
040402016	沟道盖板	(1) 材质； (2) 规格尺寸； (3) 强度等级			制作、安装
040402017	变形缝	(1) 类别； (2) 材料品种、规格； (3) 工艺要求			
040402018	施工缝				
040402019	柔性防水层	材料品种、规格	m^2	按设计图示尺寸以面积计算	铺设

(2) 工程量清单项目释义。

1) 透水管。透水管是一种具有倒滤性（排）水作用的新型管材，它克服了其他排水管材的诸多弊病，因其产品独特的设计原理和构成材料的优良性能，它排水、渗水效果强，利用“毛细”现象和“虹吸”原理，集吸水、透水、排水等一气呵成，具有满足工程设计要求的耐压能力及透水性和反滤作用。

2) 沟道盖板。沟道盖板的堆放场地应平整夯实，盖板应分类堆放、堆放高度不宜超过6块。盖板转运时，应加强保护，防止碰撞。安装好的盖板应防止上方重物砸落。

3) 变形缝。变形缝是伸缩缝（温度缝）、沉降缝和抗震缝的总称，是为了防止因气温变化、地基沉降不均匀以及地震等因素使建筑物发生裂缝或导致破坏，设计时预先在变形缝敏感部位将建筑物断开，分成若干个相对的独立单元，且预留的缝隙能保证建筑物有足够的变形空间而设置的构造缝。

4) 施工缝。施工缝是指在混凝土浇筑的过程中因设计要求或施工需要分段浇筑而在先、后浇筑的混凝土之间所形成的接缝。

5) 柔性防水层。采用具有一定柔韧性和较大延伸率的防水材料，如防水卷材、有机防水涂料构成的防水层。

7.3.3 盾构掘进工程工程量计算

1. 盾构吊装及吊拆工程量计算

盾构是一个既可以支承地层压力又可以在地层中推进的活动钢筒结构。钢筒的前端设置有支撑和开挖土体的装置，钢筒的中段安装有顶进所需千斤顶，钢筒尾部可以拼装预制或现浇隧道衬砌环。

盾构吊装及吊拆工程量清单项目设置、项目特征描述的内容、计量单位及工程量计算规则，应按表 7.9 的规定执行。

2. 盾构掘进工程量计算

盾构掘进是以盾构这种施工机械在地面以下暗挖隧道的一种施工方法。软土地区就采用

表 7.9　　盾构吊装及吊拆

项目编码	项目名称	项目特征	计量单位	工程量计算规则	工作内容
040403001	盾构吊装及吊拆	(1) 直径； (2) 规格型号； (3) 始发方式	台·次	按设计图示以数量计算	(1) 盾构机安装、拆除； (2) 车架安装、拆除； (3) 管线连接、调试、拆除

这种方法建造地下隧道，盾构掘进有干式出土盾构掘进、水力出土盾构掘进、刀盘式土压平衡盾构掘进和刀盘式泥水平衡盾构掘进。

工程量计算规则如下。

盾构掘进工程量清单项目设置、项目特征描述的内容、计量单位及工程量计算规则，应按表 7.10 的规定执行。

表 7.10　　盾构掘进

项目编码	项目名称	项目特征	计量单位	工程量计算规则	工作内容
040403002	盾构掘进	(1) 直径； (2) 规格； (3) 形式； (4) 掘进施工段类别； (5) 密封舱材料品种； (6) 弃土（浆）运距	m	按设计图示以掘进长度计算	(1) 掘进； (2) 管片拼装； (3) 密封舱添加材料； (4) 负环管片拆除； (5) 隧道内管线路铺设、拆除； (6) 泥浆制作； (7) 泥浆处理； (8) 土方、废浆外运

3. 衬砌壁后压浆工程量计算

衬砌压浆按压浆形式可以分为同步压浆和分块压浆两类，同步压浆是指盾构推进中有盾尾安装一组同步压浆进行分浆，分块压浆是盾构推进中进行分块压浆。按浆液的不同配合比衬砌压浆可以分为石膏煤灰浆、石膏黏土粉煤灰浆、水泥粉煤灰浆和水泥砂浆。

工程量计算规则如下。

衬砌壁后压浆工程量清单项目设置、项目特征描述的内容、计量单位及工程量计算规则，应按表 7.11 的规定执行。

表 7.11　　衬砌壁后压浆

项目编码	项目名称	项目特征	计量单位	工程量计算规则	工作内容
040403003	衬砌壁后压浆	(1) 浆液品种； (2) 配合比	m^3	按管片外径和盾构壳外径所形成的充填体积计算	(1) 制浆； (2) 送浆； (3) 压浆； (4) 封堵； (5) 清洗； (6) 运输

4. 管片工程量计算

(1) 工程量计算规则。管片工程工程量清单项目设置、项目特征描述的内容、计量单位及工程量计算规则，应按表 7.12 的规定执行。

表 7.12 管 片

项目编码	项目名称	项目特征	计量单位	工程量计算规则	工作内容
040403004	预制钢筋混凝土管片	(1) 直径; (2) 厚度; (3) 宽度; (4) 混凝土强度等级	m^3	按设计图示尺寸以体积计算	(1) 运输; (2) 试拼装; (3) 安装
040403005	管片设置密封条	(1) 管片直径、宽度、厚度; (2) 密封条材料; (3) 密封条规格	环	按设计图示以数量计算	密封条安装
040403005	管片嵌缝	(1) 直径; (2) 材料; (3) 规格			(1) 管片嵌缝槽表面处理、配料嵌缝; (2) 管片手孔封堵

(2) 工程量清单项目释义。

1) 预制钢筋混凝土管片。预制钢筋混凝土管片采用高精度钢模和高强度混凝土，加工数量有限，钢模制作费用昂贵，管片快速脱模。复合管片一般由钢筋混凝土制成，混凝土采用厂拌混凝土，混凝土中含钢筋。

2) 管片设置密封条。管片设置密封条一般采用的材料有氯丁橡胶条和821防水橡胶条两种。

3) 管片嵌缝。管片嵌缝是指在隧道衬砌拼装后，管片缝隙嵌涂料、缝槽表面处理等。

5. 隧道洞口柔性接缝环工程量计算

柔性接缝环是指隧道与工作井的连接环，要用的材料有型钢、螺栓、枕木、环氧树脂、乳胶水泥、外防水氯丁酚醛胶、内防水橡胶止水带等。

隧道洞口柔性接缝环工程工程量清单项目设置、项目特征描述的内容、计量单位及工程量计算规则，应按表7.13的规定执行。

表 7.13 隧道洞口柔性接缝环

项目编码	项目名称	项目特征	计量单位	工程量计算规则	工作内容
040403006	隧道洞口柔性接缝环	(1) 材料; (2) 规格; (3) 部位; (4) 混凝土强度等级	m	按设计图示以隧道管片外径周长计算	(1) 制作、安装临时防水环板; (2) 制作、安装、拆除临时止水缝; (3) 拆除临时钢环板; (4) 拆除洞口环管片; (5) 安装钢环板; (6) 柔性接缝环; (7) 洞口钢筋混凝土环圈

6. 盾构机调头与转场运输工程量计算

盾构隧道掘进机，简称盾构机，是一种隧道掘进的专用工程机械，现代盾构掘进机集光、机、电、液、传感、信息技术于一体，具有开挖切削土体、运输土碴、拼装隧道衬砌、测量导向纠偏等功能，涉及地质、土木、机械、力学、液压、电气、控制、测量等多门学科技术，而且要按照不同的地质进行“量体裁衣”式的设计制作，可靠性要求极高。盾构掘进机已广泛应用于地铁、铁路、公路、市政、水电等隧道工程。

盾构机调头与转场运输工程量清单项目设置、项目特征描述的内容、计量单位及工程量计算规则，应按表7.14的规定执行。

表7.14 盾构机调头与转场运输

项目编码	项目名称	项目特征	计量单位	工程量计算规则	工作内容
040403008	盾构机调头	(1) 直径； (2) 规格、型号； (3) 始发方式	台·次	按设计图示以数量计算	(1) 钢板、基座铺设； (2) 盾构拆卸； (3) 盾构调头、平行移运定位； (4) 盾构拼装； (5) 连接管线、调试
040403009	盾构机转场运输				(1) 盾构机安装、拆除； (2) 车架安装、拆除； (3) 盾构机、车架转场运输

7. 盾构基座工程量计算

盾构基座是指常用的钢结构，盾构基座工程量清单项目设置、项目特征描述的内容、计量单位及工程量计算规则，应按表7.15的规定执行。

表7.15 盾构基座

项目编码	项目名称	项目特征	计量单位	工程量计算规则	工作内容
040403010	盾构基座	(1) 材质； (2) 规格； (3) 部位	t	按设计图示尺寸以质量计算	(1) 制作； (2) 安装； (3) 拆除

7.3.4 管节顶升、旁通道工程工程量计算

1. 管节顶升工程量计算

顶升是隧道推进中的一项新工艺。这种不开槽的施工方法应用很广，遇到下列情况可采用。

(1) 管道穿越铁路、公路、河流或建筑物时。

(2) 街道狭窄，两侧建筑物多时。

(3) 在交通量大的市区街道施工，管道不能改线又不能断绝交通时。

(4) 现场条件复杂，与地面工程交叉作业，相互干扰，易发生危险时。

(5) 管道覆土较深，开槽土方量大，并需要支撑时。

工程量计算规则如下。

管节顶升工程量清单项目设置、项目特征描述的内容、计量单位及工程量计算规则，应按表7.16的规定执行。

2. 安装止水框及连系梁工程量计算

止水框的安装是用起吊设备将止水框吊运至所要安装的部位进行安装，安装时一般采用电焊方法将其固定，在安装的过程中，要对其进行校正。安装之前要搭脚手架，安装完毕后要把脚手架拆除掉。

连系梁的安装是用吊运设备将连系梁吊运至所要安装的部位，对连系梁进行焊接固定，在固定之前要对其进行校正，以免产生偏差。安装之前要搭脚手架，安装后要把脚手架拆掉。

表 7.16 管 节 顶 升

项目编码	项目名称	项目特征	计量单位	工程量计算规则	工作内容
040404001	钢筋混凝土顶升管节	(1) 材质； (2) 混凝土强度等级	m^3	按设计图示尺寸以体积计算	(1) 钢模板制作； (2) 混凝土拌和、运输、浇筑； (3) 养护； (4) 管节试拼装； (5) 管节场内外运输
040404002	垂直顶升设备安装、拆除	规格、型号	套	按设计图示以数量计算	(1) 基座制作和拆除； (2) 车架、设备吊装就位； (3) 拆除、堆放
040404003	管节垂直顶升	(1) 断面； (2) 强度； (3) 材质	m	按设计图示以顶升长度计算	(1) 管节吊运； (2) 首节顶升； (3) 中间节顶升； (4) 尾节顶升

工程计算规则如下。

安装止水框、连系梁工程量清单项目设置、项目特征描述的内容、计量单位及工程量计算规则，应按表 7.17 的规定执行。

表 7.17 安装止水框、连系梁

项目编码	项目名称	项目特征	计算单位	工程量计算规则	工作内容
040404004	安装止水框、连系梁	材质	t	按设计图示尺寸以质量计算	制作、安装

3. 阴极保护装置工程量计算

阴极保护是防止电化学腐蚀及生物贴腐出水口的一种有效手段。它包括：恒电位仪、阳极、参变电极安装、过渡箱的制作安装和电缆敷设等内容。

阴极保护法是根据电化学腐蚀的原理，在腐蚀电池中阳极受腐蚀而损坏，而阴极则保持完好。利用阴极保护站产生的直流电源，使管节对土壤造成负电位的保护方法。

工程量计算规则如下。

阴极保护装置工程量清单项目设置、项目特征描述的内容、计量单位及工程量计算规则，应按表 7.18 的规定执行。

表 7.18 阴 极 保 护 装 置

项目编码	项目名称	项目特征	计量单位	工程量计算规则	工作内容
040404005	阴极保护装置	(1) 型号； (2) 规格	组	按设计图示以数量计算	(1) 恒电位仪安装； (2) 阳极安装； (3) 阴极安装； (4) 参变电极安装； (5) 电缆敷设； (6) 接线盒安装

4. 安装取、排水头工程量计算

安装取、排水头工程工程量清单项目设置、项目特征描述的内容、计量单位及工程量计算规则，应按表 7.19 的规定执行。

表 7.19　　安装取、排水头

项目编码	项目名称	项目特征	计量单位	工程量计算规则	工作内容
040404006	安装取、排水头	(1) 部位； (2) 尺寸	个	按设计图示以数量计算	(1) 顶升口揭顶盖； (2) 取、排水头部安装

5. 隧道内旁通道开挖、集水井工程量计算

隧道内旁通道开挖是指隧道内部开挖旁通道，以供行人及车辆通过。

旁通道混凝土结构是指旁通道用混凝土所建成的一类通道。

工程量计算规则如下。

隧道内旁通道开挖、集水井工程工程量清单项目设置、项目特征描述的内容、计量单位及工程量计算规则，应按表 7.20 的规定执行

表 7.20　　隧道内旁通道、集水井

项目编码	项目名称	项目特征	计量单位	工程量计算规则	工作内容
040404007	隧道内旁通道开挖	(1) 土壤类别； (2) 土体加固方式	m^3	按设计图示尺寸以体积计算	(1) 土体加固； (2) 支护； (3) 土方暗挖； (4) 土方运输
040404008	旁通道结构混凝土	(1) 断面； (2) 混凝土强度等级			(1) 模板制作、安装； (2) 混凝土拌和、运输、浇筑； (3) 洞门接口防水
040404009	隧道内散水井	(1) 部位； (2) 材料； (3) 形式	座	按设计图示以数量计算	(1) 拆除管片建集水井； (2) 不拆管片建集水井

6. 防爆门工程量计算

防爆门也称抗爆门，是指安装在出风井口、以防甲烷、煤尘爆炸毁坏通风机的安全设施。采用特种工业钢板按照严格设置的力学数据制作，并配以高性能的五金配件，使用起来更加实用和美观。

防爆门工程量清单项目设置、项目特征描述的内容、计量单位及工程量计算规则，应按表 7.21 的规定执行。

表 7.21　　防　爆　门

项目编码	项目名称	项目特征	计量单位	工程量计算规则	工作内容
040404010	防爆门	(1) 形式； (2) 断面	扇	按设计图示以数量计算	(1) 防爆门制作； (2) 防爆门安装

7. 钢筋混凝土复合管片、钢管片工程量计算

钢管片是预制衬砌管片的一种，预制衬砌管片按材料的不同分为混凝土管片、钢筋混凝土管片、钢管片、钢和钢筋混凝土组合管片。

工程量计算规则如下。

钢筋混凝土复合管片、钢管片工程量清单项目设置、项目特征描述的内容、计量单位及工程量计算规则，应按表 7.22 的规定执行。

表 7.22　　钢筋混凝土复合管片、钢管片

项目编码	项目名称	项目特征	计量单位	工程计算规则	工作内容
040404011	钢筋混凝土复合管片	(1) 图集、图纸名称； (2) 构件代号、名称； (3) 材质； (4) 混凝土强度等级	m^3	按设计图示尺寸以体积计算	(1) 构件制作； (2) 试拼装； (3) 运输、安装
040404012	钢管片	(1) 材质； (2) 探伤要求	t	按设计图示以质量计算	(1) 钢管片制作； (2) 试拼装； (3) 探伤； (4) 运输、安装

7.3.5 隧道沉井工程工程量计算

沉井是软土地层建造地下构筑物的一种方法。即先在地面上浇筑一个上无盖、下无底的筒状结构物，采用机械挖土或水力冲洗泥的方法将井内的土取出，借助其自重下沉；下沉到设计标高后，再封底板、加顶板，使之成为一个地下构筑物。沉井按平面形状可分为矩形、圆形和圆端形 3 种；按建筑材料可分为无钢筋混凝土沉井和有钢筋混凝土沉井及钢沉井；按井孔布置方式不同可分为单孔沉井、双孔沉井和多孔沉井。

1. 沉井混凝土结构工程量计算

沉井混凝土结构工程量清单项目设置、项目特征描述的内容、计算单位及工程量计算规则，应按表 7.23 的规定执行。

表 7.23　　沉 井 混 凝 土 结 构

项目编码	项目名称	项目特征	计量单位	工程量计算规则	工作内容
040405001	沉井井壁混凝土	(1) 形状； (2) 规格； (3) 混凝土强度等级	m^3	按设计尺寸以外围井筒混凝土体积计算	(1) 模板制作、安装、拆除； (2) 刃脚、框架、井壁混凝土浇筑； (3) 养护
040405003	沉井混凝土封底	混凝土强度等级		按设计图示尺寸以体积计算	(1) 混凝土干封底； (2) 混凝土水下封底
040405004	沉井混凝土底板				(1) 模板制作、安装、拆除； (2) 混凝土拌和、运输、浇筑； (3) 养护
040405006	沉井混凝土隔墙				

2. 沉井下沉工程量计算

沉井下沉工程量清单项目设置、项目特征描述的内容、计量单位及工程量计算规则，应按表 7.24 的规定执行。

表 7.24　　沉 井 下 沉

项目编码	项目名称	项目特征	计量单位	工程量计算规则	工作内容
040405002	沉井下沉	(1) 下沉深度； (2) 弃土运距	m^3	按设计图示井壁外围面积乘以下沉深度以体积计算	(1) 垫层凿除； (2) 排水挖土下沉； (3) 不排水下沉； (4) 触变泥浆制作、输送； (5) 弃土外运

3. 沉井填心工程量计算

沉井填心工程量清单项目设置、项目特征描述的内容、计量单位及工程量计算规则，应按表 7.25 的规定执行。

表 7.25　　沉　井　填　心

项目编码	项目名称	项目特征	计量单位	工程量计算规则	工作内容
040405005	沉井填心	材料品种	m^3	按设计图示尺寸以体积计算	（1）排水沉井填心； （2）不排水沉井填心

4. 钢封门工程量计算

钢封门工程量清单项目设置、项目特征描述的内容、计量单位及工程量计算规则，应按表 7.26 的规定执行。

表 7.26　　钢　封　门

项目编码	项目名称	项目特征	计量单位	工程量计算规则	工作内容
040405007	钢封门	（1）材质； （2）尺寸	t	按设计图示尺寸以质量计算	（1）钢封门安装； （2）钢封门拆除

7.3.6　混凝土结构工程量计算

1. 隧道内混凝土结构工程量计算

隧道内混凝土结构主要包括：混凝土地梁、混凝土底板、混凝土柱、混凝土墙、混凝土梁、混凝土平台、顶板及其他结构混凝土。

隧道内混凝土结构工程量清单项目设置、项目特征描述的内容、计量单位及工程量计算规则，应按表 7.27 的规定执行。

表 7.27　　隧道内混凝土结构

项目编码	项目名称	项目特征	计量单位	工程量计算规则	工作内容
040406001	混凝土地梁	（1）类别、部位； （2）混凝土强度等级	m^3	按设计图示尺寸以体积计算	（1）模板制作、安装、拆除； （2）混凝土拌和、运输、浇筑； （3）养护
040406002	混凝土底板				
040406003	混凝土柱				
040406004	混凝土墙				
040406005	混凝土梁				
040406006	混凝土平台、顶板				
040406008	隧道内其他结构混凝土	（1）部位、名称； （2）混凝土强度等级			

注　1. 隧道洞内道路路面铺装应按《市政工程工程量计算》（GB 50857—2013）附录 B 道路工程相关清单项目编码列项。

2. 隧道洞内顶部和边墙内衬的装饰应按《市政工程工程量计算》（GB 50857—2013）附录 C 桥涵工程相关清单项目编码列项。

3. 隧道内其他结构混凝土包括：楼梯、电缆沟、车道侧石等。

4. 垫层基础应按《市政工程工程量计算》（GB 50857—2013）附录 C 桥涵工程相关清单项目编码列项。

5. 隧道内衬弓形底板、侧墙、支承墙应按本表混凝土底板、混凝土墙的相关清单项目编码列项，并在项目特征中描述其类别、部位。

2. 圆隧道内架空路面工程量计算

圆隧道内架空路面工程量清单项目设置、项目特征描述的内容、计量单位及工程量计算规则，应按表7.28的规定执行。

表7.28 **圆隧道内架空路面**

项目编码	项目名称	项目特征	计量单位	工程量计算规则	工作内容
040406007	圆隧道内架空路面	(1) 厚度； (2) 混凝土强度等级	m^3	按设计图示尺寸以体积计算	(1) 模板制作、安装、拆除； (2) 混凝土的拌和、运输、浇筑； (3) 养护

7.3.7 沉管隧道工程量计算

1. 沉管隧道工程量计算

沉管隧道结构工程量计算清单项目设置、项目特征描述的内容、计量单位及工程量计算规则，应按表7.29的规定执行。

表7.29 **沉管隧道结构**

项目编码	项目名称	项目特征	计量单位	工程量计算规则	工作内容
040407001	预制沉管底垫层	(1) 材料品种、规格； (2) 厚度	m^3	按设计图示沉管底面积乘以厚度以体积计算	(1) 场地平整； (2) 垫层铺设
040407002	预制沉管钢底板	(1) 材质； (2) 厚度	t	按设计图示尺寸以质量计算	钢底板制作、铺设
040407003	预制沉管混凝土底板	混凝土强度等级	m^3	按设计图示尺寸以体积计算	(1) 模板的制作、安装、拆除； (2) 混凝土的拌和、运输、浇筑； (3) 养护； (4) 底板预埋注浆管
040407004	预制沉管混凝土侧墙				(1) 模板的制作、安装、拆除； (2) 混凝土的拌和、运输、浇筑； (3) 养护
040407005	预制沉管混凝土顶板				
040407006	沉管外壁防锚层	(1) 材质品种； (2) 规格	m^2	按设计图示尺寸以面积计算	铺设沉管外壁防锚层
040407007	鼻托垂直剪力键	材质	t	按设计图示尺寸以质量计算	(1) 钢剪力键制作； (2) 剪力键安装
040407008	端头钢壳	(1) 材质、规格； (2) 强度			(1) 端头钢壳制作； (2) 端头钢壳安装； (3) 混凝土浇筑
040407009	端头钢封门	(1) 材质； (2) 尺寸			(1) 端头钢封门制作； (2) 端头钢封门安装； (3) 端头钢封门拆除

2. 沉管隧道施工临时系统工程量计算

沉管隧道施工临时设施工程量清单项目设置、项目特征描述的内容、计量单位及工程量计算规则，应按表7.30的规定执行。

表7.30 沉管隧道施工临时设施

项目编码	项目名称	项目特征	计量单位	工程量计算规则	工作内容
040407010	沉管管段浮运临时供电系统	规格	套	按设计图示以管段数量计算	(1) 发电机安装、拆除； (2) 配电箱安装、拆除； (3) 电缆安装、拆除； (4) 灯具安装、拆除
040407011	沉管管段浮运临时供排水系统				(1) 泵阀安装、拆除； (2) 管路安装、拆除
040407012	沉管管段浮运临时通风系统				(1) 进排风机安装、拆除； (2) 风管路安装、拆除

3. 沉管隧道施工工程量计算

沉管隧道施工工程量计算清单项目设置、项目特征描述的内容、计量单位及工程量计算规则，应按表7.31的规定执行。

表7.31 沉管隧道施工

项目编码	项目名称	项目特征	计量单位	工程量计算规则	工作内容
040407013	航道疏浚	(1) 河床土质； (2) 工况等级； (3) 疏浚深度	m^3	按河床原断面与管道浮运时设计断面之差以体积计算	(1) 挖泥船开收工； (2) 航道疏浚挖泥； (3) 土方驳运、卸泥
040407014	沉管河床基槽开挖	(1) 河床土质； (2) 工况等级； (3) 挖土深度		按河床原断面与槽设计断面之差以体积计算	(1) 挖泥船开收工； (2) 沉管基槽挖泥； (3) 沉管基槽清淤； (4) 土方驳运、卸泥
040407015	钢筋混凝土块沉石	(1) 工况等级； (2) 沉石深度		按设计图示尺寸以体积计算	(1) 预制钢筋混凝土块； (2) 装船、驳运、定位沉石； (3) 水下铺平石块
040407016	基槽抛铺碎石	(1) 工况等级； (2) 石料厚度； (3) 沉石深度			(1) 石料装运； (2) 定位抛石、水下铺平石块
040407017	沉管管节浮运	(1) 单节管段质量； (2) 管段浮运距离	Kt·m	按设计图示尺寸和要求以沉管管节质量和浮运距离的复合单位计算	(1) 干坞放水； (2) 管段起浮定位； (3) 管段浮运； (4) 加载水箱制作、安装、拆除； (5) 系缆柱制作、安装、拆除
040407018	管段沉放连接	(1) 单节管段重量； (2) 管段下沉深度	节	按设计图示以数量计算	(1) 管段定位； (2) 管段压水下沉； (3) 管段端面对接； (4) 管节拉合

续表

项目编码	项目名称	项目特征	计量单位	工程量计算规则	工作内容
040407019	砂肋软体排覆盖	(1) 材料品种； (2) 规格	m^2	按设计图示尺寸以沉管顶面积加侧面外表面积计算	水下覆盖软体排
040407020	沉管水下压石		m^3	按设计图示尺寸以顶、侧压石的体积计算	(1) 装石船收工； (2) 定位抛石、卸石； (3) 水下铺石
040407021	沉管接缝处理	(1) 接缝连接形式； (2) 接缝长度	条	按设计图示以数量计算	(1) 按缝拉合； (2) 安装止水带； (3) 安装止水钢板； (4) 混凝土拌和、运输、浇筑
040407022	沉管底部压浆固封充填	(1) 压浆材料； (2) 压浆要求	m^3	按设计图示尺寸以体积计算	(1) 制浆； (2) 管底压浆； (3) 封孔

7.4 隧道工程计算实例

【例 7.1】 某隧道工程，其断面图如图 7.3 所示，本隧道为平洞开挖，光面爆破，长 300m，施工段无地下水，岩石类别为特坚石，线路纵坡为 2.0%，设计开挖断面面积为 65.84m^2。要求挖出的石渣运至洞口外 1200m 处，计算其工程量。

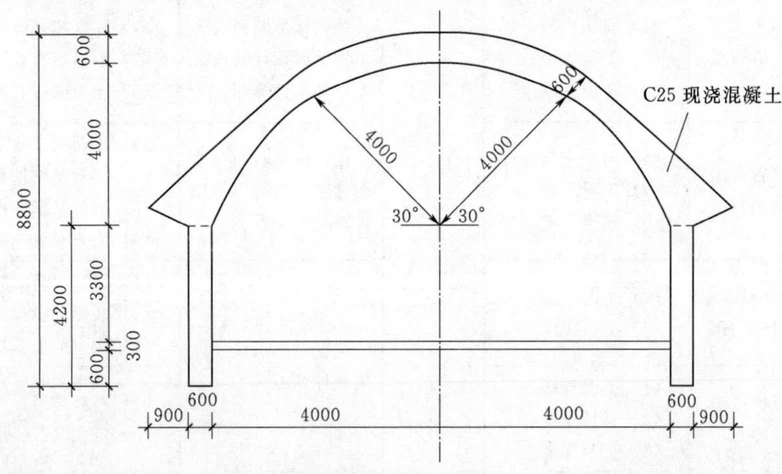

图 7.3 隧道断面图（单位：mm）

【解】 (1) 清单工程量。

平洞开挖工程量：　　65.84×30＝19752.00(m^3)

清单工程量计算见表 7.32。

表 7.32 　**清单工程量计算表**

项目编码	项目名称	项目特征描述	计量单位	工程量
040401001001	平洞开挖	特坚石，光面爆破，设计开挖断面面积 65.84m^2	m^3	19752.00

(2) 定额工程量。

拱部开挖半径： $4+0.6+0.15=4.75(m)$

1) 平洞开挖工程量：$V=\left[(4+0.6+0.1)\times2\times4.2+\frac{1}{2}\pi\times4.75^2\right]\times300=22470.94(m^3)$

2) 洞内运输工程量： $V=22470.94(m^3)$

3) 弃渣外运工程量：

装载机装车、自卸汽车运输 $22470.94m^3$。

【例 7.2】 某隧道工程在 K2+150～K2+200 段设有竖井开挖，该段无地下水，采用一般爆破开挖，岩石类别为普坚石，出渣运输用挖掘机装渣，自卸汽车运输，将废渣运至距离洞口 30m 处的废弃场。竖井布置如图 7.4 所示，计算其工程量。

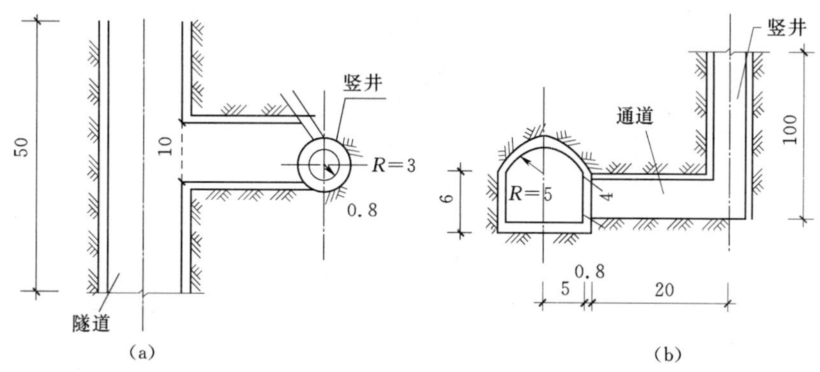

图 7.4 竖井平面及立面图（单位：m）

【解】 (1) 清单工程量。

1) 隧道工程量： $V=\left[(5+0.8)\times6\times2+(5+0.8)^2\pi\times\frac{1}{2}\right]\times50=6122.08(m^3)$

2) 通道工程量： $10\times4\times(20-3.8)=648.00(m^3)$

3) 竖井工程量： $\pi(3+0.8)^2\times100=4536.46(m^3)$

清单工程量计算见表 7.33。

表 7.33 **清单工程量计算表**

序号	项目编码	项目名称	项目特征描述	计量单位	工程量
1	040401003001	竖井开挖	隧道部分普坚石，一般爆破	m^3	6122.08
2	040401003002	竖井开挖	通道普坚石，一般爆破	m^3	648
3	040401003003	竖井开挖	竖井普坚石，一般爆破	m^3	4536.46

(2) 定额工程量。

1) 隧道工程量：

$$V=\left[(5+0.8+0.15)\times2\times6+(5+0.8+0.2)^2\pi\times\frac{1}{2}\right]\times50\times0.935=5981.60(m^3)$$

2) 通道工程量： $10\times4\times(20-3.8)\times0.935=605.88(m^3)$

3) 竖井工程量： $\pi(3+0.8)^2\times100\times0.935=4239.44(m^3)$

3) 出渣工程量： $5981.60+605.88+4239.44=10826.92(m^3)$

【例 7.3】 某隧道工程长为 500m，洞门形状如图 7.5 所示，端墙采用 M10 水泥砂浆砌片石，翼墙采用M7.5水泥砂浆砌片石，外露面用片石镶面并勾平缝，衬砌水泥砂浆砌片石厚6cm，求洞门砌筑工程量。

【解】（1）清单工程量。

1）端墙工程量：　$3.6\times(28.4+22.8)\times\frac{1}{2}\times0.06=5.53(\text{m}^3)$

2）翼墙工程量：　$\left[(6+4+0.4)\times\frac{1}{2}\times(10.8+22.8)-6\times10.8-\frac{4.4^2\pi}{2}\right]\times0.06$

$=4.77(\text{m}^3)$

洞门砌筑工程量：　$5.53+4.77=10.30(\text{m}^3)$

清单工程量计算见表7.34。

表7.34　清单工程量计算表

项目编码	项目名称	项目特征描述	计量单位	工程量
040402011001	洞门砌筑	端墙采用M10水泥砂浆砌片石，翼墙采用M7.5水泥砂浆砌片石，外露面用片石镶面并勾平缝	m³	10.30

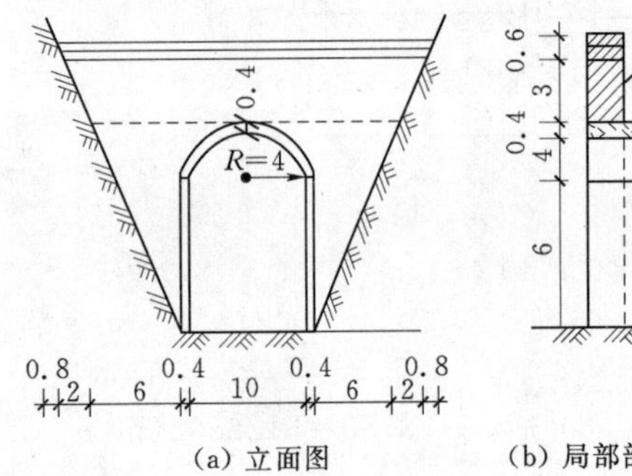

(a) 立面图

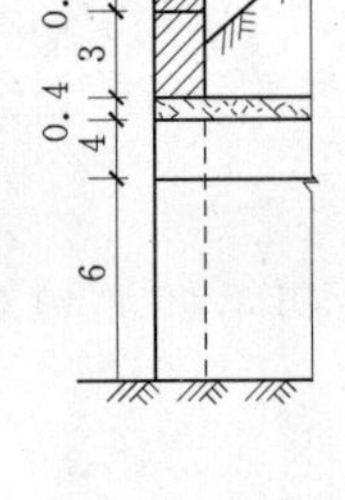

(b) 局部剖面图

图7.5　端墙式洞门示意图（单位：m）

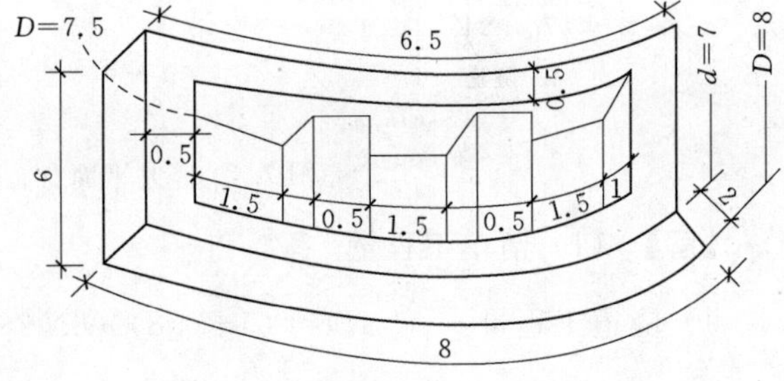

图7.6　钢筋混凝土复合管片示意图（单位：m）

（2）定额工程量同清单工程量。

【例7.4】　某隧道工程采用预制钢筋混凝土管片，管片尺寸如图7.6所示，混凝土强度等级为C40，石料最大粒径为25mm，求其工程量。

【解】（1）清单工程量。

$$\frac{8\times8-6.5\times7}{2}\times6-3\times\left(\frac{1.5\times7.5}{2}\times5-\frac{7\times1.5}{2}\times5\right)=49.88(\text{m}^3)$$

清单工程量计算见表7.35。

表7.35　清单工程量计算表

项目编码	项目名称	项目特征描述	计量单位	工程量
040303004001	预制混凝土管片	混凝土强度等级为C40，石料最大粒径为25mm	m³	49.88

（2）定额工程量。

$$\left[(8\times8-6.5\times7)\times\frac{6}{2}-3\times\frac{1.5\times7.5\times5-7\times1.5\times5}{2}\right]\times(1+1\%)=49.88(\text{m}^3)$$

【例7.5】　某隧道工程，混凝土强度等级为C25，石子最大粒径15mm，沉井如图7.7

所示，沉井下沉深度为 12m，沉井封底及底板混凝土强度等级为 C20，石子最大粒径为 10mm，沉井填心采用碎石（20mm）和块石（200mm），不排水下沉，求其工程量。

【解】（1）清单工程量。

1）混凝土井壁工程量：

$$V_1=5.4\times[(4.5+0.4+0.5+0.4+0.5)\times(6+0.5\times2+0.4\times2)]+0.3\times0.9\times2\times(0.8+6+2\times0.5+4.5)-(4.5+0.4\times2)\times(6+0.4\times2)\times5.4\}$$
$$=70.74+6.64=77.38(m^3)$$

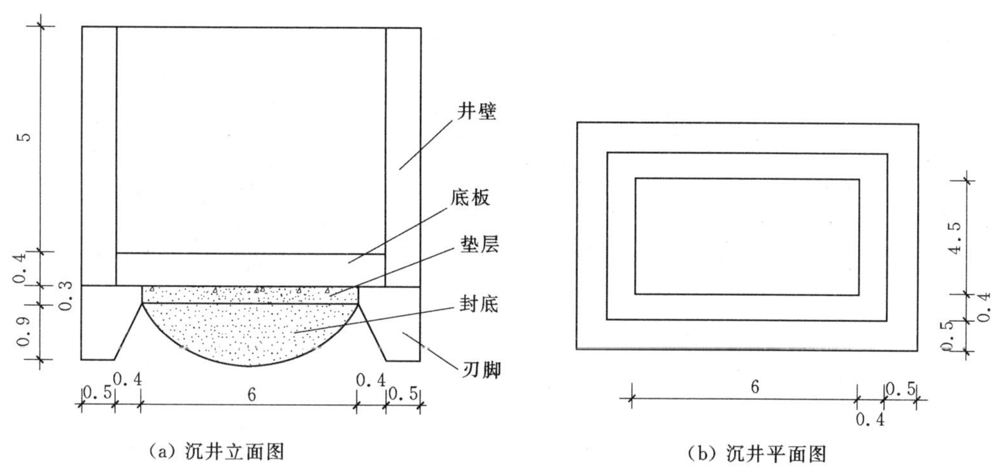

图 7.7 沉井示意图（单位：m）

2）混凝土刃脚工程量：

$$V_2=\frac{0.9\times(0.5+0.9)}{2}\times2\times(6+0.5\times2+0.4\times2)+0.9\times\frac{0.5+0.9}{2}\times2\times4.5$$
$$=9.83+5.67=15.50(m^3)$$

3）沉井下沉工程量： $V_3=(6.3+7.8)\times2\times(5+0.4+0.3+0.9)\times12=2233.44(m^3)$

4）封底混凝土工程量： $V_4=0.9\times6\times4.5=24.30(m^3)$

5）底板混凝土工程量： $V_5=0.4\times6.8\times(4.5+0.4\times2)=14.42(m^3)$

6）沉井填心工程量： $V_6=5\times(6+0.4\times2)\times(4.5+0.4\times2)=180.20(m^3)$

清单工程量计算见表 7.36。

表 7.36 清单工程量计算表

项目编码	项目名称	项目特征描述	计量单位	工程量
040405001001	沉井井壁混凝土	混凝土强度等级为 C25，石料最大粒径为 15mm	m^3	77.38
040405002001	沉井下沉	下沉深度 12m	m^3	2233.44
040405003001	沉井混凝土封底	封底混凝土强度等级为 C20，石料最大粒径为 10mm	m^3	24.30
040405004001	沉井混凝土底板	封底混凝土强度等级为 C20，石料最大粒径为 10mm	m^3	14.42
040505005001	沉井填心	沉井填心采用碎石（20mm）和块石（200mm）	m^3	180.20

（2）定额工程量同清单工程量。

【例 7.6】 某水底隧道在施工阶段 K0＋000～K0＋250 预制了两节沉管，每节沉管长 125m，混凝土强度等级为 C30，石料最大粒径为 25m，预制沉管混凝土侧墙如图 7.8 所示，求侧墙混凝土工程量。

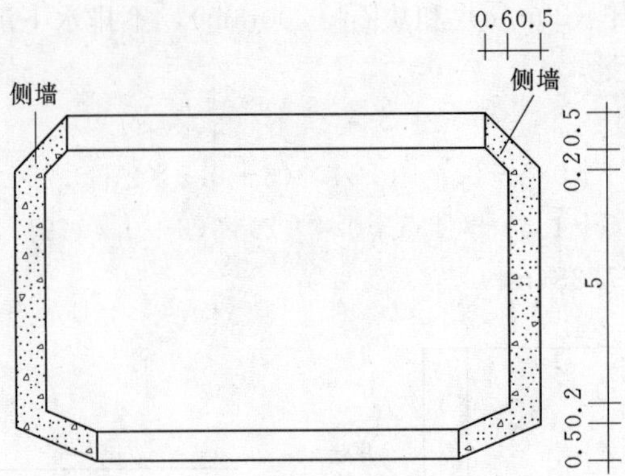

图 7.8　预制沉管混凝土侧墙示意图（单位：m）

【解】

$$V=2\times125\times2\times\left[\frac{(5\times2+0.5\times2+0.2\times2)\times(0.6+0.5)}{2}-\frac{(5\times2+0.2\times2)\times0.6}{2}\right]$$

$$=500\times\left(\frac{11.4\times1.1}{2}-\frac{10.4\times0.6}{2}\right)$$

$$=250\times6.3$$

$$=1575.00(\mathrm{m}^3)$$

清单工程量计算见表 7.37。

表 7.37　清单工程量计算表

项目编号	项目名称	项目特征描述	计算单位	工程量
040407004001	预制沉管混凝土侧墙	混凝土强度等级为 C30，石料最大粒径 25mm	m^3	1575.00

复习思考题与习题

1. 隧道按长度如何进行分类？

2. 隧道的施工方法有哪些？

3. 市政定额隧道工程如何划分？

4. 隧道工程主要列了哪些清单项目？

5. 某隧道地沟，长为 300m，其断面尺寸如图 7.9 所示，土质为三类土，底宽 1.6m，挖深 2.0m，采用光面爆破，求其工程量。

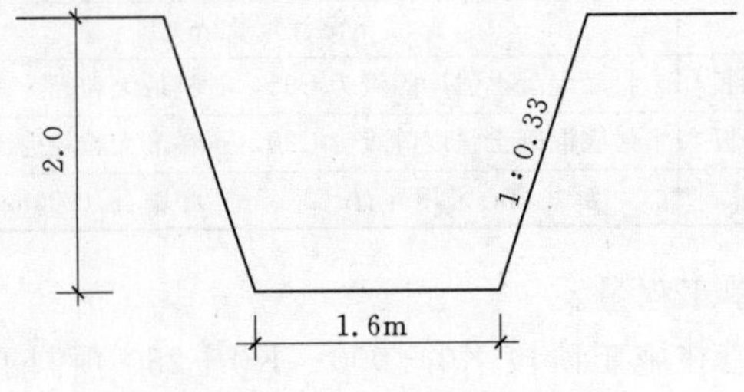

图 7.9　隧道地沟断面尺寸

第8章　管　网　工　程

8.1　管网工程简介

（1）市政管网工程指给排水管道、燃气管道、热力管道及其附属构筑物和设备的安装工程。

（2）城市排水工程。

1）定义：将城市污水、降水有组织地进行收集、处理、排放的工程设施。

2）分类：生活污水、工业废水、降水径流。

3）组成：由一系列管道与附属构造物（雨水井、检查井、跌水井、出水口、冲洗井）组成。

4）排除方式：合流制和分流制。

（3）城市给水工程系统。

1）定义：保证城镇、工矿企业等用水的各种构筑物和输配水管网组成系统。

2）分类。

a. 按水压种类，可分为地表水和地下水给水系统。

b. 按供水方式，可分为自流、水泵和混合给水系统。

c. 按使用目的，可分为生活、生产、消防给水系统。

d. 按服务对象，可分为城镇和工业给水系统。

3）组成：由一系列构造物与配输水管网，即由给水水源、取水构造物、给水处理站和给水管网组成。

（4）燃气工程系统。

1）定义：所有天然的、人工的气体燃料供城镇居民生活用的系统。

2）分类：天然的——气田气、石油气、矿井气（主要成分是甲烷）。

　　　　人工的——干煤气、油煤气、气化煤气、高炉煤气。

3）组成：由一系列燃气输配系统和储气站组成。

（5）各类管道组成，即地基＋基础＋管座＋管道＋检查井。

1）地基是与管理基础接触的沟槽底的土壤；主要作用是承受管子基础以上荷载；一般分为人工地基与天然地基；当地基承载力达不到要求时，需要进行地基处理。

2）基础是管道与地基间经人工处理或专门建造的设施。主要作用是将管道的集中荷载均匀分布，从而减少对地基单位体积的压力。

3）管座主要适用于多种潮湿土及地基软硬不均匀排水管200～2000mm，但当有地下水时应铺一层厚10～15cm碎石层再灌混凝土，在地震区域会产生不均匀地段时，在混凝土中加入钢筋网。

4）管道分给水排水工程通用管材有金属与非金属两类。金属管有无缝钢管、有缝钢管、铸铁管、钢管、不锈钢管等。非金属管有塑料管、玻璃钢管、混凝土管、钢筋混凝土管、陶土管等。给水工程中，除了管道外还有管件、管道附件。管件通常用的有弯管、三通管、四通管、P形和D形管、套管（圆形与翼形）。而管道附件有测量仪表、阀门（截止阀、闸阀、节流阀、球阀、蝶阀、疏阀、隔膜阀、淤塞阀、止回阀、安全阀）。

（6）排水工程中常见管道有以下几种。

1）陶土管。一般为1000～3000mm的圆形，其接口有承插式与平口式两种。

2）混凝土管。圆形，也有承插式与平口式两种。

a. ϕ300mm管以下的，基础仅为10cm砾石垫层。

b. 大于ϕ300mm管以上的是混凝土基础，常有90°、135°、180°管座。

c. 接口有柔性（沥青砂胶）与刚性（水泥砂浆）两种。

d. 管材直径为100～600mm时，$L=1$m。

3）钢筋混凝土管。常为直径300～2400mm、长2000mm的圆形管，其接口有承插与平口式两种。

a. 施工方法有“四合一”法、混凝土平基法、垫块稳管法。

b. 管道埋设深度：一般在路面下，在80cm以上。

c. 塑料管，也称UPVC管、PE（聚乙烯）管和ABS（塑料）管，目前工程上用得较多，现在大小规格均有，最大为ϕ500mm。

（7）污水管，倒虹吸管，部分排水管进行闭水试验，其要点如下。

1）应从上游往下游分段进行测试。上游段测试完，再往下游段测试；最大段不超过500m。

2）一般采用带井试验。进行时管道不得回填，每试验测两端井应封死，须用24cm厚砖墙且水泥砂浆抹面，且须养护3～4d无渗漏才行，闭水试验水位应试验测上游管内顶以上2m高。

3）试验时往往在井及管内灌满水，井隔30min以上开始量井内下降水位，然后计算$Q_{实际}$，若$Q_{实际}<Q_{允许值}$即可。

8.2 管网工程定额工程量计算规则

8.2.1 市政定额管网工程划分

1. 给水工程

（1）管道安装。管道安装工程包括：承插铸铁管安装（青铅接口）；承插铸铁管安装（石棉水泥接口、膨胀水泥接口）；承插、球墨铸铁管安装（胶圈接口）；预应力（自应力）混凝土管安装（胶圈接口）；塑料管安装（黏结）；塑料管安装（胶圈接口）；铸铁管新旧管连接（青铅接口、石棉水泥接口）；铸铁管新旧管连接（膨胀水泥接口）；钢管新旧管连接（焊接）；管道试压；管道消毒。

1）承插铸铁管安装（青铅接口）的工作内容包括：检查及清扫管材、切管、管道安装、化铅、打麻、打铅口。

2）承插铸铁管安装（石棉水泥接口、膨胀水泥接口）的工作内容包括：检查及清扫管

材、切管、管道安装、调制接口材料、接口、养护。

3）承插、球墨铸铁管安装（胶圈接口）的工作内容包括：检查及清扫管材、切管、管道安装、上胶圈。

4）预应力（自应力）混凝土管安装（胶圈接口）的工作内容包括：检查及清扫管材、管道安装、上胶圈、对口、调直、牵引。

5）塑料管安装（黏结）的工作内容包括：检查及清扫管材、管道安装、黏结、调直。

6）塑料管安装（胶圈接口）的工作内容包括：检查及清扫管材、管道安装、上胶圈、黏结、调直。

7）铸铁管新旧管连接（青铅接口、石棉水泥接口）的工作内容包括：定位、断管、临时加固、安装管件、化铅、塞麻、打口、通水试验。

8）铸铁管新旧管连接（膨胀水泥接口）的工作内容包括：定位、断管、安装管件、接口、临时加固、通水试验。

9）钢管新旧管连接（焊接）的工作内容包括：定位、断管、安装管件、临时加固、通水试验。

10）管道试压的工作内容包括：制堵盲板、安拆打压设备、灌水加压、清理现场。

11）管道消毒冲洗的工作内容包括：溶解漂白粉、灌水消毒、冲洗。

（2）管件安装。管件安装工程包括：铸铁管件安装（青铅接口）；铸铁管件安装（石棉水泥接口、膨胀水泥接口）；铸铁管件安装（胶圈接口）；承插式预应力混凝土转换件安装（石棉水泥接口）；塑料管件安装；分水栓安装；马鞍卡子安装；二合三通安装；铸铁穿墙管安装；法兰式水表组成与安装（有旁通管有止回阀）。

1）铸铁管件安装（青铅接口）的工作内容包括：切管、管口处理、管件安装、化铅、接口。

2）铸铁管件安装（石棉水泥接口、膨胀水泥接口）的工作内容包括：切管、管口处理、管件安装、调制接口材料、接口、养护。

3）铸铁管件安装（胶圈接口）的工作内容包括：选胶圈、清洗管口、上胶圈。

4）承插式预应力混凝土转换件安装（石棉水泥接口）的工作内容包括：管件安装、接口、养护。

5）塑料管件安装的工作内容如下。

a. 黏结：切管、坡口、清理工作面、管件安装。

b. 胶圈：切管、坡口、清理工作面、管件安装、上胶圈。

6）分水栓安装的工作内容包括：定位、开关阀门、开孔、接驳、通水试验。

7）马鞍卡子安装的工作内容包括：定位、安装、钻孔、通水试验。

8）二合三通安装的工作内容包括：管口处理、定位、安装、钻孔、接口、通水试验。

9）铸铁穿墙管安装的工作内容包括：切管、管件安装、接口、养护。

10）法兰式水表组成与安装（有旁通管有止回阀）的工作内容包括：清洗检查、焊接、制垫加垫、水表、阀门安装、上螺栓。

（3）管道附属构筑物。管道附属构筑物工程包括：砖砌圆形阀门井；砖砌矩形卧式阀门井、水表井；消火栓井；圆形排泥湿井；管道支墩（挡墩）。

1）砖砌圆形阀门井的工作内容包括：混凝土搅拌、浇捣、养护、砌砖、勾缝、安装井盖。

2）砖砌矩形卧式阀门井、水表井的工作内容包括：混凝土搅拌、浇捣、养护、砌砖、抹水泥砂浆、勾缝、安装盖板、安装井盖。

3）消火栓井的工作内容包括：混凝土搅拌、浇捣、养护、砌砖、勾缝、安装井盖。

4）圆形排泥湿井的工作内容包括：混凝土搅拌、浇捣、养护、砌砖、抹水泥砂浆、勾缝、安装井盖。

5）管道支墩（挡墩）的工作内容包括：混凝土搅拌、浇捣、养护。

（4）管道内防腐。

管道内防腐工程包括：铸铁管（钢管）地面离心机械内涂；铸铁管（钢管）人工地面内涂。

1）铸铁管（钢管）地面离心机械内涂的工作内容包括：刮管、冲洗、内涂、搭拆工作台。

2）铸铁管（钢管）人工地面内涂的工作内容包括：清理管腔、搅拌砂浆、抹灰、成品堆放。

（5）取水工程。

取水工程包括：大口井内套管安装；辐射井管安装；钢筋混凝土渗渠管制作；渗渠滤料填充。

1）大口井内套管安装的工作内容包括：套管、盲板安装、接口、封闭。

2）辐射井管安装的工作内容包括：钻孔、井内辐射管安装、焊接、顶进。

3）钢筋混凝土渗渠管制作安装的工作内容包括：混凝土搅拌、浇捣、养护、渗渠安装、连接找平。

4）渗渠滤料填充的工作内容包括：筛选滤料、填充、整平。

2. 排水工程

（1）定型混凝土管道基础及铺设。定型混凝土管道基础及铺设工程包括：定型混凝土管道基础；混凝土管道铺设；排水管道接口；管道闭水试验；排水管道出水口。

1）定型混凝土管道基础的工作内容包括：配料、搅拌混凝土、捣固、养护、材料场内运输。

2）混凝土管道铺设的工作内容包括：排管、下管、调直、找平、槽上搬运。

3）排水管道接口的工作内容如下。

a. 排水管道平（企）接口、预制混凝土外套环接口、现浇混凝土套环接口：清理管口、调运砂浆、填缝、抹带、压实、养护。

b. 变形缝：清理管口、搅捣混凝土、筛砂、调制砂浆、熬制沥青、调配沥青麻丝、填塞、安放止水带、内外抹口、压实、养护。

c. 承插接口：清理管口、调运砂浆、填缝、抹带、压实、养护。

4）管道闭水试验的工作内容包括：调制砂浆、砌堵、抹灰、注水、排水、拆堵、清理现场等。

5）排水管道出水口的工作内容如下。

a. 砖砌：清底、铺装垫层、混凝土搅拌、浇筑、养护、调制砂浆、砌砖、抹灰、勾缝、材料运输。

b. 石砌：清底、铺装垫层、混凝土搅拌、浇筑、养护、调制砂浆、砌石、抹灰、勾缝、

材料运输。

(2) 定型井。定型井的工作内容包括：混凝土搅拌、捣固、抹平、养护、调制砂浆、砌筑、抹灰、勾缝、井盖、井座、爬梯安装、材料场内运输等。

(3) 非定型井、渠、管道基础及砌筑。非定型井、渠、管道基础及砌筑工程包括：非定型井垫层；非定型井砌筑及抹灰，非定型井井盖（箅）制作、安装；非定型渠（管）道垫层及基础；非定型渠道砌筑；非定型渠道抹灰及勾缝；渠道沉降缝；钢筋混凝土盖板、过梁的预制安装；混凝土管截断；检查井筒砌筑；方沟闭水试验。

1) 非定型井垫层的工作内容如下。

a. 砂石垫层：清基、挂线、拌料、摊铺、找平、夯实、检查标高、材料运输等。

b. 混凝土垫层：清基、挂线、配料、搅拌、捣固、抹平、养护、材料运输。

2) 非定型井砌筑及抹灰的工作内容如下。

a. 砌筑：清理现场、配料、混凝土搅拌、养护、预制构件安装、材料运输。

b. 勾缝及抹灰：清理墙面、筛砂、调制砂浆勾缝、抹灰、清扫落地灰、材料运输等。

c. 井壁（墙）凿洞：凿洞、拌制砂浆、接管口、补齐管口、抹平墙面、清理场地。

3) 非定型井井盖（箅）制作、安装的工作内容包括：配料、混凝土搅拌、捣固、抹面、养护、材料场内运输等。

4) 非定型渠（管）道垫层及基础的工作内容如下。

a. 垫层：配料、混凝土搅拌、捣固、抹面、养护、材料场内运输等。

b. 渠（管）道基础。

平基、负拱基础：清底、挂线、调制砂浆、选砌砖石、抹平、夯实、混凝土搅拌、捣固、养护、材料运输、清理场地等。

混凝土枕基、管桩：清理现场、混凝土搅捣、养护、预制构件安装、材料运输。

5) 非定型渠道砌筑的工作内容如下。

a. 墙身、拱盖：清理基底、调制砂浆、筛砂、挂线砌筑、清整墙面、材料运输、清整场地。

b. 现浇混凝土方沟：混凝土搅拌、捣固、养护、材料场运输。

c. 砌筑墙帽：调制拌和砂浆、砌筑、清整场地、混凝土搅拌、捣固、养护、材料场运输、清整场地。

6) 非定型渠道抹灰与勾缝的工作内容如下。

a. 抹灰：润湿墙面、调拌砂浆、抹灰、材料运输、清整场地。

b. 勾缝：清理墙面、调拌砂浆、砌堵脚手孔、勾缝、材料运输、清整场地。

7) 渠道沉降缝的工作内容包括：熬制沥青麻丝、填塞、裁料、涂刷底油、铺贴安装、材料运输、清整场地。

8) 钢筋混凝土盖板、过梁的预制安装的工作内容如下。

a. 预制：配料、混凝土搅拌、运输、捣固、抹面、养护。

b. 安装：构件提升、就位、固定、铺底灰、调配砂浆、勾抹缝隙。

9) 混凝土管截断的工作内容包括：清扫管内杂物、画线、凿管、切断等操作过程。

10) 检查井筒砌筑的工作内容包括：调制砂浆、盖板以上的井筒砌筑、勾缝、爬梯、井盖、井座安装、场内材料运输等。

11）方沟闭水试验的工作内容包括：调制砂浆、砌砖堵、抹面、接（拆）水管、拆堵、材料（废）运输。

（4）模板、钢筋、井字架工程。模板、钢筋、井字架工程包括：现浇混凝土模板工程；预制混凝土模板工程；钢筋（铁件）；井字架。

1）现浇混凝土模板工程的工作内容如下。

a. 基础：模板制作、安装、拆除，清理杂物、刷隔离剂、整理堆放、场内外运输。

b. 构筑物及池类、管、渠道及其他：模板安装、拆除，涂刷隔离剂、清杂物、场内外运输等。

2）预制混凝土模板工程的工作内容包括：工具式钢模板安装、清理、刷隔离剂、拆除、整理堆放、场内运输。

3）钢筋（铁件）的工作内容如下。

a. 现浇、预制构件钢筋：钢筋解捆、除锈、调直、下料、弯曲、点焊、除渣，绑扎成型、运输入模。

b. 预应力钢筋。

先张法：制作、张拉、放张、切断等。

后张法及钢筋束：制作、编束、穿筋、张拉、孔道灌浆、锚固、放张、切断等。

c. 预埋铁件制作、安装：加工、制作、埋设、焊接固定。

4）井字架的工作内容如下。

a. 木制：木脚手杆安装、铺翻板子、拆除、堆放整齐、场内运输。

b. 钢管：各种扣件安装、铺翻板子、拆除、场内运输。

（5）排水构筑物。

排水构筑物工程包括：沉井；现浇钢筋混凝土池；预制混凝土构件；折板、壁板制作安装；滤料铺设；防水工程；施工缝；井、池渗漏试验。

1）沉井的工作内容如下。

a. 沉井垫木、灌砂。

垫木：人工挖槽弃土，铺砂、洒水、夯实、铺设和抽除垫木，回填砂。

灌砂工装、运、卸砂，人工灌、捣砂。

砂垫层：平整基坑、运砂、分层铺平、浇水、振实。

混凝土垫层：配料、搅捣、养护、凿除混凝土垫层。

b. 沉井制作：混凝土搅拌、浇捣、抹平、养护、场内材料运输。

c. 沉井下沉：搭拆平台及起吊设备、挖土、吊土、装车。

2）现浇钢筋混凝土池的工作内容如下。

a. 池底、池壁、柱梁、池盖、板、池槽：混凝土搅拌、浇捣、养护、场内材料运输。

b. 导流筒：调制砂浆、砌砖、场内材料运输。

c. 其他现浇钢筋混凝土构件：混凝土搅拌、运输、浇捣、养护、场内材料运输。

3）预制混凝土构件的工作内容如下。

a. 构件制作：混凝土搅拌、运输、浇捣、养护、场内材料运输。

b. 构件安装：安装就位、找正、找平、清理、场内材料运输。

4）折板、壁板制作安装的工作内容如下。

a. 折板安装：找平、找正、安装、固定、场内材料运输。

b. 壁板制作安装：木壁板制作；刨光企口；接装及各种铁件安装；画线、下料、拼装机各种铁件安装等。

5）滤料铺设的工作内容包括：筛、运、洗砂石；清底层；挂线；铺设砂石；整形找平等。

6）防水工程的工作内容包括：清扫及烘干基层、配料、熬油、清扫油毡、砂子筛选；调制砂浆、抹灰找平、压光压实、场内材料运输。

7）施工缝的工作内容包括：熬制沥青、玛琋脂；调配沥青麻丝、浸木丝板、拌和沥青砂浆；填塞、嵌缝、灌缝；材料场内运输等。

8）井、池渗漏试验的工作内容包括：准备工具、灌水、检查、排水、现场清理等。

（6）顶管工程。顶管工程包括：工作坑、交汇坑土方及支撑安拆，顶进后座及坑内平台安拆，泥水切削机械及附属设施安拆，中继间安拆，顶进触变泥浆减阻，封闭式顶进，混凝土管顶进，钢管顶进、挤压顶进，方（拱）涵顶进，混凝土管顶管平口管接口，混凝土管顶管企口管接口，顶管接口（内）外套环，顶管钢板套环制作。

1）工作坑、交汇坑土方及支撑安拆的工作内容如下。

a. 人工挖土、少先吊配合吊土、卸土，场地清理。

b. 备料、场内运输、支撑安拆、整理、指定地点堆放。

2）顶进后座及坑内平台安拆的工作内容如下。

a. 枋木后座：安拆顶进后座、安拆人工操作平台及千斤顶平台、清理现场。

b. 钢筋混凝土后座：模板制、安、拆，钢筋除锈、制作、安装，混凝土拌和、浇捣、养护，安拆钢板后靠，搭拆人工操作平台及千斤顶平台，拆除混凝土后座，清理现场。

3）泥水切削机械及附属设施安拆的工作内容包括：安拆工具管、千斤顶、顶铁、油泵、配电设备、进水泵、出泥泵、仪表操作台、油管闸阀、压力表、进水管、出泥管及铁梯等全部工序。

4）中继间安拆的工作内容包括：安装、吊卸中继间；装油泵、油管；接缝防水；拆除中继间内的全部设备，吊出井口。

5）顶进触变泥浆减阻的工作内容包括：安拆操作机械；取料、拌浆、清理。

6）封闭式顶进的工作内容包括：卸管、接拆进水管、出泥浆管、照明设备；掘进、测量纠偏；泥浆出坑；场内运输等。

7）混凝土管顶进的工作内容包括：下管、固定胀圈；安、拆、换顶铁；挖、运、吊土；顶进；纠偏。

8）钢管顶进、挤压顶进的工作内容包括：修整工作坑、安拆顶管设备；下管、接口；安、拆、换顶铁；挖、运、吊土；顶进；纠偏。

9）方（拱）涵顶进的工作内容如下。

a. 顶进：修整工作坑、安拆顶管设备；下方（拱）涵；安、拆、换顶铁；挖、运、吊土；顶进；纠偏。

b. 熬制沥青玛琋脂、裁油毡，制填石棉水泥，抹口。

10）混凝土管顶管平口管接口的工作内容包括：配制沥青麻丝，拌和砂浆，填、打管口，材料运输。

11）混凝土管顶、管企口、管接口的工作内容如下。

a. 配制沥青麻丝，拌和砂浆，填、打管口，材料运输。

b. 清理管口，调配嵌缝及黏结材料，制黏垫板，打（抹）内管口，材料运输。

12）顶管接口（内）外套环的工作内容包括：清理接口，安放O形橡胶圈、钢制外套环，刷环氧沥青漆。

13）顶管钢板套环制作的工作内容包括：画线、下料、坡口、压头、卷圆、找圆、组对、点焊、焊接、除锈、刷油、场内运输等。

（7）给排水机械设备安装。

给排水机械设备安装工程包括：拦污及提水设备，投药、消毒处理设备；水处理设备；排泥、撇渣和除砂机械；污泥脱水机械；闸门及驱动装置；其他。

1）拦污及提水设备的工作内容如下。

a. 格栅的制作安装：放样、下料、调直、打孔、机加工、组对、点焊、成品校正、除锈刷油。

b. 格栅除污机、滤网清污机、螺旋泵：开箱点件、基础画线、场内运输、设备吊装就位、一次灌浆、精平、组装；附件组装、清洗、检查、加油；无负荷试运转。

2）投药、消毒处理设备的工作内容如下。

a. 加氯机：开箱点件、基础画线、场内运输、固定、安装。

b. 水射器：开箱点件、场内运输、制垫、安装、找平、加垫、紧固螺栓。

c. 管式混合器：外观检查、点件、安装、找平、加垫、紧固螺栓、水压试验。

d. 搅拌机械：开箱点件、基础画线、场内运输、设备吊装就位、一次灌浆、精平、组装；附件组装、清洗、检查、加油；无负荷试运转。

3）水处理设备的工作内容如下。

a. 曝气器：外观检查、场内运输、设备吊装就位、安装、固定、找平、找正调试。

b. 布气管安装：切管、坡口、调直、对口、挖眼接管、管道制作安装、盲板制作安装、水压试验、场内运输。

c. 曝气机、生物转盘：开箱点件、基础画线、场内运输、设备吊装就位、一次灌浆、精平、组装；附件组装、清洗、检查、加油；无负荷试运转。

4）排泥、撇渣和除砂机械的工作内容如下。

a. 行车式吸泥机、行车式提板刮泥撇渣机：开箱点件、场内运输、枕木堆搭设；主梁组对、吊装；组件安装；无负荷试运转。

b. 链条牵引式刮泥机：开箱点件、基础画线、场内运输、设备吊装就位、精平、组装；附件组装、清洗、检查、加油，无负荷试运转。

c. 悬挂式中心传动刮泥机：开箱点件、基础画线、场内运输、枕木堆搭设；主梁组对、主梁吊装就位；精平组装；附件组装、清洗、检查、加油；无负荷试运转。

d. 垂架式中心传动刮、吸泥机、周边传动吸泥机：开箱点件、基础画线、场内运输、8t汽车吊进出池子；枕木堆搭设；脚手架搭设；设备组装；附件组装、清洗、检查、加油；无负荷试运转。

e. 澄清池机械搅拌刮泥机：开箱点件、基础画线、场内运输、设备吊装、一次灌浆、精平组装；附件组装、清洗、检查、加油；无负荷试运转。

f. 钟罩吸泥机：开箱点件、基础画线、场内运输、设备吊装、精平组装；附件组装、清洗、检查、加油；无负荷试运转。

5）污泥脱水机械的工作内容包括：开箱点件、基础画线、场内运输、设备吊装、一次灌浆、精平组装；附件组装、清洗、检查、加油；无负荷试运转。

6）闸门及驱动装置的工作内容包括：开箱点件、基础画线、场内运输、闸门安装、找平、找正；试漏、试运转。

7）其他的工作内容如下。

a. 集水槽。

集水槽制作：放样、下料、折边、铣孔、法兰制作、组对、焊接、酸洗、材料场内运输等。

集水槽安装：清基、放线、安装、固定、场内运输等。

b. 堰板。

齿型堰板制作：放样、下料、钻孔、清理、调直、酸洗、场内运输等。

齿型堰板安装：清基、放线、安装就位、固定、焊接或粘接、场内运输等。

c. 穿孔管钻孔：切管、画线、钻孔、场内材料运输等。

d. 斜板、斜管安装：斜板、斜管铺装，固定；场内材料运输等。

e. 地脚螺栓孔灌浆：清扫、冲洗地脚螺栓孔、筛选砂石、人工搅拌、捣固、找平、养护。

f. 设备底座与基础间灌浆。

3. 燃气与集中供热工程

（1）管道安装。管道安装工程包括：碳钢管安装；直埋式预制保温管安装；碳素钢板卷管安装；活动法兰承插铸铁管安装（机械接口）；塑料管安装；套管内铺设钢板卷管安装。

1）碳钢管安装的工作内容包括切管、坡口、对口、调直、焊接、找坡、找正、安装等操作过程。

2）直埋式预制保温管安装的工作内容包括收缩带下料、制塑料焊条、坡口及磨平、组对、安装焊接、套管连接、找正、就位、固定、塑料焊、人工发泡、做收缩带、防毒等操作过程。

3）碳素钢板卷管安装的工作内容包括切管、坡口、对口、调直、焊接、找坡、找正、直管安装等操作过程。

4）活动法兰承插铸铁管安装（机械接口）的工作内容包括上法兰、胶圈、紧螺栓、安装、试压等操作过程。

5）塑料管安装的工作内容如下。

a. 管口切削、对口、升温、熔接等操作过程。

b. 管口切削、上电熔管件、升温、熔接等操作过程。

6）套管内铺设钢板卷管：铺设工具制作安装、焊口、直管安装、牵引推进等操作过程。

（2）管件制作、安装。管件制作、安装工程包括：焊接弯头制作；弯头（异径管）安装；三通安装；挖眼接管；钢管煨弯；铸铁管件安装（机械接口）；盲（堵）板安装；钢塑过渡接头安装；防雨环帽制作、安装；直埋式预制保温管管件安装。

1）焊接弯头制作的工作内容包括量尺寸、切管、组对、焊接成形、成品码垛等操作过程。

2）弯头（异径管）安装的工作内容包括切管、管口修整、坡口、组对安装、点焊、焊接等操作过程。

3）三通安装的工作内容包括切管、管口修整、坡口、组对安装、点焊、焊接等操作过程。

4）挖眼接管的工作内容包括切割、坡口、组对安装、点焊、焊接等操作过程。

5）钢管煨弯的工作内容如下。

a. 机械煨弯：画线、涂机油、上管压紧、煨弯、修整等操作过程。

b. 中频弯管煨弯：画线、涂机油、上胎具、加热、煨弯、下胎具、成品检查等操作过程。

6）铸铁管件安装（机械接口）的工作内容包括：管口处理、找正、找平；上胶圈、法兰；紧螺栓等操作过程。

7）盲（堵）板安装的工作内容包括：切管、坡口、对口、焊接、上法兰、找平、找正；制、加垫；紧螺栓、压力试验等操作过程。

8）钢塑过渡接头安装的工作内容包括钢管接口焊接、塑料管接头熔接等操作过程。

9）防雨环帽制作、安装的工作内容如下。

a. 制作：包括放样、下料、切割、坡口、卷圆、组对、点焊、焊接等操作过程。

b. 安装：包括吊装、组对、焊接等操作过程。

10）直埋式预制保温管管件安装的工作内容包括：收缩带下料、制塑料焊条；切、坡中及打磨、组对、安装、焊接；连接套管、找正、就位、固定、塑料焊、人工发泡、做收缩带防毒等操作过程。

（3）法兰阀门安装。法兰阀门安装工程包括：法兰安装；阀门安装；阀门水压试验；低压（中压）阀门解体、检查、清洗、研磨；阀门操纵装置安装。

1）法兰安装的工作内容如下。

a. 平焊法兰、对焊法兰：切管、坡口、组对、制加垫、紧固螺栓、焊接等操作过程。

b. 绝缘法兰：切管、坡口、组对、制加绝缘垫片、垫圈，制加绝缘套管、组对、紧固螺栓等操作过程。

2）阀门安装的工作内容如下。

a. 焊接法兰阀门安装：制加垫、紧螺栓等操作过程。

b. 低压（中压）齿轮、电动传动阀门安装：除锈、制加垫、吊装、紧固螺栓等操作过程。

3）阀门水压试验的工作内容包括除锈、切管、焊接、制加垫、固定、紧固螺栓、压力试验等操作过程。

4）低压（中压）阀门解体、检查、清洗、研磨的工作内容包括阀门解体、检查、填料更换或增加、清洗、研磨、恢复、堵板制作、上堵板、试压等操作过程。

5）阀门操纵装置安装的工作内容包括：部件检查及组合装配、找平、找正、安装、固定、试调、调整等操作过程。

（4）燃气用设备安装。燃气用设备安装工程包括：凝水缸制作、安装；鬃毛过滤器、萘油分离器安装；安全水封、检漏管安装；煤气调长器安装。

1）凝水缸制作、安装的工作内容如下。

a. 低压（中压）碳钢凝水缸制作：放样、下料、切割、坡口、对口、点焊、焊接成形、强度试验等操作过程。

b. 低压碳钢凝水缸安装：安装罐体、找平、找正、对口、焊接、量尺寸、配管、组装、防护罩安装等操作过程。

c. 中压碳钢凝水缸安装：安装罐体、找平、找正、对口、焊接、量尺寸、配管、组装、头部安装、抽水缸小井砌筑等操作过程。

d. 低压铸铁凝水管缸安装（机械接口）：抽水立管安装、抽水缸与管道连接；防护罩、井盖安装等操作过程。

e. 中压铸铁凝水管缸安装（机械接口）：抽水立管安装、抽水缸与管道连接；凝水缸小井砌筑，防护罩、井座、井盖安装等操作过程。

f. 低压铸铁凝水管缸安装（青铅接口）：抽水立管安装、化铅、灌铅、打口、凝水缸小井砌筑；防护罩、井座、井盖安装等操作过程。

g. 中压铸铁凝水管缸安装（青铅接口）：抽水立管安装、头部安装、化铅、灌铅、打口、凝水缸小井砌筑；防护罩、井座、井盖安装等操作过程。

h. 调压器安装如下。

雷诺调压器、T 形调压器：安装、调试等操作过程。

箱式调压器：进、出管焊接；调试、调压箱体固定安装等操作过程。

2）鬃毛过滤器、萘油分离器安装的工作内容包括：成品安装、调试等操作过程。

3）安全水封、检漏管安装的工作内容包括：排尺、下料、焊接法兰、紧螺栓等操作过程。

4）煤气调长器安装的工作内容包括：熬制沥青、灌沥青、量尺寸、断管、焊法兰、制加垫、找平、找正、紧螺栓等操作过程。

（5）集中供热用容器具安装。集中供热用容器具安装工程包括除污器组成安装；补偿器安装。

1）除污器安装的工作内容如下。

a. 除污器组成安装：清洗、切管、套丝、上零件、焊接、组对、制、加垫；找平、找正、器具安装；压力试验等操作过程。

b. 除污器安装：切管、焊接、制、加垫；除污器、放风管、阀门安装；压力试验等操作过程。

2）补偿器安装的工作内容如下。

a. 焊接钢套筒补偿器安装：切管、补偿器安装、对口、焊接、制、加垫；紧固螺栓、压力试验等操作过程。

b. 焊接法兰式波纹补偿器安装：除锈、切管、焊法兰、吊装、就位、找正、找平、制、加垫；紧螺栓、水压试验等操作过程。

（6）管道试压、吹扫。管道试压、吹扫工程包括：强度试验；气密性试验；管道吹扫；管道总试压及冲洗；牺牲阳极、测试桩安装。

1）强度试验的工作内容包括：准备工具、材料；装、拆临时管线；制、安盲堵板；充气加压；检查、找漏、清理现场等操作过程。

2）气密性试验的工作内容包括：准备工具、材料；装、拆临时管线；制、安盲堵板；充气试验、清理现场等操作过程。

3）管道吹扫的工作内容包括：准备工具、材料；装、拆临时管线；制、安盲堵板；加压、吹扫、清理现场等操作过程。

4）管道总试压及冲洗的工作内容包括：安装临时水、电源；制盲堵板、灌水、试压、检查放水、拆除水、电源；填写记录等操作过程。

5）牺牲阳极、测试桩安装的工作内容包括：牺牲阳极表面处理、焊接、配添料；牺牲阳极包制作、安装；测试桩安装、夯填、沥青防腐处理等操作过程。

8.2.2　管网工程定额工程量计算规则

1. 给水工程

（1）管道安装均按施工图中心线的长度（支管长度从主管中心开始计算到支管末端交接处的中心），管件、闸门所占长度已在管道施工损耗中综合考虑，计算工程量时均不扣除其所占长度。

（2）管道安装均不包括管件（指三通、弯头、异径管）、阀门的安装，管件安装执行《全国统一市政工程预算定额》第五册“给水工程”有关定额。

（3）遇有新旧管连接时，管道安装工程量计算到碰头的阀门处，但阀门及与阀门相连的承（插）盘短管、法兰盘的安装均包括在新旧管连接定额内，不再另计。

（4）管道内防腐按施工图中心线长度计算，计算工程量时不扣除管件、阀门所占长度，但管件、阀门的内防腐也不另行计算。

（5）管件、分水栓、马鞍卡子、二合三通、水表的安装按施工图数量以“个”或“组”为单位计算。

（6）各种井均按施工图数量，以“座”为单位。

（7）管道支墩按施工图以实体积计算，不扣除钢筋、铁件所占的体积。

（8）大口井内套管、辐射井管安装按设计图中心线长度计算。

（9）套管内的管道敷设按相应的管道安装人工、机械乘以系数1.2。

（10）新旧管线连接项目所指的管径是指新旧管中最大的管径。

2. 排水工程

（1）各种角度的混凝土基础、混凝土管、缸瓦管铺设，井中至井中的中心扣除检查井长度，以延长米计算工程量。每座检查井扣除长度按表8.1计算。

表8.1　　检查井扣除长度

检查井规格/mm	扣除长度/m	检查井形式	扣除长度/m
ϕ700	0.4	各种矩形井	1.0
ϕ1000	0.7	各种交汇井	1.2
ϕ1250	0.95	各种扇形井	1.0
ϕ1500	1.20	圆形跌水井	1.6
ϕ2000	1.70	矩形跌水井	1.7
ϕ2500	2.20	阶梯式跌水井	按实扣

（2）管道接口区分管径和做法，以实际按接口个数计算工程量。

（3）管道闭水试验，以实际闭水长度计算，不扣除各种井所占长度。

（4）管道出水口区分形式、材质及管径，以“处”为单位计算。

（5）如在无基础的槽内铺设管道，其人工、机械乘以系数1.18。

（6）如遇有特殊情况，必须在支持下串管铺设，人工、机械乘以系数1.33。

（7）若在枕基上铺设缸瓦（陶土）管，人工乘以系数1.18。

（8）各种井按不同井深、井径以“座”为单位计算。

（9）各类井的井深按井底基础以上至井盖顶计算。

（10）非定型井、渠、管道基础及砌筑定额中所列各项目的工程量均以施工图为准计算，其中：

1）砌筑按体积以“$10m^3$”为单位计算。

2）抹灰、勾缝以“$100m^2$”为单位计算。

3）各种井的预制构件以实体积“m^3”为单位计算，安装以“套”为单位计算。

4）井、渠垫层、基础按实体积以“$10m^3$”为单位计算。

5）沉降缝应区分材质按沉降缝的断面积或铺设长度分别以“$100m^2$”和“100m”为单位计算。

6）各类混凝土盖板的制作按实体积以“m^3”为单位计算，安装应区分单件（块）体积，以“$10m^3$”为单位计算。

（11）检查井筒的砌筑适用于混凝土管道井深不同的调整和方沟井筒的砌筑，区分高度以“座”为单位计算，高度与定额不同时采用每增减0.5m计算。

（12）方沟（包括存水井）闭水试验的工程量，按实际闭水长度的用水量以“$100m^3$”为单位计算。

（13）拱（弧）形混凝土盖板的安装，按相应体积的矩形板定额人工、机械乘以系数1.15执行。

（14）石砌体均按块石考虑，如采用片石或平石时，块石与泥浆用量分别乘以系数1.09和1.19，其他不变。

（15）工作坑土方区分挖土深度，以挖方体积为单位计算。

（16）各种材质管道的顶管工程量，按实际顶进长度，以延长米为单位计算。

（17）顶管接口应区分操作方法、接口材质分别以口的个数和管口断面积计算工程量。

（18）钢板内、外套环的制作，按套环重量以“t”为单位计算。

（19）顶管采用中继间顶进时，顶进定额中的人工费与机械费乘以表8.2中的系数分级计算。

表8.2　　　　系数分级计算表

中继间顶进分级	一级顶进	二级顶进	三级顶进	四级顶进	超过四级
人工费、机械费调整系数	1.36	1.64	2.15	2.80	另计

（20）管道顶进项目中的顶镐均为液压自退顶。如果采用人工顶镐，定额人工乘以系数1.43；如果人力退顶（回镐）时间定额乘以系数1.20，其他不变。

(21) 现浇混凝土构件模板按构件与模板的接触面积以“m^3”为单位计算。

(22) 预制混凝土构件模板，按构件的实际体积以“m^3”为单位计算。

3. 燃气与集中供热工程

(1) 管道安装中各种管道的工程量均按延长米计算，管件、阀门、法兰所占长度已在管道施工损耗中综合考虑，计算工程量时均不扣除其所占长度。

(2) 铸铁管安装按 N1 和 X 型接口计算，如采用 N 型和 SMJ 型，则人工乘以系数 1.05。

(3) 异径管安装以大口径为准，长度综合取定。

(4) 电动阀门安装不包括电动机的安装。

(5) 阀门解体、检查和研磨，已包括一次试压，均按实际发生的数量，按相应项目执行。

(6) 阀门压力试验介质是按水考虑的，如设计要求其他介质，可按实调整。

(7) 中压法兰、阀门安装执行低压相应项目，其人工费乘以系数 1.2。

(8) 煤气调长器是按三波考虑的，如安装三波以上者，其人工费乘以系数 1.33，其他不变。

(9) 煤气调长器是按焊接法兰考虑的，如采用直接对焊时，应减去法兰安装用材料，其他不变。

(10) 强度实验、气密性试验项目，分段试验合格的，如需总体试压和发生二次或二次以上试压时，应再套用管道试压、吹扫定额相应项目计算试压费用。

(11) 管件长度未满 10m 者，以 10m 计，超过 10m 者按实际长度计。

(12) 集中供热高压管道压力试验执行低中压相应定额，其人工乘以系数 1.3。

8.3 管网工程清单工程量计算规则

8.3.1 管道铺设安装工程量计算

1. 各种管道工程量计算

各类管道铺设工程量清单项目设置、项目特征描述、计量单位及工程量计算规则，应按表 8.3 的规定执行。

表 8.3 各类管道铺设

项目编码	项目名称	项目特征	计量单位	工程量计算规则	工作内容
040501001	混凝土管	(1) 垫层、基础材质及厚度； (2) 管座材质； (3) 规格； (4) 接口方式； (5) 铺设深度； (6) 混凝土强度等级； (7) 管道检验及试验要求	m	按设计图示中心线长度以延长米为单位计算。不扣除附属构筑物、管件及阀门等所占长度	(1) 垫层、基础铺筑及养护； (2) 模板制作、安装、拆除； (3) 混凝土拌和、运输、浇筑、养护； (4) 预制管枕安装； (5) 管道铺设； (6) 管道接口； (7) 管道检验及试验

续表

项目编码	项目名称	项目特征	计量单位	工程量计算规则	工作内容
040501002	钢管	（1）垫层、基础材质及厚度； （2）材质及规格； （3）接口方式； （4）铺设深度； （5）管道检验及试验要求； （6）集中防腐运距	m	按设计图示中心线长度以延长米为单位计算。不扣除附属构筑物、管件及阀门等所占长度	（1）垫层、基础铺筑及养护； （2）模板制作、安装、拆除； （3）混凝土拌和、运输、浇筑、养护； （4）管道铺设； （5）管道检验及试验； （6）集中防腐运输
040501003	铸铁管				
040501004	塑料管	（1）垫层、基础材质及厚度； （2）材质及规格； （3）连接方式； （4）铺设深度； （5）管道检验及试验要求			（1）垫层、基础铺筑及养护； （2）模板制作、安装、拆除； （3）混凝土拌和、运输、浇筑、养护； （4）管道铺设； （5）管道检验及试验
040501005	直埋式预制保温管	（1）垫层材质及厚度； （2）材质及规格； （3）接口方式； （4）铺设深度； （5）管道检验及试验要求			（1）垫层铺筑及养护； （2）管道铺设； （3）接口处保温； （4）管道检验及试验
040501006	管道架空跨越	（1）管道架设高度； （2）管道材质及规格； （3）接口方式； （4）管道检验及试验要求； （5）集中防腐运输		按设计图示中心线长度以延长米为单位计算。不扣除管件及阀门等所占长度	（1）管道架设； （2）管道检验及试验； （3）集中防腐运输
040501007	隧道（沟、管）内管道	（1）基础材质及厚度； （2）混凝土强度等级； （3）材质及规格； （4）接口方式； （5）管道检验及试验要求； （6）集中防腐运输		按设计图示中心线长度以延长米为单位计算。不扣除附属构筑物、管件及阀门等所占长度	（1）基础铺筑及养护； （2）模板制作、安装、拆除； （3）混凝土拌和、运输、浇筑、养护； （4）管道铺设； （5）管道检验及试验； （6）集中防腐运输
040501008	水平导向钻进	（1）土壤类别； （2）材质及规格； （3）一次成孔长度； （4）接口方式； （5）泥浆要求； （6）管道检验及试验要求； （7）集中防腐运输		按设计图示长度以延长米为单位计算。扣除附属构筑物（检查井）所占长度	（1）设备安装、拆除； （2）定位、成孔； （3）管道接口； （4）拉管； （5）纠偏、监测； （6）泥浆制作、注浆； （7）管道检测及试验； （8）集中防腐运输； （9）泥浆、土方外运
040501009	夯管	（1）土壤类别； （2）材质及规格； （3）一次夯管长度； （4）接口方式； （5）管道检验及试验要求； （6）集中防腐运距			（1）设备安装、拆除； （2）定位、夯管； （3）管道接口； （4）纠偏、监测； （5）管道检测及试验； （6）集中防腐运输； （7）土方外运

续表

项目编码	项目名称	项目特征	计量单位	工程量计算规则	工作内容
040501010	顶（夯）管工作坑	(1) 土壤类别； (2) 工作坑平面尺寸及深度； (3) 支撑、围护方式； (4) 垫层、基础材质及厚度； (5) 混凝土强度等级； (6) 设备、工作台主要技术要求	座	按设计图示以数量计算	(1) 支撑、围护； (2) 模板制作、安装、拆除； (3) 混凝土拌和、运输、浇筑、养护； (4) 工作坑内设备、工作台安装及拆除
040501011	预制混凝土工作坑	(1) 土壤类别； (2) 工作坑平面尺寸及深度； (3) 垫层、基础材质及厚度； (4) 混凝土强度等级； (5) 设备、工作台主要技术要求； (6) 混凝土构件运距			(1) 混凝土工作坑制作； (2) 下沉、定位； (3) 模板制作、安装、拆除； (4) 混凝土拌和、运输、浇筑、养护； (5) 工作坑内设备、工作台安装及拆除； (6) 混凝土构件运输
040501012	顶管	(1) 土壤类别； (2) 顶管工作方式； (3) 管道材质及规格； (4) 中继间规格； (5) 工具管材质及规格； (6) 触变泥浆要求； (7) 管道检验及试验要求； (8) 集中防腐运距	m	按设计图示长度以延长米为单位计算。扣除附属构筑物（检查井）所占长度	(1) 管道顶进； (2) 管道接口； (3) 中继间、工具管及附属设备安装拆除； (4) 管内挖、运土及土方提升； (5) 机械顶管设备调向； (6) 纠偏、监测； (7) 触变泥浆制作、注浆； (8) 洞口止水； (9) 管道内检测及试验； (10) 集中防腐运输； (11) 泥浆、土方外运
040501013	土壤加固	(1) 土壤类别； (2) 加固填充材料； (3) 加固方式	(1) m； (2) m^3	(1) 按设计图示加固段长度以延长米为单位计算； (2) 按设计图示加固段体积以 m^3 为单位计算	打孔、调浆、灌注
040501014	新旧管连接	(1) 材质及规格； (2) 连接方式； (3) 带（不带）介质连接	处	按设计图示数量计算	(1) 切管； (2) 钻孔； (3) 连接
040501015	临时放水管线	(1) 材质及规格； (2) 铺设方式； (3) 接口形式	m	按放水管线长度以延长米为单位计算。不扣除管件、阀门所占长度	管线铺设、拆除

2. 渠道工程量计算

渠道是指人工开凿有系统的用来引水排灌的水道。

砌筑渠道采用的材料包括砖、石、陶土块、混凝土块等，砌筑砂浆是由胶结料（水泥、石灰、石膏）、细骨料（砂、细矿渣）和水组成的混合物。

混凝土渠道是指在施工现场支模浇筑的渠道。

渠道工程工程量清单项目设置、项目特征描述、计量单位及工程量计算规则，应按表8.4的规定执行。

表 8.4　　隧　道　工　程

项目编码	项目名称	项目特征	计量单位	工程量计算规则	工作内容
040501016	砌筑方沟	（1）断面规格； （2）垫层、基础材质及厚度； （3）砌筑材料品种、规格、强度等级； （4）混凝土强度等级； （5）砂浆强度等级配合比； （6）勾缝、抹面要求； （7）盖板材质及规格； （8）伸缩缝（沉降缝）要求； （9）防渗、防水要求； （10）混凝土构件运距	m	按设计图示尺寸以延长米为单位计算	（1）模板制作、安装、拆除； （2）混凝土拌和、运输、浇筑、养护； （3）砌筑； （4）勾缝、抹面； （5）盖板制作； （6）防水、止水； （7）混凝土构件运输
040501017	混凝土方沟	（1）断面规格； （2）垫层、基础材质及厚度； （3）混凝土强度等级； （4）伸缩缝（沉降缝）要求； （5）盖板材质、规格； （6）防渗、防水要求； （7）混凝土构件运距			（1）模板制作、安装、拆除； （2）混凝土拌和、运输、浇筑、养护； （3）盖板安装； （4）防水、止水； （5）混凝土构件运输
040501018	砌筑渠道	（1）断面规格； （2）垫层、基础材质及厚度； （3）砌筑材料品种、规格、强度等级； （4）混凝土强度等级； （5）砂浆强度等级配合比； （6）勾缝、抹面要求； （7）伸缩缝（沉降缝）要求； （8）防渗、防水要求			（1）模板制作、安装、拆除； （2）混凝土拌和、运输、浇筑、养护； （3）渠道砌筑； （4）勾缝、抹面； （5）防水、止水
040501019	混凝土渠道	（1）断面规格； （2）垫层、基础材质及厚度； （3）混凝土强度等级； （4）伸缩缝（沉降缝）要求； （5）防渗、防水要求； （6）混凝土构件运距			（1）模板制作、安装、拆除； （2）混凝土拌和、运输、浇筑、养护； （3）防水、止水； （4）混凝土构件运输
040501020	警示（示踪）带铺设	规格		按铺设长度以延长米为单位计算	铺设

8.3.2 管件、阀门及附件安装工程量计算

1. 管件、转换件安装工程量计算

管件、转换件安装工程量清单项目设置、项目特征描述、计量单位及工程量计算规则，应按表8.5的规定执行。

表8.5 管件、转换件安装

项目编码	项目名称	项目特征	计量单位	工程量计算规则	工作内容
040502001	铸铁管管件	(1) 种类； (2) 材质及规格； (3) 接口形式	个	按设计图示以数量计算	安装
040502002	钢管管件制作、安装				制作、安装
040502003	塑料管管件	(1) 种类； (2) 材质及规格； (3) 连接方式			安装
040502004	转换件	(1) 材质及规格； (2) 接口形式			

2. 阀门安装工程量计算

阀门是给排水、采暖、煤气工程中应用极广泛的一种部件，其作用是关闭或开启管路以及调节管道介质的流量和压力。

阀门安装工程量清单项目设置、项目特征描述、计量单位及工程量计算规则，应按表8.6的规定执行。

表8.6 阀 门 安 装

项目编码	项目名称	项目特征	计量单位	工程量计算规则	工作内容
040502005	阀门	(1) 种类； (2) 材质及规格； (3) 连接方式； (4) 试验要求	个	按设计图示以数量计算	安装

3. 附件安装工程量计算

(1) 工程量计算规则。

附件安装工程量清单项目设置、项目特征描述、计量单位及工程量计算规则，应按表8.7的规定执行。

(2) 工程量清单项目设置。

1) 法兰。法兰又称法兰盘或突缘，是使管子与管子及与阀门相互连接的零件，连接于管端。法兰上有孔眼、螺栓是两法兰紧连。法兰间用衬垫密封。法兰分螺纹连接（丝接）法兰和焊接法兰及卡套法兰。

2) 盲堵板。盲板的正规名称是法兰盖，有的也称为盲法兰。它是中间不带孔的法兰，用于封堵管道口。所起到的作用和封头及管帽是一样的，只不过盲板密封是一种可拆卸的密封装置，而封头的密封是不准备再打开的。密封面的形式种类较多，有平面、凸面、凹凸面、榫槽面和环连接面。材质有碳钢、不锈钢、合金钢、PVC及PPR等。

3) 套管。套管用于带电导体穿过或引入与其电位不同的墙壁或电气设备的金属外壳，起绝缘和支持作用的一种绝缘装置。

4）水表。水表采用活动壁容积测量室的直接机械运动过程或水流流速对翼轮的作用以计算流经自来水管道的水流体积的流量计。

表 8.7　　附件安装工程

<table>
<tr><th>项目编码</th><th>项目名称</th><th>项目特征</th><th>计量单位</th><th>工程量计算规则</th><th>工作内容</th></tr>
<tr><td>040502006</td><td>法兰</td><td>（1）材质、规格、结构形式；
（2）连接方式；
（3）焊接方式；
（4）垫片材质</td><td rowspan="6">个</td><td rowspan="13">按设计图示以数量计算</td><td>安装</td></tr>
<tr><td>040502007</td><td>盲堵板制作、安装</td><td>（1）材质及规格；
（2）连接方式</td><td rowspan="2">制作、安装</td></tr>
<tr><td>040502008</td><td>套管制作、安装</td><td>（1）形式、材质及规格；
（2）管内填料材质</td></tr>
<tr><td>040502009</td><td>水表</td><td>（1）规格；
（2）安装方式</td><td rowspan="3">安装</td></tr>
<tr><td>040502010</td><td>消火栓</td><td>（1）规格；
（2）安装部位、方式</td></tr>
<tr><td>040502011</td><td>补偿器（波纹管）</td><td rowspan="2">（1）规格；
（2）安装方式</td></tr>
<tr><td>040502012</td><td>除污器组成、安装</td><td>套</td><td>组成、安装</td></tr>
<tr><td>040502013</td><td>凝水缸</td><td>（1）材料品种；
（2）型号及规格；
（3）连接方式</td><td rowspan="6">组</td><td>（1）制作；
（2）安装</td></tr>
<tr><td>040502014</td><td>调压器</td><td rowspan="3">（1）规格；
（2）型号；
（3）连接方式</td><td rowspan="5">安装</td></tr>
<tr><td>040502015</td><td>过滤器</td></tr>
<tr><td>040502016</td><td>分离器</td></tr>
<tr><td>040502017</td><td>安全水封</td><td rowspan="2">规格</td></tr>
<tr><td>040502018</td><td>检漏（水）管</td></tr>
</table>

注　040502013 项目的凝水缸应按《市政工程工程量计算规范》（GB 50857—2013）附录 E 的 4 管道附属构筑物相关清单项目编码列项。

5）消火栓。消火栓是一种固定消防工具，主要作用是控制可燃物、隔绝助燃物、消除着火源。消防系统包括室外消火栓系统、室内消火栓系统、灭火器系统，有的还有自动喷淋系统、水炮系统、气体灭火系统、火探系统、水雾系统等。消防栓主要供消防车从市政给水管网或室外消防给水管网取水实施灭火，也可以直接连接水带、水枪出水灭火。所以，室外消火栓系统也是扑救火灾的重要消防设施之一。

6）补偿器。补偿器习惯上也称为膨胀节或伸缩节。由构成其工作主体的波纹管（一种弹性元件）和端管、支架、法兰、导管等附件组成。属于一种补偿元件。利用其工作主体波纹管的有效伸缩变形，以吸收管线、导管、容器等由热胀冷缩等原因而产生的尺寸变化，或补偿管线、导管、容器等的轴向、横向和角向位移。也可用于降噪减振。在现代工业中用途广泛。供热上，为了防止供热管道升温时，由于热伸长或温度应力而引起管道变形或破坏，需要在管道上设置补偿器，以补偿管道的热伸长，从而减小管壁的应力和作用在阀件或支架结构上的作用力。

7）除污器。除污器的作用是防止管道介质中的杂质进入传动设备或精密部位，使生产发生故障或影响产品的质量。

8）凝水缸。凝水缸是燃气管网上的配套设施，原专门用于抽取人工煤气中的积水。

9）调压器。感受蒸汽压力变化并调整气压的装置。

10）过滤器。过滤器是输送介质管道上不可缺少的一种装置，通常安装在减压阀、泄压阀、定水位阀或其他设备的进口端，用来消除介质中的杂质，以保护阀门及设备的正常使用。

11）分离器。分离器是把混合的物质分离成两种或两种以上不同物质的机器。

12）安全水封。安全水封管顶部设有弹性自动复位的泄压阀，底部设有连接进气管的单向进气阀，单向进气阀上方设有带孔的分气板，水封管出气管路中设有滤水器，使用时燃气介质通过单向进气阀进入水封管底部后，经分气板均匀分布后穿过水层汇集到水封管上部，从出气管路流向用气设施，燃气中的水分在滤水器中滤出，当发生燃气爆鸣时，高压气体从泄压阀泄出，单向阀和水层阻断火焰与进气管路的连通，防止回火，这种水封安全性能好，可用作各种场合下，特别是燃气火焰切割和焊接加工中的防回火装置。

13）检漏（水）管。检漏（水）管是指检漏系统中的真空管路。

8.3.3 支架制作及安装工程量计算

1. 砌筑、混凝土支墩工程量计算

支墩是由砖、混凝土和浆砌块石等材料砌筑而成的构件，只要设置在承插式接口的给水管中。支墩按形式不同可分为水平弯管支墩、纵向向上弯管支墩、纵向向下弯管支墩及三通支墩等，支墩用砖砌或混凝土建造，支墩应砌筑在密实基础和原状土上。

砌筑支墩、混凝土支墩工程量清单项目设置、项目特征描述的内容、计量单位及工程量计算规则，应按表8.8的规定执行。

表8.8　　砌筑支墩、混凝土支墩

项目编码	项目名称	项目特征	计量单位	工程量计算规则	工程内容
040503001	砌筑支墩	（1）垫层材质及厚度； （2）混凝土强度等级； （3）砌筑材料、规格、强度等级； （4）砂浆强度等级、配合比	m^3	按设计图示尺寸以体积计算	（1）模板制作、安装、拆除； （2）混凝土拌和、运输、浇筑、养护； （3）砌筑； （4）勾缝、抹面
040503002	混凝土支墩	（1）垫层材质、厚度； （2）混凝土强度等级； （3）预制混凝土构件运距			（1）模板制作、安装、拆除； （2）混凝土拌和、运输、浇筑、养护； （3）预制混凝土支墩安装； （4）混凝土构件运输

2. 金属支架、吊架制作、安装工程量计算

管道支架的形式及间距主要由管道的材料、输送介质工作压力及工作温度等因素决定。另外，在保证管道安全运行的情况下，便于制作和安装，尽量降低安装费用。

金属支架的作用是支撑管道，并限制管道的位移和变形，承受从管道传来的内压力，外载荷及温度变形的弹压力，通过它将这些力传到支承结构或土地上。

金属支架、吊架制作、安装工程量清单项目设置、项目特征描述的内容、计量单位及工程量计算规则，应按表8.9的规定执行。

表 8.9　　金属支架、吊架制作、安装

项目编码	项目名称	项目特征	计量单位	工程量计算规则	工作内容
040503003	金属支架制作、安装	(1) 垫层、基础材质及厚度； (2) 混凝土强度等级； (3) 支架材质； (4) 支架形式； (5) 预埋件材质及规格	t	按设计图示以质量计算	(1) 模板制作、安装、拆除； (2) 混凝土拌和、运输、浇筑、养护； (3) 支架制作、安装
040503004	金属吊架制作、安装	(1) 吊架形式； (2) 吊架材质； (3) 预埋件材质及规格			制作、安装

8.3.4 管道附属构筑物工程量计算

1. 井类构筑物工程量计算

井是指为了排除污水，除管渠本身外，还需在管渠系统上设置的某些构筑物。

井类构筑物工程量清单项目设置、项目特征描述的内容、计量单位及工程量规则，应按表 8.10 的规定执行。

表 8.10　　井类构筑物

项目编码	项目名称	项目特征	计量单位	工程量计算规则	工作内容
040504001	砌筑井	(1) 垫层、基础材料及厚度； (2) 砌筑材料品种、规格、强度等级； (3) 勾缝、抹面要求； (4) 砂浆强度等级、配合比； (5) 混凝土强度等级； (6) 盖板材质、规格； (7) 井盖、井圈材质及规格； (8) 踏步材质、规格； (9) 防渗、防水要求	座	按设计图示以数量计量	(1) 垫层铺垫； (2) 模板制作、安装、拆除； (3) 混凝土拌和、运输、浇筑、养护； (4) 砌筑、勾缝、抹面； (5) 井圈、井盖安装； (6) 盖板安装； (7) 踏步安装； (8) 防水、止水
040504002	混凝土井	(1) 垫层、基础材质及规格； (2) 混凝土强度等级； (3) 盖板、材质规格； (4) 井盖、井圈材质及规格； (5) 踏步材质、规格； (6) 防渗、防水要求			(1) 垫层铺筑； (2) 模板制作、安装、拆除； (3) 混凝土拌和、运输、浇筑、养护； (4) 井圈、井盖安装； (5) 盖板安装； (6) 踏步安装； (7) 防水、止水
040504003	塑料检查井	(1) 垫层、基础材质及厚度； (2) 检查井材质、规格； (3) 井筒、井盖、井圈材质及规格			(1) 垫层铺筑； (2) 模板制作、安装、拆除； (3) 混凝土拌和、运输、浇筑、养护； (4) 检查井安装； (5) 井筒、井圈、井盖安装
040504004	砖砌井筒	(1) 井筒规格； (2) 砌筑材料品种、规格； (3) 砌筑、勾缝、抹面要求； (4) 砂浆强度等级、配合比； (5) 踏步材质、规格； (6) 防渗、防水要求	m	按设计图示尺寸以延长米为单位计算	(1) 砌筑、勾缝、抹面； (2) 踏步安装
040504005	预制混凝土井筒	(1) 井筒规格； (2) 踏步规格			(1) 运输； (2) 安装

注　管道附属构筑物为标准定型附属构筑物时，在项目特征中应标注标准图集编号及页码。

2. 出水口、雨水口、化粪池工程量计算

排水管渠出水口的位置、形式和出口流速，应根据排水水质、下游用水情况，水体的流量和水位变化幅度、稀释和自净能力、水流方向、波浪情况、地形变迁和气象等因素确定，并要取得当地卫生主管部门和航运管理部门的同意。出水口与水体岸边连接处应采取防冲、消能、加固等措施，一般用浆砌块石做护墙和铺底。在受冻胀影响的地区，出水口应考虑用耐冻胀材料砌筑，其基础必须设置在冰冻线下。在受潮汐影响的地区，在出水门的前一个检查井中应设置自动启闭的防潮闸门，以防止潮水倒灌。出水口分为多种形式，常见的有“一”字式出水口、“八”字式出水口和“门”字式出水口。

雨水口是指管道排水系统汇集地表水的设施，由进水箅、井身及支管等组成，分为偏沟式、平篦式和联合式。

化粪池是处理粪便并加以过滤沉淀的设备。其原理是固化物在池底分解，上层的水化物体，进入管道流走，防止了管道堵塞，给固化物体（粪便等垃圾）有充足的时间水解。化粪池是指将生活污水分格沉淀，及对污泥进行厌氧消化的小型处理构筑物。

出水口、雨水口、化粪池工程量清单项目设置、项目特征描述的内容、计量单位及工程量计算规则，应按表 8.11 的规定执行。

表 8.11　　出水口、雨水口、化粪池

项目编码	项目名称	项目特征	计量单位	工程量计算规则	工作内容
040504006	砌体出水口	（1）垫层、基础材质及厚度； （2）砌筑材料品种、规格； （3）砌筑、勾缝、抹面要求； （4）砂浆强度等级配合比	座	按设计图示以数量计算	（1）垫层铺筑； （2）模板制作、安装、拆除； （3）混凝土拌和、运输、浇筑、养护； （4）砌筑、勾缝、抹面
040504007	混凝土出水口	（1）垫层、基础材质及厚度； （2）混凝土强度等级			（1）垫层铺筑； （2）模板制作、安装、拆除； （3）混凝土拌和、运输、浇筑、养护
040504008	整体化粪池	（1）材质； （2）型号、规格			安装
040504009	雨水口	（1）雨水箅子及圈口材质、型号、规格； （2）垫层、基础材质及厚度； （3）混凝土强度等级； （4）砌筑材料品种、规格； （5）砂浆强度等级及配合比			（1）垫层铺筑； （2）模板制作、安装、拆除； （3）混凝土拌和、运输、浇筑、养护； （4）砌筑、勾缝、抹面； （5）雨水箅子安装

注　管道附属构筑物为标准定型附属构筑物时，在项目特征中应标注标准图集编号及页码。

8.4　管网工程计算实例

【例 8.1】　在市政管网工程中，常用到有各种渠道，其中包括砌筑渠道和混凝土渠道，图 8.1 所示为一大型砌筑渠道，计算其工程量（渠道总长 100m）。

【解】　砌筑渠道采用的材料有砖、石、陶土块、混凝土块、钢筋混凝土块等，施工材料的

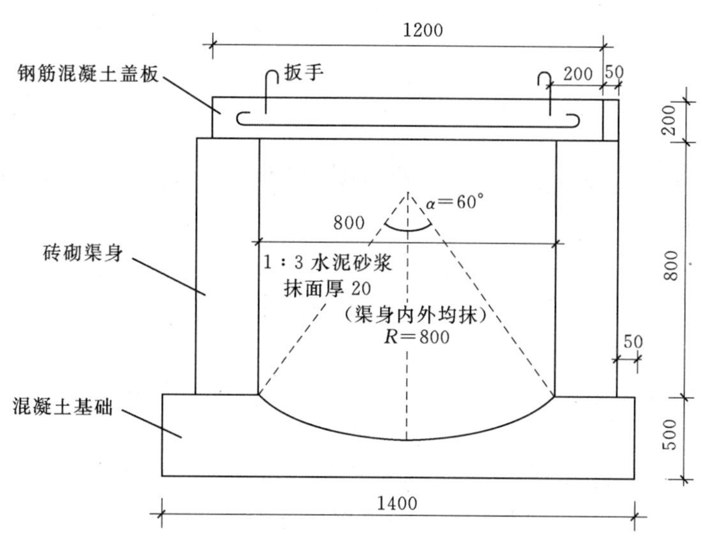

图 8.1 某大型砌筑渠道端面

选择应根据当地的供应情况，就地取材，大型排水渠道常由渠顶、渠底和基础以及渠身构成。

（1）清单工程量。

根据中华人民共和国《市政工程工程量计算规范》（GB 50857—2013），应按设计图示尺寸以长度计算，则砌筑渠道工程量为 100m。

其中：

1）渠道基础：

$$V=\left[1.4\times 0.4-\left(\frac{1}{2}\times 0.8^2\times\frac{\pi}{3}-\frac{\sqrt{3}}{4}\times 0.8^2\right)\right]\times 100=50.2(\mathrm{m}^3)$$

2）墙身砌筑：　$0.8\times 0.25\times 100\times 2=40(\mathrm{m}^3)$

3）盖板预制：　$1.2\times 0.2\times 100=24(\mathrm{m}^3)$

4）抹面：　$0.8\times 100\times 4=320(\mathrm{m}^3)$

5）防腐：100m

清单工程量计算见表 8.12。

表 8.12 清单工程量计算表

项目编码	项目名称	项目特征描述	计算单位	工程量
040501018001	砌筑渠道	砌筑、混凝土渠道	m^3	100

（2）定额工程量。

1）腹拱基础：　$\frac{50.20}{10}=5.02(10\mathrm{m}^3)$（计算同上）

定额编号：6－613

定额编号：6－618

2）墙身砌筑：　$\frac{40}{10}=4.0(10\mathrm{m}^3)$（计算同上）

3）抹灰：　$\frac{320}{100}=3.2(100\mathrm{m}^2)$（计算同上）

定额编号：6-632

4）渠道盖板：　$\frac{24}{10}=2.4(10m^3)$（计算同上）

定额编号：6-666

以上工程量是根据《全国统一市政工程预算定额》第六册排水工程计算所得。

1. 管道沉管跨越

清单工程量计算规则：按设计图示管道中心线长度计算，不扣除管件、阀门、法兰所占的长度。

定额工程量计算规则：按井中至井中的中心线长度扣除检查井以延长米为单位计算工程量。扣除的检查井长度，按检查井规格，查《全国统一市政工程预算定额》第六册排水工程量的规定计算。

【例8.2】 某排水管渠在修建过程中需要穿越一条河流，因此在施工过程中采用倒虹管的管道铺设形式进行施工，进水井和出水井采用规格为1500mm×2000mm的规格井，该倒虹管道由下行管、平行管和上行管3部分组成，各部分长度如图8.2所示，试求该段管道在清单与定额中的铺设工程量（说明：两条管道管径分别为ϕ600mm和ϕ400mm，但长度相同，平行布置）。

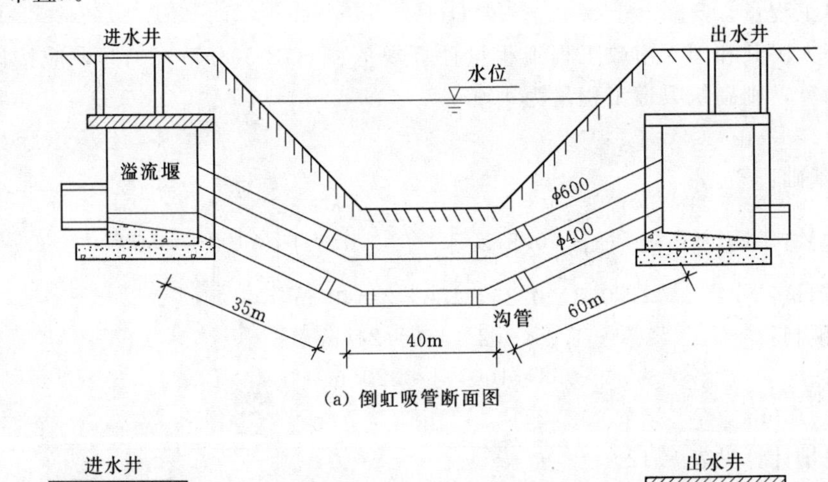

(a) 倒虹吸管断面图

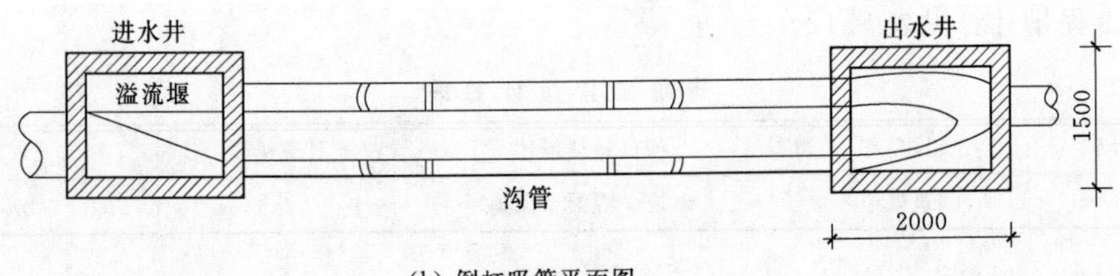

(b) 倒虹吸管平面图

图8.2　折叠式倒虹吸管

【解】（1）清单工程量。

由《市政工程工程量计算规范》（GB 50857—2013）中可知，管道沉管跨越铺设的清单工程量应按设计图示管道中心线长度计算，不扣除管件、法兰、阀门所占的长度，则本题中管道铺设长度为：

ϕ600：　$35+40+60=135.00(m)$

ϕ400：　$35+40+60=135.00(m)$

清当工程量计算见表 8.13。

表 8.13　　清单工程量计算表

序号	项目编码	项目名称	项目特征描述	计量单位	工程量
1	040501007001	隧道（沟、管）内管道	ϕ600	m	135.00
2	040501007002	隧道（沟、管）内管道	ϕ400	m	135.00

（2）定额工程量。

由《全国统一市政工程预算定额》（GYD—306—1999）第六册排水工程中规定，各种角度的混凝土基础、混凝土管、缸瓦管铺设，均按井中心至井中心的中线长度扣除检查井长度以延长米计算其工程量，每座检查井扣除长度可查表 8.14。

表 8.14　　清单工程量计算表

检查井规格/mm	扣除长度/m	检查井形式	扣除长度/m
ϕ700	0.4	各种矩形井	1.0
ϕ1000	0.7	各种交汇井	1.2
ϕ1250	0.95	各种扇形井	1.0
ϕ1500	1.20	圆形跌水井	1.6
ϕ2000	1.70	矩形跌水井	1.7
ϕ2500	2.20	阶梯式跌水井	按实扣

则本例题中管道铺设长度的定额工程量为：

ϕ600：　　35＋40＋60－1.0＝134.00(m)

ϕ400：　　35＋40＋60－1.0＝134.00(m)

【例 8.3】 在某街道路新建排水工程中，其雨水进水井采用了单平箅（680mm×380mm）雨水进水井，井深 1.0m，具体尺寸如图 8.3 所示，试计算其主要工程量。

【解】 雨水井是雨水管道上或合流制管道上收集雨水的构筑物，通过连接管流入雨水管道或合流制管道中去。雨水井的设置应保证能迅速收集雨水，常设置在交叉路口，路侧边沟及道路低洼的地方。根据中华人民共和国《市政工程工程量计算规范》（GB 50857—2013），应按图示数量计算。

（1）清单工程量。

单平箅（680mm×3800mm）雨水进水井：1 座

其中：

1）混凝土浇筑工程量：

C10 混凝土基础：　　$1.26\times0.96\times0.1=0.12(m^3)$

C10 豆石混凝土：　　$0.68\times0.38\times0.05=0.013(m^3)$

2）砌筑工程量（M10 水泥砂浆砌筑）：

$$(0.68+2\times0.24+0.38)\times2\times0.24\times(1+0.05-0.12)=0.69(m^3)$$

3）勾缝工程量：　　$(0.68+0.38)\times2\times(1-0.12)=1.87(m^2)$

4）抹面工程量：　　$(0.68+2\times0.12+0.38)\times2\times0.12=0.312(m^2)$

故清单中混凝土浇筑：0.12＋0.013＝0.133(m^3)；砌筑工程量为 0.69m^3；勾缝工程量为 1.87m^2；抹面工程量为 0.312m^2。

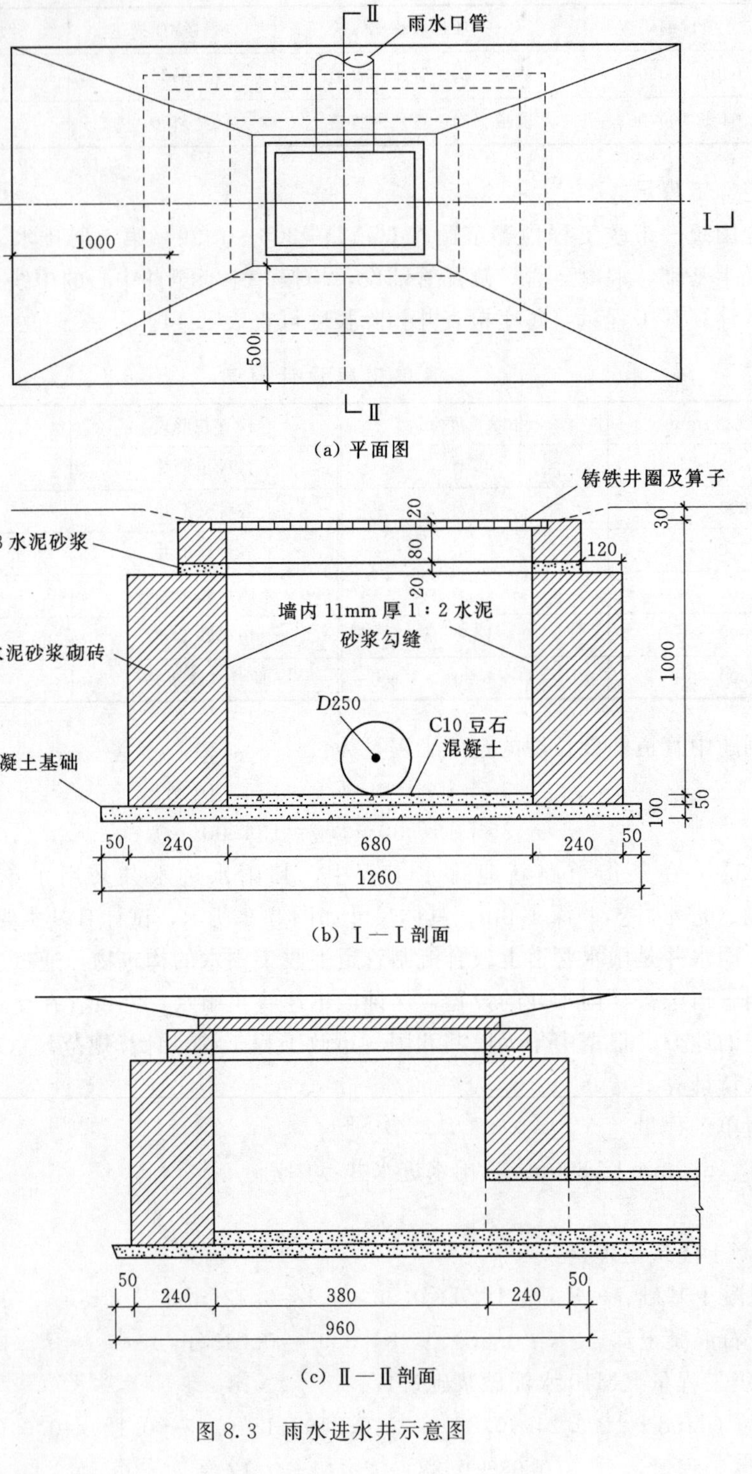

(a) 平面图

(b) Ⅰ—Ⅰ剖面

(c) Ⅱ—Ⅱ剖面

图 8.3　雨水进水井示意图

清单工程量计算见表 8.14。

表 8.14　　　　**清单工程量计算表**

项目编号	项目名称	项目特征描述	计算单位	工程量
040504009001	雨水口	单平算（680mm×380mm），井深 1.0m	座	1

（2）定额工程量。根据《全国统一市政工程预算定额》第六册排水工程（1999）计算。

定额编号：6－532；项目名称：砖砌雨水进水井

1）C10 混凝土：　　$0.12+0.013=0.133(\mathrm{m}^3)$（计算同上）

2）1∶2 水泥砂浆（0.011 为勾缝厚度）：

$$(0.68+0.38)\times2\times(1-0.12)\times0.011=1.87\times0.011=0.0206(\mathrm{m}^3)$$

3）1∶3 水泥砂浆（0.02 为抹面厚度）：

$$(0.68+2\times0.12+0.38)\times2\times0.12\times0.02=0.312\times0.02=0.0062(\mathrm{m}^3)$$

故定额中 C10 混凝土为 $0.133\mathrm{m}^3$；1∶2 水泥砂浆为 $0.0206\mathrm{m}^3$，1∶3 水泥砂浆为 $0.0062\mathrm{m}^3$；M10 水泥砂浆为 $0.65\mathrm{m}^3$，其定额工程量为 1 座。

2. *砌筑井*

清单工程量计算规则与定额工程量计算规则相同，均按设计图示数量计算。

【例 8.4】 在给水工程中，常使用各种阀门井，阀门井分为砖砌圆形阀门井和砖砌矩形卧式阀门井，图 8.4 所示为一砖砌圆形阀门井（直筒式），各种尺寸如图 8.4 所示，试计算其主要工程量。

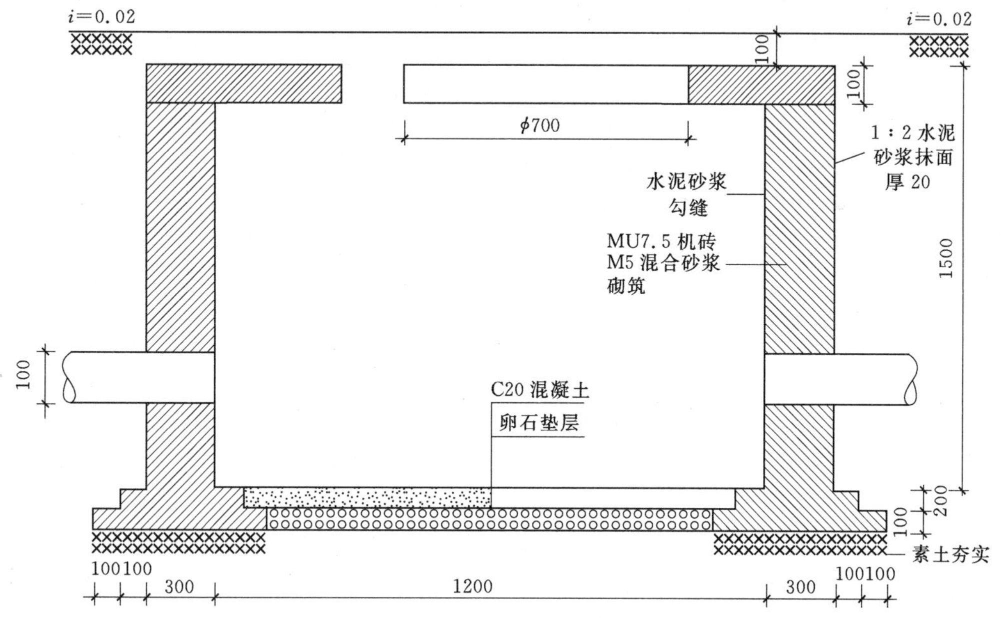

图 8.4　阀门井剖面示意图

【解】（1）清单工程量。

砌筑井：1 座

其中：

1）垫层铺筑（卵石垫层）：

$$V=\frac{(1.2-0.4)^2}{2}\times3.14\times0.1=0.05024(m^3)$$

2）混凝土浇筑（C20 混凝土）：

$$V=\frac{(1.2-0.2)^2}{2}\times3.14\times0.2=0.157(m^3)$$

3）砌筑（MU7.5 机砖，M5 混合砂浆砌筑）：

基座上：$3.14\times\left(\frac{1.2+0.3\times2}{2}\right)^2-3.14\times\left(\frac{1.2}{2}\right)^2\times(1.5-0.1)=1.978(m^3)$

基座：$\left[3.14\times\left(\frac{1.2+0.3\times2+0.1\times2}{2}\right)^2-3.14\times\left(\frac{1.2-0.2\times2}{2}\right)^2\right]\times0.2+$

$$\left[3.14\times\left(\frac{1.2+0.2\times2+0.3\times2}{2}\right)^2-3.14\times\left(\frac{1.2-0.2\times2}{2}\right)^2\right]\times0.1=0.8007(m^3)$$

故砌筑工程量为：　　　$1.978+0.8007=2.7787(m^3)$

4）勾缝（水泥砂浆勾缝）：　　$3.14\times1.2\times(1.5-0.1)=5.2752(m^2)$

5）抹面（1：2 水泥砂浆抹面）：$3.14\times(1.2+2\times0.3)\times(1.5-0.1)=7.9128(m^2)$

以上工程量是根据《市政工程工程量计算规范》（GB 50857—2013）计算。

清单工程量计算见表 8.15。

表 8.15　　清单工程量计算表

项目编号	项目名称	项目特征描述	计算单位	工程量
040504001001	砌筑井	砌筑圆形阀门井（直筒式）	座	1

（2）定额工程量。

定额编号：5－380　项目名称：砖砌圆形阀门井（直筒式）

其工程量为1座。

其中：

1）C20 混凝土：$0.157m^3$（计算同上）

2）MU7.5 机砖、M5 混合砂浆砌筑：$2.7797m^3$（计算同上）

3）卵石垫层：$0.05024m^3$（计算同上）

以上工程量是根据《全国统一市政工程预算定额》（GYD—306—1999）第五册给水工程计算所得。

【例 8.5】 某段雨水管道平面图如图 8.5 所示，管道均采用钢筋混凝土管，承插式橡胶圈接口、基础均采用钢筋混凝土条形基础，管道基础结构如图 8.6 所示。试计算该段雨水管道清单项目名称、项目编码及其工程量。

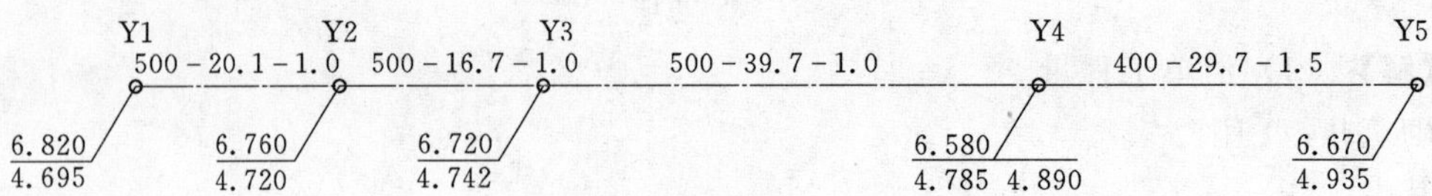

图 8.5　某段雨水管道平面图

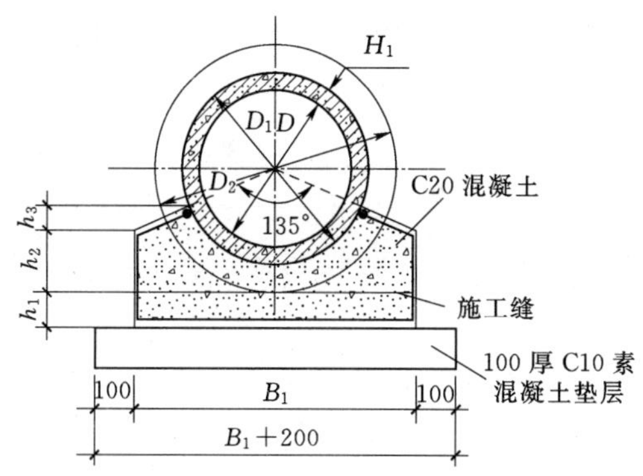

基础尺寸表

D	D_1	D_2	H_1	B_1	h_1	h_2	h_3	C20 混凝土/(m^3/m)
200	260	365	30	465	60	86	47	0.07
300	380	510	40	610	70	129	54	0.11
400	490	640	45	740	80	167	60	0.17
500	610	780	55	880	80	208	66	0.22
600	720	910	60	1010	80	246	71	0.28
800	930	1104	65	1204	80	303	71	0.36
1000	1150	1346	75	1446	80	374	79	0.48
1200	1380	1616	90	1716	80	453	91	0.66

图 8.6　管道基础结构

【解】 由管道平面图可知，该段管段有两种规格，即 D400 管道、D500 管道，所以有两个管道铺设的清单项目，工程量分开计算。

(1) 项目名称：D400 混凝土管道铺设（橡胶圈接口、C20 钢筋混凝土条形基础、C10 素混凝土垫层）。

项目编码：040501002001　　　工程量＝29.7m

(2) 项目名称：D500 混凝土管道铺设（橡胶圈接口、C20 钢筋混凝土条形基础、C10 素混凝土垫层）

项目编码：040501002001　　　工程量＝20.1＋16.7＋39.7＝76.5(m)

3. 砌筑检查井、混凝土检查井、雨水进水井

(1) 工程量计算规则。

按设计图示以数量计算，计算单位为座。

(2) 工程量计算方法，即

$$各类井工程量＝井的数量$$

复习思考题与习题

1. 市政管网工程的内容是什么？

2. 市政定额管网工程如何划分？

3. 市政管网工程主要列了哪些清单项目？

4. 某排水工程管线长 300m，有 DN500 和 DN600 两种管道，管子采用混凝土污水管（每节长 2m），1800mm 混凝土基础，水泥砂浆接口（1800mm 管基），3 座圆形、直径为

1000mm 的检查井，求主要工程量。管线示意图如图 8.7 所示。

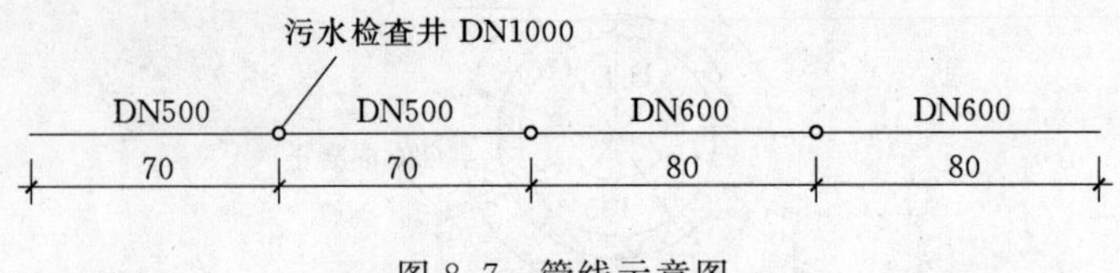

图 8.7 管线示意图

第9章 水处理工程

9.1 水处理工程简介

水处理工程是指通过物理、化学的手段，去除水中一些对生产、生活不需要的物质所做的一个工程，是为了满足特定的用途而对水进行的沉降、过滤、混凝、絮凝，已经缓蚀、阻垢等水质调理的一个项目。

由于社会生产、生活与水密切相关，因此，水处理工程领域涉及的应用范围十分广泛，构成了一个庞大的产业应用工程项目。

水处理主要包括污水处理和饮用水处理两种，有些地方还把污水处理再分为两种，即污水处埋和中水回用两种。经常用到的水处埋药剂有聚合氯化铝、聚合氯化铝铁、碱式氯化铝、聚丙烯酰胺、活性炭及各种滤料等。

常用的水处理方法有沉淀物过滤法、硬水软化法、活性炭吸附法、去离子法、逆渗透法、超过滤法、蒸馏法、紫外线消毒法、生物化学法和混合离子交换法等。

9.2 水处理工程定额工程量计算规则

9.2.1 市政定额水处理工程划分

1. 水处理构筑物项目划分

水处理构筑物包括：现浇混凝土沉井井壁及隔墙；沉井下沉；沉井混凝土底板、沉井内地下混凝土结构、沉井混凝土顶板、现浇混凝土池底、现浇混凝土池壁（隔墙）、现浇混凝土池柱、现浇混凝土池梁、现浇混凝土池盖板、现浇混凝土板；池槽；砌筑导流壁、筒；混凝土导流壁、筒；混凝土楼梯；金属扶梯、栏杆；其他现浇混凝土构件、预制混凝土板、预制混凝土槽、预制混凝土支墩、其他预制混凝土构件；滤板、拆板、壁板；滤料铺设；尼龙网板；刚性防水；柔性防水；沉降（施工）缝；井、池渗漏试验。

（1）现浇混凝土沉井井壁及隔墙，其工作内容包括：垫木铺设；模板制作、安装、拆除；混凝土拌和、运输、浇筑；养护；预留孔封口。

（2）沉井下沉，其工作内容包括：垫木拆除；挖土；沉井下沉；填充减阻材料；余方弃置。

（3）沉井混凝土底板、沉井内地下混凝土结构、沉井混凝土顶板、现浇混凝土池底、现浇混凝土池壁（隔墙）、现浇混凝土池柱、现浇混凝土地梁、现浇混凝土池盖板、现浇混凝土板，其工作内容包括：模板制作、安装、拆除；混凝土拌和、运输、浇筑；养护。

（4）池槽，其工作内容包括：模板制作、安装、拆除：混凝土拌和、运输、浇筑；养护；盖板安装；其他材料铺设。

（5）砌筑导流壁、筒，其工作内容包括：砌筑；抹面；勾缝。

(6) 混凝土导流壁、筒，其工作内容包括：模板制作、安装、拆除；混凝土拌和、运输、浇筑；养护。

(7) 混凝土楼梯，其工作内容包括：模板制作、安装、拆除；混凝土拌和、运输、浇筑或预制；养护；楼梯安装。

(8) 金属楼梯、栏杆，其工作内容包括：模板制作、安装；除锈、防腐、刷油。

(9) 其他现浇混凝土构件，其工作内容包括：模板制作、安装、拆除；混凝土拌和、运输、浇筑；养护。

(10) 预制混凝土板、预制混凝土槽、预制混凝土支墩、其他预制混凝土构件，其工作内容包括：模板制作、安装、拆除；混凝土拌和、运输、浇筑；养护；构件安装；接头灌浆；砂浆灌浆；运输。

(11) 滤板、拆板、壁板，其工作内容包括：模板制作；安装。

(12) 滤料铺设，其工作内容包括：铺设。

(13) 尼龙网板，其工作内容包括：模板制作；安装。

(14) 刚性防水，其工作内容包括：配料；铺筑。

(15) 柔性防水，其工作内容包括：涂、贴、粘、刷防水涂料。

(16) 沉降（施工）缝，其工作内容包括：铺、嵌沉降（施工）缝。

(17) 井、池渗漏实验，其工作内容包括：渗漏实验。

2. 水处理设备项目划分

水处理设备包括格栅、格栅除污机、滤网清污机、压榨机、刮砂机、吸砂机、刮泥机、吸泥机、刮吸泥机、撇渣机、砂（泥）水分离器、曝气机、曝气器、布气管、滗水器、生物转盘、搅拌机、推进器、加药设备、加氯机、氯吸收装置、水射器、管式混合器、冲洗装置、带式压滤机、污泥脱水机、污泥浓缩机、污泥浓缩脱水一体机、污泥输送机、污泥切割机、闸门、旋转门、堰门、拍门、启闭机、升杆式铸铁泥阀、平底盖闸、集水槽、堰板、斜板、斜管、紫外线消毒设备、臭氧消毒设备、除臭设备、膜处理设备、在线水质检测设备。

(1) 格栅，其工作内容包括：制作；防腐；安装。

(2) 格栅除污机、滤网清污机、压榨机、刮砂机、吸砂机、刮泥机、吸泥机、刮吸泥机，撇渣机、砂（泥）水分离器、曝气机、曝气器、滗水器、生物转盘、搅拌机、推进器、加药设备、加氯机、氯吸收装置、水射器、管式混合器、冲洗装置、带式压滤机、污泥脱水机、污泥浓缩机、污泥浓缩脱水一体机、污泥输送机、污泥切割机、紫外线消毒设备、臭氧消毒设备、除臭设备、膜处理设备、在线水质检测设备，其工作内容包括：安装；无负荷试运转。

(3) 布气管，其工作内容包括：钻孔；安装。

(4) 闸门、旋转门、堰门、拍门、启闭机、升杆式铸铁泥阀、平底盖闸，其工作内容包括：安装；操纵装置安装；调试。

(5) 集水槽、堰板，其工作内容包括：模板制作；安装。

(6) 斜板、斜管，其工作内容包括：安装。

9.2.2 水处理工程定额工程量计算规则

1. 给排水构筑物

(1) 沉井。

1) 沉井垫木按刃脚中心线的“100 延长米”为单位。

2）沉井井壁及隔墙的厚度不同（如上薄下厚）时，可按平均厚度执行相应定额。

（2）钢筋混凝土池。

1）钢筋混凝土各类构件均按图示尺寸，以混凝土实体积计算，不扣除 0.3m^3 以内的孔洞体积。

2）各类池盖中的进入孔、透气孔盖以及与盖相连接的结构，工程量合并在池盖中计算。

3）平底池的池底体积，应包括池壁下的扩大部分；池底带有斜坡时，斜坡部分应按坡底计算；锥形底应算至壁基梁底面，无壁基梁者算至锥底坡的上口。

4）池壁分为不同厚度计算体积，如上薄下厚的壁，以平均厚度计算。池壁高度应自池底板面算至池盖下面。

5）无梁盖柱的柱高，应自池底上表面算至池盖的下表面，并包括柱座、柱帽的体积。

6）无梁盖应包括与池壁相连的扩大部分的体积；肋形盖应包括主、次梁及盖部分的体积；球形盖应自池壁顶面以上，包括边侧梁的体积在内。

7）沉淀池水槽，系指池壁上的环形溢水槽及纵横 U 形水槽，但不包括与水槽相连的矩形梁。矩形梁可执行梁的相应项目。

（3）预制钢筋混凝土滤板按图示尺寸区分厚度以 10m^3 计算，不扣除滤头套管所占体积。

（4）除钢筋混凝土滤板外其他预制混凝土构件均按图示尺寸以 m^3 计算，不扣除 0.3m^2 以内孔洞所占体积。

（5）折板安装区分材质均按图示尺寸以 m^2 计算。

（6）稳流板安装区分材质不分断面均按图示长度以延长米计算。

（7）滤料铺设：各种滤料铺设均按设计要求的铺设平面乘以铺设厚度以 m^3 计算，锰砂、铁矿石滤料以 10t 计算。

（8）各种防水层按实铺面积，以 100m^2 计算，不扣除 0.3m^2 以内孔洞所占面积。

（9）平面与立面交接处的防水层，其上卷高度超过 500mm 时，按立面防水层计算。

（10）施工缝：各种材质的施工缝填缝及盖缝均不分断面按设计缝长以延长米计算。

（11）井、池渗透试验：井、池的渗透试验区分井、池的容量范围，以 1000m^3 水容量计算。

2. 给排水机械设备安装

（1）格栅除污机、滤网清污机、搅拌机械、曝气机、生物转盘、带式压滤机均区分设备重量，以台为计量单位，设备重量均包括设备带有的电动机的重量在内。

（2）螺旋泵、水射器、管式混合器、辊压转鼓式污泥脱水机、污泥造粒脱水机均区分直径以台为计量单位。

（3）排泥、撇渣和除砂机械均区分跨度或池径按台为计算单位。

（4）闸门及驱动装置，均区分直径或长×宽以座为计量单位。

（5）曝气管不分曝气池和曝气沉砂池，均区分管径和材质按延长米为计量单位。

（6）集水槽制作安装分别按碳钢、不锈钢，区分厚度按 10m^2 为计量单位。

（7）集水槽制作、安装以设计断面尺寸乘以相应长度以 m^2 计算，断面尺寸应包括需要折边的长度，不扣除出水孔所占的面积。

（8）堰板制作分别按碳钢、不锈钢区分厚度按 10m^2 为计量单位。

(9) 堰板安装分别按金属和非金属区分厚度按 $10m^2$ 计量，金属堰板适用于碳钢、不锈钢，非金属堰板适用于玻璃钢和塑料。

(10) 齿形堰板制作安装按堰板的设计宽度乘以长度以 m^2 计算，不扣除齿形间隔空隙所占面积。

(11) 穿孔管钻孔项目，区分材质按管径以 100 个孔为计量单位。钻孔直径是综合考虑取定的，不论孔径大与小均不作调整。

(12) 格栅制作安装区分材质按格栅重量，以 t 为计量单位，制作所需的主材应区分规格、型号分别按定额中规定的使用量计算。

9.3 水处理工程清单工程量计算规则

9.3.1 水处理工程量计算

1. 水处理构筑物工程量计算

(1) 工程量计算规则。

水处理构筑物工程量清单项目设置、项目特征描述的内容、计量单位及工程量计算规则，应按表 9.1 的规定执行。

表 9.1 水处理构筑物

项目编码	项目名称	项目特征	计量单位	工程量计算规则	工作内容
040601001	现浇混凝土沉井井壁及隔墙	(1) 混凝土强度等级； (2) 防水、抗渗要求； (3) 断面尺寸	m^3	按设计图示尺寸以体积计算	(1) 垫木铺设； (2) 模板制作、安装、拆除； (3) 混凝土拌和、运输、浇筑； (4) 预留孔封口
040601002	沉井下沉	(1) 土壤类别； (2) 断面尺寸； (3) 下沉深度； (4) 减阻材料种类		按自然面标高至设计垫层底标高间的高度乘以沉井外壁最大断面面积以体积计算	(1) 垫木拆除； (2) 挖土； (3) 沉井下沉； (4) 填充减阻材料； (5) 余方弃置
040601003	沉井混凝土底板	(1) 混凝土强度等级； (2) 防水、抗渗要求		按设计图示尺寸以体积计算	(1) 模板制作、安装、拆除； (2) 混凝土拌和、运输、浇筑； (3) 养护
040601004	沉井内地下混凝土结构	(1) 部位； (2) 混凝土强度等级； (3) 防水、抗渗要求			
040601005	沉井混凝土顶板	(1) 混凝土强度等级； (2) 防水、抗渗要求			
040601006	现浇混凝土池板				
040601007	现浇混凝土池板(隔墙)				
040601008	现浇混凝土池柱				
040601009	现浇混凝土池梁				
040601010	现浇混凝土池盖板				

续表

项目编码	项目名称	项目特征	计量单位	工程量计算规则	工作内容
040601011	现浇混凝土板	(1) 名称、规格； (2) 混凝土强度等级； (3) 防水、抗渗要求	m^3	按设计图示尺寸以体积计算	(1) 模板制作、安装、拆除； (2) 混凝土拌和、运输、浇筑； (3) 养护
040601012	池槽	(1) 混凝土强度等级； (2) 防水、抗渗要求； (3) 池槽断面尺寸； (4) 盖板材质	m	按设计图示尺寸以长度计算	(1) 模板制作、安装、拆除； (2) 混凝土拌和、运输、浇筑； (3) 养护； (4) 盖板安装； (5) 其他材料的铺设
040601013	砌筑导流壁、筒	(1) 砌体材料、规格； (2) 断面尺寸； (3) 砌筑、勾缝、抹面砂浆强度等级	m^3	按设计图示尺寸以体积计算	(1) 砌筑； (2) 抹面； (3) 勾缝
040601014	混凝土 导流壁、筒	(1) 混凝土强度等级； (2) 防水、防渗要求； (3) 断面尺寸			(1) 模板制作、安装、拆除； (2) 混凝土拌和、运输、浇筑； (3) 养护
040601015	混凝土楼梯	(1) 结构形式； (2) 底板厚度； (3) 混凝土强度等级	(1) m^2； (2) m^3	(1) 以 m^2 计量，按设计图示尺寸以水平投影面积计算； (2) 以 m^3 为计量，按设计图示尺寸以体积计算	(1) 模板制作、安装、拆除； (2) 混凝土拌和、运输、浇筑； (3) 养护； (4) 楼梯安装
040601016	金属扶梯、栏杆	(1) 材质； (2) 规格； (3) 防腐刷油材质、工艺要求	(1) t； (2) m	(1) 以 t 为单位计量，按设计图示尺寸以质量计算； (2) 以 m 为单位计量，按设计图示尺寸以长度计算	(1) 模板制作、安装； (2) 防锈、防腐、刷油
040601017	其他现浇 混凝土板	(1) 构件名称、规格； (2) 混凝土强度等级	m^3	按设计图示尺寸以体积计算	(1) 模板制作、安装、拆除； (2) 混凝土拌和、运输、浇筑； (3) 养护
040601018	预制混凝土板	(1) 图集、图纸名称； (2) 构件代号、名称； (3) 混凝土强度等级； (4) 防水、抗渗要求			(1) 模板制作、安装、拆除； (2) 混凝土拌和、运输、浇筑； (3) 养护； (4) 构件安装； (5) 接头灌浆； (6) 砂浆制作； (7) 运输
040601019	预制混凝土槽				
040601020	预制混凝土支墩				

续表

项目编码	项目名称	项目特征	计量单位	工程量计算规则	工作内容
040601021	其他预制混凝土构件	(1) 部位； (2) 图集、图纸名称； (3) 构件代号、名称； (4) 混凝土强度等级； (5) 防水、抗渗要求			
040601022	滤板	(1) 材质； (2) 规格； (3) 厚度； (4) 部位	m^2	按设计图示尺寸以面积计算	(1) 制作； (2) 安装
040601023	折板				
040601024	壁板				
040601025	滤料铺设	(1) 滤料品种； (2) 滤料规格	m^3	按设计图示尺寸以体积计算	铺设
040601026	尼龙网版	(1) 材料品种； (2) 材料规格	m^2	按设计图示尺寸以面积计算	(1) 制作； (2) 安装
040601027	刚性防水	(1) 工艺要求； (2) 材料品种、规格			(1) 配料； (2) 铺筑
040601028	柔性防水				涂、贴、粘、刷防水材料
0040601029	沉降（施工）缝	(1) 材料品种； (2) 沉降缝规格； (3) 沉降缝部位	m	按设计图示尺寸以长度计算	铺、嵌沉降（施工）缝
040601030	井、池渗漏试验	构筑物名称	m^3	按设计图示储水尺寸以体积计算	渗漏试验

注 1. 沉井混凝土地梁工程量，应并入底板内计算。
2. 各类垫层应按《市政工程工程量计算规范》(GB 50857—2013) 附录C桥涵工程相关编码列项。

(2) 工程量清单项目设置。

1) 沉井。沉井是一种搜集污水的装置，在基坑上建成，用长臂挖机下沉到一定标高，再用顶管连成一体，做好流槽，盖上盖子，盖子一般现浇，密实性好，预制工期短。

沉井基础是以沉井法施工的地下结构物和深基础的一种形式。首先在地表制作成一个井筒状的结构物（沉井），然后在井壁的围护下通过从井内不断挖土，使沉井在自重作用下逐渐下沉，达到预定设计标高后，再进行封底，构筑内部结构。广泛应用于桥梁、烟囱、水塔的基础；水泵房、地下油库、水池竖井等深井构筑物和盾构或顶管的工作井。

技术上比较稳妥可靠，挖土量少，对邻近建筑物的影响比较小，沉井基础埋置较深，稳定性好，能支撑较大的荷载。

2) 水处理池。水处理池主要包括调节池、沉沙池、沉淀池、气浮池、生物反应池、混凝池、中和池、污泥浓缩池、污泥消化池等。

3) 导流构筑物。导流构筑物的作用是使水工建筑物能保持在干地上施工，用围堰来维护基坑，并将水流引向预定的泄水构筑物泄向下游。

2. 水处理设备工程量计算

(1) 工程量计算规则。水处理设备工程量清单项目设置、项目特征描述内容、计量单位

及工程量计算规则，应按表 9.2 的规定执行。

表 9.2　　　　水 处 理 设 备

<table>
<tr><th>项目编码</th><th>项目名称</th><th>项目特征</th><th>计量单位</th><th>工程量计算规则</th><th>工作内容</th></tr>
<tr><td>040602001</td><td>格栅</td><td>(1) 材质；
(2) 防腐材料；
(3) 规格</td><td>(1) t；
(2) 套</td><td>(1) 以吨计量，按设计图示尺寸以质量计算；
(2) 以套计量，按设计图示数量计算</td><td>(1) 制作；
(2) 防腐；
(3) 安装</td></tr>
<tr><td>040602002</td><td>格栅除污机</td><td rowspan="12">(1) 类型；
(2) 材质；
(3) 规格、型号；
(4) 参数</td><td rowspan="11">台</td><td rowspan="12">按设计图示以数量计算</td><td rowspan="12">(1) 安装；
(2) 无负荷试运转</td></tr>
<tr><td>040602003</td><td>滤网清污机</td></tr>
<tr><td>040602004</td><td>压榨机</td></tr>
<tr><td>040602005</td><td>刮砂机</td></tr>
<tr><td>040602006</td><td>吸砂机</td></tr>
<tr><td>040602007</td><td>刮泥机</td></tr>
<tr><td>040602008</td><td>吸泥机</td></tr>
<tr><td>040602009</td><td>刮吸泥机</td></tr>
<tr><td>040602010</td><td>撇渣机</td></tr>
<tr><td>040602011</td><td>砂（泥）水分离器</td></tr>
<tr><td>040602012</td><td>曝气机</td></tr>
<tr><td>040602013</td><td>曝气器</td><td>个</td></tr>
<tr><td>040602014</td><td>布气管</td><td>(1) 材质；
(2) 直径</td><td>m</td><td>按设计图示尺寸以长度计算</td><td>(1) 钻孔；
(2) 安装</td></tr>
<tr><td>040602015</td><td>滗水器</td><td rowspan="4">(1) 类型；
(2) 材质；
(3) 规格、型号；
(4) 参数</td><td rowspan="2">套</td><td rowspan="16">按设计图示以数量计算</td><td rowspan="16">(1) 安装；
(2) 无负荷试运转</td></tr>
<tr><td>040602016</td><td>生物转盘</td></tr>
<tr><td>040602017</td><td>搅拌机</td><td rowspan="2">台</td></tr>
<tr><td>040602018</td><td>推进器</td></tr>
<tr><td>040602019</td><td>加药设备</td><td rowspan="3">(1) 类型；
(2) 材质；
(3) 规格、型号；
(4) 参数</td><td rowspan="3">套</td></tr>
<tr><td>040602020</td><td>加氯机</td></tr>
<tr><td>040602021</td><td>氯吸收装置</td></tr>
<tr><td>040602022</td><td>水射器</td><td rowspan="2">(1) 材质；
(2) 公称直径</td><td rowspan="2">个</td></tr>
<tr><td>040602023</td><td>管式混合器</td></tr>
<tr><td>040602024</td><td>冲洗装置</td><td rowspan="7">(1) 类型；
(2) 材质；
(3) 规格、型号；
(4) 参数</td><td>套</td></tr>
<tr><td>040602025</td><td>带式压滤机</td><td rowspan="6">台</td></tr>
<tr><td>040602026</td><td>污泥脱水机</td></tr>
<tr><td>040602027</td><td>污泥浓缩机</td></tr>
<tr><td>040602028</td><td>污泥浓缩脱水一体机</td></tr>
<tr><td>040602029</td><td>污泥输送机</td></tr>
<tr><td>040602030</td><td>污泥切割机</td></tr>
</table>

续表

项目编码	项目名称	项目特征	计量单位	工程量计算规则	工作内容
040602031	闸门	(1) 类型； (2) 材质； (3) 形式； (4) 规格、型号	(1) 座； (2) t	(1) 以座为单位计量，按设计图示数量计算； (2) 以 t 为单位计量，按设计图示尺寸以质量计算	(1) 安装； (2) 操纵装置安装； (3) 调试
040602032	旋转门				
040602033	堰门				
040602034	拍门				
040602035	启闭机		台	按设计图示以数量计算	(1) 安装； (2) 操纵装置安装； (3) 调试
040602036	升杆式铸铁泥阀	公称直径	座		
040602037	平底盖闸				
040602038	集水槽	(1) 材质； (2) 厚度； (3) 形式； (4) 防腐材料	m^2	按设计图示尺寸以面积计算	(1) 制作； (2) 安装
040602039	堰板				
040602040	斜板	(1) 材料品种； (2) 厚度			安装
040602041	斜管	(1) 斜管材料品种； (2) 斜管规格	m	按设计图示尺寸以长度计算	
040602042	紫外线消毒设备	(1) 类型； (2) 材质； (3) 规格、型号； (4) 参数	套	按设计图示以数量计算	(1) 安装； (2) 无负荷试运转
040602043	臭氧消毒设备				
040602044	除臭设备				
040206045	膜处理设备				
040602046	在线水质检测设备				

(2) 工程量清单项目释义。

1) 格栅。格栅是由一组平行的金属栅条制成的框架，斜置在污水流经的渠道上，或泵站水池的进口处，用以截阻大块的呈悬浮或漂浮状态的污染物。

2) 格栅除污机、滤网清污机。格栅除污机、滤网清污机是通过格栅、滤网将固体与液体分离的一种除污机械。

3) 压榨机。压榨机是用于实现固液分离的机械。

4) 刮砂机、刮泥机。刮砂机、刮泥机是一种污水处理的专业设备，用于排砂、排泥。

5) 吸砂机、吸泥机。吸砂机是一种曝气沉砂池设备；吸泥机用于污水处理厂、自来水厂平流沉淀池，将沉降在池底的污泥刮到泵吸泥口，通过泵吸，边行车边吸泥，然后将污泥排出池外。

6) 刮吸泥机。刮吸泥机主要包括链板式刮吸泥机、全桥式周边传动刮泥机、全桥式周边传动虹吸泥机、行动式吸泥机、行车式虹吸泥机、中心传动刮泥机。

7) 撇渣机。城市污水处理工程中用于除渣、除油的机械。

8) 砂（泥）水分离器。城市污水处理工程中用于砂（泥）浆处理的设备。

9) 曝气机、曝气器。曝气机、曝气器是城市污水处理工程中给水排水曝气充氧的必备

设备，适用于工业废水处理和生活污水处理，也可用于河道、湖泊的等地表水的处理，地下水除铁除锰的给水处理；可用于活性污泥法曝气池曝气搅拌、调节池均质搅拌、污水处理厂的曝气沉砂、好氧池曝气、混凝池搅拌、化学法的反应池搅拌等场合。

10）布气管。布气管是将空气打入污泥中所用的钢管管道。

11）滗水器。滗水器又称滗析器，是序批式活性污泥法环境工程工艺中最关键的机械设备之一。可以分为虹吸式滗水器、旋转式滗水器、自浮式滗水器和机械式滗水器。

12）生物转盘。一种好氧处理污水的生物反应器，由水槽和一组圆盘构成，圆盘下部浸没在水中，圆盘上部暴露在空气中，圆盘表面生长有生物群落，转动的转盘周而复始地吸附生物氧化有机污染物，使污水得到净化。

13）搅拌机。污水处理搅拌机作为主要的污水处理设备，用途极广，适用于工业和城市以及农村污水处理场曝气池和厌氧池污水的处理。

14）推进器。推进器一般用来提供动力，提高速度。

15）加药设备。城市污水处理工程中常用的加药装置。

16）加氯机。加氯机是将氯气加入水中的设备。

17）氯吸收装置。氯吸收装置又称漏氯吸收装置、泄氯吸收装置、漏氯中和装置、氯气吸收装置，是一种发生氯气泄漏事故时的安全应急设备，可以对泄漏氯气进行吸收处理。

18）水射器。水射器又称射流器，它是由喷嘴、吸入室、扩压管三部分组成。水射器具有两个重要功能，即产生工作所需的真空和产生溶液。

19）管式混合器。具有快速高效、耗能低的管道螺旋混合。对于两种介质混合时间短，扩散效果达 90%以上。可节省药剂用量 20%～30%，而且结构简单，占地面积小。采用玻璃钢材质，具有加工方便、坚固耐用、耐腐蚀等优点。

20）带式压滤机。带式压滤机操作自动化，人力最节省，带式压滤机维护管理容易；力学性能优异，耐久性好，占地省；适用各种污泥脱水，效率高，处理量大；多重脱水，脱水能力强，污泥饼含水率低；节省能源，耗电力少，低速运转，无振动、无噪声；带形滤布连续运转，自动洗涤，操作方便；带式压滤机滤布蛇行自动校正，操作顺畅；滤布安装、换取容易，保养简单；药剂加量少，操作成本低，价格合理。

21）污泥脱水机。各种污泥对脱水机的适应有一定的不同，目前国内污泥脱水机的常用机械有离心式、滤带式、螺旋环牒式及板框式。

22）污泥浓缩机。污泥浓缩机是一种中心传动式连续或间歇式工作的浓缩和澄清设备。污泥浓缩机主要是针对污泥浓度在 1%或浓度低于 1%的污泥，提高其含固率，也就是污泥浓度，经污泥浓缩机浓缩后的流出浓度在 3%以上，便于后续的机械脱水，提高机械脱水的工作效率和使用效果。

23）污泥浓缩脱水一体机。污泥浓缩脱水一体机是一种应用在污水处理领域中的，将污泥通过离心和挤压后脱水的设备。

24）污泥输送机。污泥输送机是用于污泥运送的设备。

25）污泥切割机。污泥切割机是离心污泥脱水系统的重要配套设备。

26）闸门。闸门是用于关闭和开放的泄（饭）水通道的控制设备，是水工建筑物的重要组成部分，可用以拦截水流、控制水位、调节流量、排放泥沙和漂浮物等。

27）堰门。堰门设置在堰口用以调节堰的高度的闸门。堰门共分 3 类，即铸铁堰门

(TYZ)、钢制直动式堰门(TYG)、钢制旋转堰门(TYX)。

28)拍门。拍门设在水泵出水管出口处，利用水力和门体自重启闭的单向活门。

29)启闭机。启闭机用于控制各类大、中型铸铁闸门及钢制闸门的升降达到开启与关闭的目的。

30)集水槽。集水槽是用来均匀搜集溢面清水的设备，主要用于沉淀池的出水端，常采用条形孔式或锯齿式。集水槽体采用优质不锈钢板经大型数控设备剪切、冷冲、焊接而成。具有高强度、高精度、耐腐蚀、外观美观、使用寿命长、安装简便等特点。

31)堰板。堰板是只在流水的渠道中设置的由木板、金属板或水泥板制成的带有矩形缺口或三角形缺口的板状物。

32)紫外线消毒设备。紫外线消毒设备是利用高强度的紫外线杀菌灯照射，破坏细菌和病毒的DNA等内部结构，从而达到杀灭水中病原微生物的消毒装置。适用于城镇污水处理厂出水、城市污水再生利用水、工业废水处理等。

33)臭氧消毒设备。臭氧消毒设备能在水中提取非常纯净的臭氧气体，进行室内消毒净化。可以有效预防由于室内空气污染而引发的化学物质过敏、头晕、呼吸急促、肺气肿、癌症等疾病。

34)膜处理设备。目前较为典型的膜处理设备是反渗透处理。

复习思考题与习题

1. 市政定额水处理工程划分是什么?
2. 水处理工程主要列了哪些清单项目?
3. 水处理工程的含义是什么?

第10章　生活垃圾、路灯、钢筋、拆除工程

10.1　生活垃圾处理工程

10.1.1　生活垃圾处理工程分项工程划分

1. 垃圾卫生填埋工程项目划分

垃圾卫生填埋包括：场地平整；垃圾坝；压实黏土防渗层；高密度聚乙烯（HDPD）膜、钠基膨润土防水毯（GCL）、土工合成材料；袋装土保护层；帷幕灌浆垂直防渗；碎（卵）石导流层；穿孔管铺设、无孔管铺设；盲沟；导气石笼；浮动覆盖膜；燃烧火炬装置；监测井；堆体整形处理；覆盖植被层；防风网；垃圾压缩设备。

（1）场地平整，其工作内容包括：找坡、平整；压实。

（2）垃圾坝，其工作内容包括：模板制作、安装、拆除；地基处理；摊铺、夯实、碾压、整形、修坡；砌筑、填缝、铺浆；浇筑混凝土；沉降缝；养护。

（3）压实黏土防渗层，其工作内容包括：填筑、平整、压实。

（4）高密度聚乙烯（HDPD）膜、钠基膨润土防水毯（GCL）、土工合成材料，其工作内容包括：裁剪；铺设；连（搭）接。

（5）袋装土保护层，其工作内容包括：运输；土装袋；铺设或铺筑；袋装土放置。

（6）帷幕灌浆垂直防渗，其工作内容包括：钻孔；清孔；压力注浆。

（7）碎（卵）石导流层，其工作内容包括：运输、铺筑。

（8）穿孔管铺设、无孔管铺设，其工作内容包括：铺设；连接；管件安装。

（9）盲沟，其工作内容包括：垫层，粒料铺筑；管材铺设、连接；粒料填充；外层材料包裹。

（10）导气石笼，其工作内容包括：外层材料包裹；导气管铺设；石料填充。

（11）浮动覆盖膜，其工作内容包括：浮动膜安装；布置重力压管；四周锚固。

（12）燃烧火炬装置，其工作内容包括：浇筑混凝土；安装；调试。

（13）监测井，其工作内容包括：钻孔；井筒安装；填充滤料。

（14）堆体整形处理，其工作内容包括：挖、填及找坡；边坡整形，压实。

（15）覆盖植被层，其工作内容包括：铺筑；压实。

（16）防风网，其工作内容包括：安装。

（17）垃圾压缩设备，其工作内容包括：安装、调试。

2. 垃圾焚烧项目划分

垃圾焚烧包括汽车衡、自动感应洗车装置、破碎机、垃圾卸料门、垃圾抓斗起重机、焚烧炉体。

上述项目工作内容包括：安装；调试。

10.1.2　生活垃圾处理工程清单工程量计算规则

（1）垃圾坝。按设计图示尺寸以体积计算。

（2）压实黏土防渗层、高密度聚乙烯（HDPD）膜、钠基膨润土防水毯（GCL）、土工合成材料、袋装土保护层。按设计图示尺寸以面积计算。

（3）帷幕灌浆垂直防渗。按设计图示尺寸以长度计算。

（4）碎（卵）石导流层。按设计图示尺寸以体积计算。

（5）穿孔管铺设、无孔管铺设、盲沟。按设计图示尺寸以长度计算。

（6）导气石笼。

1）以m计量，按设计图示尺寸以长度计算。

2）以座计量，按设计图示以数量计算。

（7）浮动覆盖膜。按设计图示尺寸以面积计算。

（8）燃烧火炬装置、监测井。按设计图示以数量计算。

（9）堆体整形处理、覆盖植被层、防风网。按设计图示发尺寸以面积计算。

（10）垃圾压缩设备。按设计图示以数量计算。

（11）汽车衡、自动感应洗车装置、破碎机。按设计图示以数量计算。

（12）垃圾卸料门。按设计图示发尺寸以面积计算。

（13）垃圾抓斗起重机、焚烧炉体。按设计图示以数量计算。

10.2　路　灯　工　程

10.2.1　路灯工程分项工程划分

1. 变配电设备工程项目划分

变配电设备工程包括：杆上变压器；地上变压器；组合型成套箱式变电站；高压成套配电柜；低压成套控制柜、落地式控制箱；杆上控制箱；杆上配电箱、悬挂嵌入式配电箱；落地式配电箱；控制屏、继电、信号屏；低压开关柜（配电屏）；弱电控制返回屏；控制台；电力电容器、跌落式熔断器；避雷器；低压熔断器；隔离开关、负荷开关、真空断路器；限位开关、控制器、接触器、磁力启动器、分流器、小电器；照明开关、插座；线缆断线报警装置；铁构件制作、安装；其他电器。

（1）杆上变压器，其工作内容包括：支架制作、安装；本体安装；油过滤；干燥；网门、保护门制作、安装；补刷（喷）油漆；接地。

（2）地上变压器，其工作内容包括：基础制作、安装；本体安装；油过滤；干燥；网门、保护门制作、安装；补刷（喷）油漆；接地。

（3）组合型成套箱式变电站，其工作内容包括：基础制作、安装；本体安装；进箱母线安装；补刷（喷）油漆；接地。

（4）高压成套配电柜，其工作内容包括：基础制作、安装；本体安装；补刷（喷）油漆；接地。

（5）低压成套控制柜、落地式控制箱，其工作内容包括：基础制作、安装；本体安装；附件安装；焊、压接线端子；端子接线；补刷（喷）油漆；接地。

（6）杆上控制箱，其工作内容包括：支架制作、安装；本体安装；附件安装；焊、压接

线端子；端子接线；进出线管管架安装；补刷（喷）油漆；接地。

（7）杆上配电箱、悬挂嵌入式配电箱，其工作内容包括：支架制作、安装；本体安装；焊、压接线端子；端子接线；补刷（喷）油漆；接地。

（8）落地式配电箱，其工作内容包括：基础制作、安装；本体安装；焊、压接线端子；端子接线；补刷（喷）油漆；接地。

（9）控制屏、继电、信号屏，其工作内容包括：基础制作、安装；本体安装；端子板安装；焊、压接线端子；盘柜配线、端子接线；小母线安装；屏边安装；补刷（喷）油漆；接地。

（10）低压开关柜（配电屏），其工作内容包括：基础制作、安装；本体安装；端子板安装；焊、压接线端子；盘柜配线、端子接线；屏边安装；补刷（喷）油漆；接地。

（11）弱电控制返回屏，其工作内容包括：基础制作、安装；本体安装；端子板安装；焊、压接线端子；盘柜配线、端子接线；小母线安装；屏边安装；补刷（喷）油漆；接地。

（12）控制台，其工作内容包括：基础制作、安装；本体安装；端子板安装；焊、压接线端子；盘柜配线、端子接线；小母线安装；补刷（喷）油漆；接地。

（13）电力电容器、跌落式熔断器，其工作内容包括：本体安装、调试；接线；接地。

（14）避雷器，其工作内容包括：本体安装、调试；接线；补刷（喷）油漆；接地。

（15）低压熔断器，其工作内容包括：本体安装；焊、压接线端子；接线。

（16）隔离开关、负荷开关、真空断路器，其工作内容包括：本体安装、调试；接线；补刷（喷）油漆；接地。

（17）限位开关、控制器、接触器、磁力启动器、分流器、小电器，其工作内容包括：本体安装；焊、压接线端子；接线。

（18）照明开关、插座，其工作内容包括：本体安装；接线。

（19）线缆断线报警装置，其工作内容包括：本体安装、调试；接线。

（20）铁构件制作、安装，其工作内容包括：基础制作；安装；补刷（喷）油漆。

（21）其他电器，其工作内容包括：本体安装；接线。

2. 10kV以下架空线路工程项目划分

10kV以下架空线路工程包括：电杆组立；横担组装；导线架设。

（1）电杆组立，其工作内容包括：工地运输；垫层、基础浇筑；底盘、拉盘、卡盘安装；电杆组立；电杆防腐；拉线制作、安装；引下线支架安装。

（2）横担组装，其工作内容包括：横担安装；瓷瓶、金具组装。

（3）导线架设，其工作内容包括：工地运输；导线架设；导线跨越及进户线架设。

3. 电缆工程项目划分

电缆工程包括：电缆；电缆保护管；电缆排管；管道包封；电缆终端头、电缆中间头；铺砂、盖保护板（砖）。

（1）电缆，其工作内容包括：揭（盖）盖板；电缆敷设。

（2）电缆保护管，其工作内容包括：保护管敷设；过路管加固。

（3）电缆排管，其工作内容包括：垫层、基础浇筑；排管敷设。

（4）管道包封，其工作内容包括：灌注；养护。

（5）电缆终端头、电缆中间头，其工作内容包括：制作；安装；接地。

（6）铺砂、盖保护板（砖），其工作内容包括：铺砂；盖保护板（砖）。

4. 配管、配线工程项目划分

配管、配线工程项目包括：配管；配线；接线箱、接线盒；带形母线。

（1）配管，其工作内容包括：预留沟槽；钢索架设（拉紧装置安装）；电线管路敷设；接地。

（2）配线，其工作内容包括：钢索架设（拉紧装置安装）；支持体（绝缘子等）安装；配线。

（3）接线箱、接线盒，其工作内容包括：本体安装。

（4）带形母线，其工作内容包括：支持绝缘子安装及耐压试验；穿通板制作、安装；母线安装；引下线安装；伸缩节安装；过滤板安装；拉紧装置安装；刷分相漆。

5. 照明器具安装工程项目划分

照明器具安装工程包括：常规照明灯、中杆照明灯；高杆照明灯；景观照明灯、桥栏杆照明灯、地道涵洞照明灯。

（1）常规照明灯、中杆照明灯，其工作内容包括：垫层铺筑；基础制作、安装；立灯杆；杆座制作、安装；灯架制作、安装；灯具附件安装；焊、压接线端子；接线；补刷（喷）油漆；灯杆编号；接地；试灯。

（2）高杆照明灯，其工作内容包括：垫层铺筑；基础制作、安装、立灯杆；杆座制作、安装；灯架制作、安装；灯具附件安装；焊、压接线端子；接线；补刷（喷）油漆；灯杆编号；升降机构接线调试；接地；试灯。

（3）景观照明灯、桥栏杆照明灯、地道涵洞照明灯，其工作内容包括：灯具安装；焊、压接线端子；接线；补刷（喷）油漆；接地；试灯。

6. 防雷接地装置工程项目划分

防雷接地装置工程包括：接地极；接地母线；避雷引下线；避雷针；降阻剂。

（1）接地极，其工作内容包括：接地极（板、桩）制作、安装；补刷（喷）油漆。

（2）接地母线，其工作内容包括：接地母线制作、安装；补刷（喷）油漆。

（3）避雷引下线，其工作内容包括：避雷引下线制作、安装；断接卡子、箱制作、安装；补刷（喷）油漆。

（4）避雷针，其工作内容包括：本体安装；跨接；补刷（喷）油漆。

（5）降阻剂，其工作内容包括：施放降阻剂。

7. 电气调整试验项目划分

电气调整试验包括：变压器系统调试、供电系统调试；接地装置调试；电缆试验。

（1）变压器系统调试、供电系统调试，其工作内容包括：系统调试。

（2）接地装置调试，其工作内容包括：接地电阻测试。

（3）电缆试验，其工作内容包括：试验。

10.2.2　路灯工程定额与清单工程量计算规则

1. 路灯工程定额工程量计算规则

（1）变压器安装，按不同容量以台为计量单位。一般情况下不需要变压器干燥，如确实需要干燥，可执行《全国统一安装工程预算定额》相应项目。

（2）变压器油过渡，不论过渡多少次，直到过渡合格为止。以 t 为计量单位，变压器油的过滤量，可按制造厂提供的油量计算。

（3）高压成套配电柜和组合箱式变电站安装，以台为计量单位，均未包括基础槽钢、母线及引下线的配置安装。

（4）各种配电箱、柜安装均按不同半周长以套为单位计算。

（5）铁构件制作安装按施工图示以 100kg 为单位计算。

（6）盘柜配线按不同断面，长度按表 10.1 计算。

表 10.1　　盘柜配线计算表

序号	项　　目	预留长度/m	说　明
1	各种开关柜、箱、板	高＋宽	盘面尺寸
2	单独安装（无箱、盘）的铁壳开关、闸刀开关、启动器、母线槽进出线盒等	0.3	以安装对象中心计算
3	以安装对象中心计算	1	以管口计算

（7）各种接线端子按不同导线截面积，以 10 个为单位计算。

（8）底盘、卡盘、拉线盘按设计用量以块为单位计算。

（9）各种电线杆组立，分材质和高度，按设计数量以根为单位计算。

（10）拉线制作安装，按施工图设计规定，分不同形式以组为单位计算。

（11）横担安装，按施工图设计规定，分不同线数以组为单位计算。

（12）导线架设，分导线类型与界面，按 1km/单线计算，导线预留长度规定见表 10.2。

表 10.2　　导线预留长度规定

项　目　名　称		长　　度
高压	转角	2.5
	分支、终端	2.0
低压	分支、终端	0.5
	交叉跳线转交	1.5
与设备连接		0.5

注　导线长度按线路总长加预留长度计算。

（13）导线跨越架设指越线架的搭设、拆除和越线架的运输以及因跨越施工难度而增加的工作量，以处为单位计算，每个跨越间距按 50m 以内考虑的，大于 50m 或小于 100m 时，按两处计算。

（14）路灯设施编号按 100 个为单位计算；开关箱号不满 10 只按 10 只计算；路灯编号不满 15 只按 15 只计算；钉粘贴号牌不满 20 个按 20 个计算。

（15）混凝土基础制作以 m^3 为单位计算。

（16）绝缘子安装以 10 个为单位计算。

（17）直埋电缆的挖、填土（石）方，除特殊要求外，可按表 10.3 计算土方量。

（18）电缆沟盖板揭、盖定额，按每揭盖一次以延长米计算。如又揭又盖，则按两次计算。

表 10.3　　直埋电缆的挖、填土（石）方土方量计算表

项　　目	电缆根数	
每米沟长挖方量/(m^3/m)	1～2	每增一根
	0.45	0.153

（19）电缆保护管长度，除按规定设计长度计算外，遇有以下情况，应按以下规定增加保护管长度。

1）横穿道路，按路基宽度两端各加 2m 计算。

2）垂直敷设时管口离地面加 2m。

3）穿过建筑物外墙时，按基础外缘以外加 2m 计算。

4）穿过排水沟，按沟壁外缘以外加 1m 计算。

（20）电缆保护管埋地敷设时，其土方量有施工图注明的，按施工图计算；无施工图的一般按沟深 0.9m，沟宽按最外边的保护管两侧边缘外各加 0.3m 工作面计算。

（21）电缆敷设按单根延长米计算。

（22）电缆敷设长度应敷设路径的水平和垂直敷设长度，另加表 10.4 规定的附加长度。

表 10.4　　附加长度表

序号	项　　目	预留长度	说　　明
1	电缆敷设弛度、波形弯度、交叉	2.5%	按电缆全长计算
2	电缆进入建筑物内	2.0m	规范规定最小值
3	电缆进入沟内或吊架时引上预留	1.5m	规范规定最小值
4	变电所进出线	1.5m	规范规定最小值
5	电缆终端关	1.5m	检修余量
6	电缆中间头盒	两端各 2.0m	检修余量
7	高压开关柜	2.0m	柜下进出线

注　电缆附加及预留长度是电缆敷设长度的组成部分，应计入电缆长度工作量内。

（23）电缆终端及中间头均以个为计量单位。一根电缆按两个终头端，中间头设计有图示的，按图示确定，没有图示的，按实际计算确定。

（24）各种配管的工程量计算，应区别不同敷设方式、敷设位置、管材材质、规格，以延长米为计量单位。不扣除管路中间的接线箱（盒）、灯盒、开关盒所占长度。

（25）定额中未包括钢索架设及拉紧装置、接线箱（盒）、支架的制作安装，其工程量另行计算。

（26）管内穿线定额工程量计算，应区别线路性质、导线性质、导线截面积，按单线延长米计算。线路的分支接头线的长度已综合考虑在定额中，不再计算接头长度。

（27）塑料护套线明敷设工程量计算，应区别导线截面积、导线芯数、敷设位置，按单线路延长米计算。

（28）钢索架设工程量计算，应区分圆钢、钢索直径，按图示墙柱内缘距离，按延长米计算，不扣除拉紧装置所占长度。

（29）母线拉紧装置及钢索拉紧装置制作安装工程量计算，应区别母线截面积、花篮螺

栓直径以10套为单位计算。

(30) 带形母线安装工程量计算，应区分为母线材质、母线截面积、安装位置，按延长米计算。

(31) 接线盒安装工程量计算，应区别安装形式以及接线盒类型，以10个为单位计算。

(32) 开关、插座、按钮等的预留线，应分别综合在相应定额内，不另行计算。

(33) 各种悬挑灯、广场灯、高杆灯灯架分别以10套、套为单位计算。

(34) 各种灯具、照明器具安装分别以10套、套为单位计算。

(35) 灯杆座安装以10只为单位计算。

(36) 接地极制作安装以根为计量单位，其长度按设计长度计算，设计无规定时按每根25m计算，若设计有管帽时，管帽另按加工件计算。

(37) 接地母线敷设，按设计长度以10m为计量单位计算。接地母线、避雷线敷设，均按延长米计算，其长度按施工图设计水平和垂直规定长度另加39%的附加长度（包括转弯、上下波动、避绕障碍物、搭接头所占长度）。计算主材费时另加规定的损耗率。

(38) 接地跨线以10处为计量单位计算。按照规定凡需做接地跨接线的工作内容，每跨接一次按一处计算。

(39) 路灯灯架制作安装按每组重量及灯架直径，以t为单位计算。

(40) 型钢煨制胎具，按不同钢材，煨制直径以个为单位计算。

(41) 焊缝无损探伤按被探件厚度不同，分别以10张、10m为单位计算。

(42) 本定额适用于金属灯杆面的人工、半机械除锈、刷油防腐工程。

(43) 人工、半机械除锈分轻锈、中锈两种区分标准。

1) 轻锈：部分氧化皮开始破裂脱落，轻锈开始发生。

2) 中锈：氧化皮部分破裂脱落呈堆粉末状，除锈后用肉眼能见到腐蚀小凹点。

(44) 本定额不包括除微锈（标准氧化皮完全紧附，仅有少量锈点），发生时按轻锈定额的人工、材料、机械乘以系数0.2。

(45) 因施工需要发生的二次除锈，其工程量可另行计算。

(46) 金属面刷油不包括除锈费用。

(47) 本定额按安装地面刷油考虑，未考虑高空作业因素。

(48) 油漆与实际不同时，可根据实际要求进行换算，但人工不变。

2. 路灯工程清单工程量计算规则

(1) 杆上变压器、地上变压器、组合型成套箱式变电站，按设计图示以数量计算。

(2) 高压成套配电柜、低压成套控制柜、落地式控制箱、杆上控制箱，按设计图示以数量计算。

(3) 杆上配电箱、悬挂嵌入式配电箱、落地式配电箱、控制屏、继电、信号屏、低压开关柜（配电屏），按设计图示以数量计算。

(4) 弱电控制返回屏、控制台、电力电容器、跌落式熔断器、避雷器，按设计图示以数量计算。

(5) 低压熔断器、隔离开关、负荷开关、真空断路器、限位开关、控制器、接触器、磁力启动器、分流器、小电器、照明开关、插座，按设计图示以数量计算。

(6) 线缆断线报警装置，按设计图示以数量计算。

（7）铁构件制作、安装，按设计图示尺寸以质量计算。

（8）其他电器，按设计图示以数量计算。

（9）电杆组立，按设计图示以数量计算。

（10）横担组装，按设计图示以数量计算。

（11）导线架设，按设计图示尺寸另加预留量以单线长度计算。

（12）电缆，按设计图示尺寸另加预留及附加量以长度计算。

（13）电缆保护管、电缆排管、管道包封，按设计图示尺寸以长度计算。

（14）电缆终端头、电缆中间头，按设计图示以数量计算。

（15）铺砂、盖保护板（砖），按设计图示尺寸以长度计算。

（16）配管，按设计图示尺寸以长度计算。

（17）配线，按设计图示尺寸另加预留量以单线长度计算。

（18）接线箱、接线盒，按设计图示以数量计算。

（19）带形母线，按设计图示尺寸另加预留量以单线长度计算。

（20）常规照明灯、中杆照明灯、高杆照明灯，按设计图示以数量计算。

（21）景观照明灯，以套计量，按设计图示以数量计算；以 m 计量，按设计图示尺寸以延长米计算。

（22）桥栏杆照明灯、地道涵洞照明灯，按设计图示以数量计算。

（23）接地极，按设计图示以数量计算。

（24）接地母线、避雷引下线，按设计图示尺寸另加附加量以长度计算。

（25）避雷针，按设计图示以数量计算。

（26）降阻剂，按设计图示以质量计算。

（27）变压器系统调试、供电系统调试、接地装置调试、电缆试验，按设计图示以数量计算。

10.3 钢筋、拆除工程

10.3.1 钢筋、拆除工程分项工程划分

1. 钢筋工程分项工程划分

钢筋工程包括现浇构件钢筋、预制构件钢筋、钢筋网片、钢筋笼、先张法预应力钢筋（钢丝、钢绞线）、后张法预应力钢筋（钢丝束、钢绞线）、型钢、植筋、预埋铁件、高强螺栓。

（1）现浇构件钢筋、预制构件钢筋、钢筋网片、钢筋笼、预埋铁件、高强螺栓，其工作内容包括：制作；运输；安装。

（2）先张法预应力钢筋（钢丝、钢绞线），其工作内容包括：张拉台座制作、安装、拆除；预应力筋制作、张拉。

（3）后张法预应力钢筋（钢筋束、钢绞线），其工作内容包括：预应力筋孔道制作、安装；锚具安装；预应力筋制作、张拉；安装压浆管道；孔道压浆。

（4）型钢，其工作内容包括：制作、运输、安装、定位。

（5）植筋，其工作内容包括：定位、钻孔、清孔；钢筋加工成形；注胶、植筋；抗拔试验；养护。

2. 拆除工程分项工程划分

（1）全统市政定额拆除工程的划分。

全统市政定额拆除工程包括：拆除旧路；拆除人行道；拆除侧缘石；拆除混凝土管道；拆除金属管道；镀锌管拆除；拆除砖石构筑物；拆除混凝土障碍物；伐树、挖树蔸；路面凿毛、路面铣刨沥青路面。

1）拆除旧路。

a. 拆除沥青柏油类路面层的工作内容包括：拆除、清底、运输、旧料清理成堆。

b. 人工拆除混凝土类路面层的工作内容包括：拆除、清底、运输、旧料清理成堆。

c. 机械拆除混凝土类路面层的工作内容包括：拆除、清底、运输、废渣清理成堆。

d. 人工拆除基层和面层的工作内容包括：拆除、清底、运输、废渣清理成堆。

2）拆除人行道的工作内容包括：拆除、清底、运输、旧料清理成堆。

3）拆除侧缘石的工作内容包括：刨出、刮净、运输、旧料清理成堆。

4）拆除混凝土管道的工作内容包括：平整场地；清理工作坑；剔口；吊管；清理管腔污泥；旧料就近堆放。

5）拆除金属管道的工作内容包括：平整场地；清理工作坑；安拆导链；剔口；吊管；清理管腔污泥；旧料就近堆放。

6）镀锌管拆除的工作内容包括：锯管、拆管、清理、堆放。

7）拆除砖石构筑物的工作内容如下。

a. 检查井：拆除井体、管口；旧料清理成堆。

b. 构筑物：拆除、旧料清理成堆。

8）拆除混凝土障碍物的工作内容包括：拆除、运输、旧料堆放整齐。

9）伐树、挖树蔸的工作内容包括：锯倒、砍枝、截断、刨挖、清理异物、就近堆放整齐。

10）路面凿毛的工作内容包括：凿毛、清扫废渣。

（2）计量规范拆除工程划分。

拆除工程包括：拆除路面、拆除人行道、拆除基层、铣刨路面、拆除侧平（缘）石、拆除管道、拆除砖石结构、拆除混凝土结构、拆除井、拆除电杆、拆除管片。

拆除工程各项目的工作内容包括：拆除、清理、运输。

10.3.2 钢筋、拆除工程定额工程量计算规则

1. 钢筋工程

（1）钢筋按设计数量套用相应定额计算（损耗已包括在定额中）。设计未包括施工用钢筋，经建设单位同意后可另计。

（2）T 形梁连接钢板项目按设计图纸，以 t 为单位计算。

（3）锚具工程量按设计用量乘以下列系数计算：锥形锚为 1.05；OVM 锚为 1.05；墩头锚为 1.00。

（4）钢筋工程，应区别现浇、预制分别按设计长度乘以单位重量，以 t 为单位计算。

（5）计算钢筋工程量时，设计已规定搭接长度的，按规定搭接长度计算；设计未规定搭接长度的，已包括在钢筋的损耗中，不另计算搭接长度。

（6）先张法预应力钢筋，按构件外形尺寸计算长度，后张法预应力钢筋按设计图规定的预应力钢筋预留孔道长度，并区别不同锚具，分别按下列规定计算：

1）钢筋两端采用螺杆锚具时，预应力的钢筋按预留孔道长度减0.35m，螺杆另计。

2）钢筋一端采用镦头插片，另一端采用螺杆锚具时，预应力钢筋长度按预留孔道长度计算。

3）钢筋一端采用镦头插片，另一端采用帮条锚具时，增加0.15m，如两端均采用帮条锚具，预应力钢筋共增加0.3m长度。

4）采用后张混凝土自锚时，预应力钢筋共增加0.35m长度。

（7）钢筋混凝土构件预埋铁件，按设计图示尺寸，以t为单位计算。

2. 拆除工程

（1）拆除旧路及人行道按实际拆除面积以m^2为单位计算。

（2）拆除侧缘石及各类管道按长度以m为单位计算。

（3）拆除构筑物及障碍物按体积以m^3为单位计算。

（4）伐树、挖树蔸按实挖数以棵为单位计算。

（5）路面凿毛、路面铣刨按施工组织设计的面积以m^2计算。铣刨路面厚度大于5cm须分层铣刨。

10.3.3 钢筋、拆除工程清单工程量计算规则

1. 钢筋工程

（1）预埋铁件，按设计图示尺寸以质量计算，单位为kg。

（2）非预应力钢筋、先张法预应力钢筋、型钢，按设计图示尺寸以质量计算，单位为t。

2. 拆除工程

（1）拆除路面、拆除基层、拆除人行道，按施工组织设计或设计图示尺寸以面积计算。

（2）拆除侧缘石、拆除管道，按施工组织设计或设计图示尺寸以延长米计算。

（3）拆除砖石结构、拆除混凝土结构，按施工组织设计或设计图示尺寸以体积计算。

（4）伐树、挖树蔸，按施工组织设计或设计图示以数量计算。

10.4 工程计算实例

【例10.1】 某一街道位于城市的繁华区，交通拥挤，所以路面损坏严重，需维修改造。原路长586m，车行道宽12m，每侧人行道宽3.5m。根据原资料档案调查知，此路原结构为：20cm混凝土面层，10cm级配碎石层；原路缘石为200mm×200mm混凝土条石；人行道板8cm厚，其底部是10cm稳定粉质沙土层。此道路拆除的建筑垃圾须全部外运，运距10km。试计算其拆除与运输工程量。

【解】

（1）混凝土路面拆除。

机械拆除混凝土路面(厚20cm)的工程量$=586\times12=7032(m^2)=70.32(100m^2)$

装载机装拆除物的工程量$=586\times12\times0.2=1406.4(m^3)=14.06(100m^3)$

自卸车运拆除物(10km)的工程量$=586\times12\times0.2=1406(m^3)=14.06(100m^3)$

（2）级配碎石层拆除。

机械拆除级配碎石层(厚10cm)的工程量$=586\times12=7032(m^2)=70.32(100m^2)$

装载机装拆除物的工程量$=586\times12\times0.1=703.2(m^3)=7.03(100m^3)$

自卸车运拆除物（10km）的工程量＝586×12×0.1＝703.2(m^3)＝7.03(100m^3)

（3）稳定粉质砂土层拆除。

人工拆除稳定粉质砂土基层（厚 10cm）的工程量＝586×(3.5－0.2)×2＝3867.6(m^2)
＝38.68(100m^2)

人工拆除物的工程量＝586×(3.5－0.2)×2×0.1＝386.8(m^3)＝3.87(100m^3)

自卸车运拆除物（10km）的工程量＝586×(3.5－0.2)×2×0.1＝3.87(100m^3)

（4）人行道板拆除。

人工拆除人行道板（厚 8cm）的工程量＝586×(3.5－0.2)×2＝38.68(100m^2)

装载机装拆除物的工程量＝586×(3.5－0.2)×2×0.08＝3.09(100m^3)

自卸车运拆除物（10km）的工程量＝586×(3.5－0.2)×2×0.08＝3.09(100m^3)

（5）路缘石拆除。

拆除路缘石工程量＝586×2＝1172(m)＝11.72(100m)

装载机装拆除物工程量＝586×2×0.2×0.2＝46.88(m^3)＝0.47(100m^3)

自卸车运拆除物(10km)的工程量＝586×2×0.2×0.2＝46.88(m^3)＝0.47(100m^3)

清单工程量计算见表 10.5。

表 10.5　　清单工程量计算表

序号	项目编码	项目名称	项目特征描述	计算单位	工程量
1	041001003001	拆除路面	混凝土，厚 20cm	m^2	7032
2	041001003001	拆除基层	级配矿石，厚 10cm	m^2	7032
3	041001003002	拆除基层	稳定粉质砂土，厚 10cm	m^2	3867.60
4	041001002001	拆除人行道	人行道板，厚 8cm	m^2	3867.60
5	041001005001	拆除侧、平（缘）石	拆除路缘石	m	1172

【例 10.2】 某工程层高 3.2m，木配电板尺寸 250mm×150mm，上装电功能表一只，瓷插保险 CRA－5A 一只，高 2m；架空进线，进户支架两端埋设，高 3m；室内敷设护套线 BLVV－21.5；插座高 1.5m，拉线开关高 3m，如图 10.1 所示。试求其相关工程量。

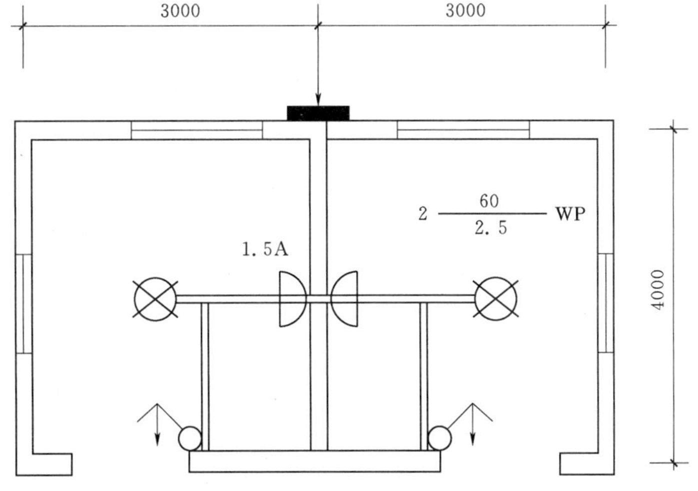

图 10.1　室内线路示意图（单位：mm）

【解】 立项、工程量计算见表 10.6 和表 10.7。

表 10.6　　清单工程量计算表

序号	项目名称	单位	工程量
1	木配电板制作	m^2	0.038
2	木配电板安装	10 块	0.1
3	电功能表安装（5A）	个	1
4	瓷插保险安装	10 个	0.1
5	配电板内配线	100m	0.01
6	进户支架制作	t	0.004
7	两线进户支架安装	根	1
8	塑料护套线明敷	100m	0.146
9	软线吊灯安装（60W）	10 套	0.2
10	单相双孔插座	10 套	0.2
11	拉线明装开关	10 套	0.2
12	进户线管明敷 PVC 15	10m	0.139
13	管内穿线 BV－1.5	100m	0.065

表 10.7　　清单工程量计算表

序号	项目编码	项目名称	计量单位	工程量
1	030411004001	配线	m	1
2	030412001001	普通灯具	套	2
3	030404031001	小电器	套	2
4	030404031002	小电器	套	2
5	030411001001	配管	m	1.39
6	030411004002	配线	m	6.50

第11章　措　施　项　目

11.1　打 拔 工 具 桩

1. 工具桩概述

(1) 定义：在施工的沟槽、基坑、围堰中采用打桩临时支撑沟槽、基坑和围堰的临时桩，在完工后即拔去桩。

(2) 性质：临时性的。

(3) 分类。

1) 木桩：常用小头 ϕ16～20cm，长为 4～10m 松原木。

2) 钢桩：常用槽钢（8－I 30）或工字钢（I 30a）。

(4) 打桩设备：桩架、动力装置、桩锤（落锤、单双汽锤、柴油汽锤、振动液压锤）和桩帽。

(5) 打桩方法。

1) 锤击法。

2) 静力打桩法：静压力桩机（压力 600～1200kN)、液压压桩机。

(6) 打桩顺序与流水方向。

1) 逐排打设——土体向一方挤压。

2) 由边沿向中央打——中间部分挤压紧密，桩不易打入。

3) 自中央向边沿打——较好。

4) 分段打——较好。

(7) 控制。

1) 摩擦桩：以标高为主，贯入度参考。

2) 端承桩：以贯入度为主，标高参考。

2. 说明

(1) 有关名词。

1) 水上作业——距河岸线 1.5m 以外或水深在 2m 以上。

2) 陆上作业——距河岸线 1.5m 以内或水深在 1m 以内。

3) 1m＜水深＜2m，其工程量按水、陆各 50％计算。

(2) 说明。

1) 水上打工具桩接两艘驳船捆扎成船台作业。驳船捆扎和拆除费用按《江苏省市政工程计价定额》(2014) 中第三册桥涵工程内相应定额执行。

2) 打拔工具桩均以直桩为准。如遇斜桩（包括俯打、仰打）斜率在 1：6 以内时，按相应定额人工乘以系数 1.33、机械乘以系数 1.43。

3）定额中已包括导桩及导桩夹木的制、安、拆内容，不能另计。

4）本桩按疏打计；钢板桩按密打计。如按疏打应将定额内人工乘以系数1.05。

5）钢、木桩的防腐费不能另计。

6）打拔桩架90°调面及超运距移动不计。

7）钢板桩摊销按10年计算。每天使用费为6.8元/(t·d)。

8）水上卷扬机，水上柴油打桩机打拔工具桩项目如发生水上短驳，短驳费另计。

3. 工程量计算规则

(1) 为1m＜水深＜2m，其工程量按水、陆作业各50%计算。

(2) 圆木桩以设计桩长及小头直径 D 计算圆木桩体积；钢板桩以t为计算单位。

附：钢板桩使用费＝钢板桩定额使用量×使用天数×6.8元/(t·d)。

(3) 竖拆打桩架次，按施工组织设计规定计算。若无规定按打桩的进行方向：双排桩每100延$\frac{1}{4}$米计算一次，单排桩每200延$\frac{1}{4}$米计算一次，不足者多计算一次。

(4) 凡打断，打弯桩需拔起再锤打，且不计工程量。

(5) 打拔桩土质类别的划分，见通用项目第二章打、拔工具桩P92“打拔桩土质类别分类表”——定额中仅列甲、乙级土项目，如遇丙级土按乙级土的人工定额乘以系数1.75及机械乘以系数2.0。

【例题11.1】 锡航桥有二墩二台，均用钻孔桩做桩基。根据施工方案，不论水中还是陆上，均应搭设工作平台各30m，每个平台均用木支架组成。现进行工程量清单计价，列于表11.1与表11.2中。

表11.1　　分部分项工程量清单表

序号	项目编码	项目名称	单位	数量	金额/元	
					综合单价	合价
1	040301001001	搭拆水中、陆地圆木桩钻孔平台	m	60	1088.10	65285.76

表11.2　　分部分项工程量清单综合单价分析表

序号	项目编号	工作名称	单位	数量	综合单价/元					合计/元
					人工费	材料费	机械费	管理费	利润	
1	040301001001	搭拆水中、陆地圆木桩钻孔平台	m	60						65285.76
2	3-585	组拆船排吨位在100t×2以内	次	1	2212.60	2414.61	1957.28	1125.87	416.99	8127.35
3	1-467	竖拆卷扬机拔桩机	次	1	2180.48	264.39	1294.70	660.28	347.52	4747.37
4	1-466	竖拆卷扬机打桩机	次	1	1471.19	569.06	779.20	427.57	225.04	3472.06
5	3-6换	0.6柴油打桩机船上打木桩	10m³	4.32	8395.44	92.53	5252.08	3684.83	1364.77	18789.67
6	1-499	水上拔圆木桩（8t以内，乙级土）	10m³	4.32	7925.17	0.00	2936.04	2063.40	1086.00	14009.37

续表

序号	项目编号	工作名称	单位	数量	综合单价					合计
					人工费	材料费	机械费	管理费	利润	
7	1-225	$1m^3$ 铲挖机挖三类土装车	$1000m^3$	0.175	62.94	0.00	1171.30	234.50	123.42	1592.17
8	1-294	8t 自卸车运土 10km 以内	$1000m^3$	0.175		9.87	4796.62	911.36	479.66	6197.51
9	1-52	人工平整场地	$1000m^3$	0.3	114.00	0.00	0.00	23.65	124.48	1605.73
10	3-563	搭拆桩基陆上平台	$1000m^3$	0.3	722.17	214.84		194.99	72.22	1204.20
11	3-568	搭拆桩基水上平台	$1000m^3$	0.3	2183.59	1033.79	1099.28	886.38	328.29	5531.33

11.2 围 堰 工 程

1. 概述

(1) 定义：在基坑四周修筑一道临时性、封闭挡水结构物。

(2) 性质：临时性。

(3) 作用：确保主、辅工程在无水作业下正常工作。

(4) 共同要求。

1) 围堰顶面标高——高出施工期间最高水位 0.5m 以上。

2) 平面尺寸。

a. 外形与基础轮廓及水流状况适应，尽量减少压缩流水断面。

b. 几个墩同时施工时，一般压缩流水断面不大于 30%。

c. 内部尺寸与基坑尺寸适应，除钢板桩围堰外，堰内脚至基坑边缘不小于 1m。

d. 防止渗漏和外侧表面的冲刷。

3) 施工时选择各种围堰条件。

a. 施工地点水深及流速是选择的主要指标，也决定围堰高度。

b. 河床土质决定了筑堰后基坑渗水量及稳定性。

c. 河道航运情况决定围堰所占的最大流水面积以避免妨碍航运。

d. 尽可能用当地土、竹、木来筑堰，同时应赶在汛期前施工。

(5) 常用围堰类型。

1) 土堰与草袋堰。适用：$h_{水深}<2\sim3m$，$V<0.5m/s$；材料：黏土；结构：顶宽大于 1m，迎水坡 1.5～3，内坡 1.5～2；施工前应在河底清理后填土防漏水。

2) 钢板桩堰、套箱堰适用于水较深时，其具有材料强度高、防水性能好、穿透土层能力强并可重复使用等优点。

2. 说明

(1) 围堰尺寸。按施工组织设计确定，可参考表 11.3。

(2) 堰内土以自然方计，结算中按取土的实际情况调整，50m 内取材料筑堰（土、砂、石）不计土方、材料费；50m 外取材料筑堰可计算挖、运、材料费及外购费用，但应扣除定额现场土方人工 55.5 工/$100m^3$ 黏土。

表 11.3　　　围堰尺寸参考表

名称	土及草袋	土石混合	圆木堰	钢桩、钢板桩	筑岛填心
顶宽	1～2m	2	2～2.5	2.5～3	
堰高	4m 以内	6m	5m	6m	

(3) 围堰施工中未用驳船，改搭设栈桥时驳船费改套相应脚手架子目。围堰定额中的各种木桩、钢材均按水上打拔工具桩的相应定额执行，数量按实计算。

(4) 草袋围堰如使用麻袋，尼龙袋装土围筑，单价可换算，但按定额规定执行。

(5) 围堰定额中的各种木桩，钢桩均按通用项目第二章“打、拔工具桩”相应定额执行。数量按实计算。

(6) 筑岛填心子目指在围堰的区域内填土、砂或其他。

(7) 双层竹笼围堰竹笼间黏土填心宽度大于 2.5m，超出部分则可套筑岛填心子目。

3. 定额工程量计算规则

(1) 围堰以 m^3 或延米长为单位计算。

1) 用 m^3 计量时以围堰断面积乘以长度计算。

2) 用 m 计算时以围堰中心线长度计算。

(2) 堰高按施工期内最高临水面加 0.5m 计算。

(3) 挂竹篱片及土工布按设计面积计算。

【例 11.2】 典古桥施工时航道部门不同意断航，只能采用月亮坝施工桥台。月亮坝计 $135m^3$ 用草袋叠砌，求其费用。

【解】 草袋坝围堰应是在措施项目费中的，但可套用 (1-531)

人工：　　10406.77×1.35=14049.14(元)

材料费：　　草袋　1926×1.35=2600.1(元)

　　麻绳　205.02×1.35×=276.78(元)

　　黏土　93×1.35×20=2511(元)

材料费合计 5387.88 元。

机械费：　　夯实机械　59.19×1.35=79.19(元)

　　驳船 (50t)　128.16×1.35×=173.02(元)

机械费合计 252.21 元。

$$\sum=19689.23(元)$$

管理费：　　19689.23×19%=3740.95(元)

利润：　　19689.23×10%=1968.23(元)

分部分项工程量清单计价表见表 11.4。

表 11.4　　　分部分项工程量清单计价表

序号	项目编码	单位	数量	综合单价组成/元					单价/元
				人工费	材料费	机械费	管理费	利润	
1	围堰	项	1						21326.53
2	(1-531) 草袋围堰	$100m^3$	1.35	14049.14	5387.88	252.21	3740.95	1968.23	21326.53

11.3 支 撑 工 程

1. 概述

(1) 定义：防止沟槽、基坑坍塌的一种临时性挡土墙结构物。

(2) 分类与形式。

1) 挡板支撑。

a. 组成：立柱、横枋、顶撑、衬板。

b. 形式：挡板垂直和挡板水平。

2) 钢木结合支撑。

a. 适用：坑深3m以上或基坑过宽。

b. 形式：主要受力构件用钢材支撑，次要或辅助受力部位用木材支撑。

3) 板桩墙支撑：在开挖前先打入土中一定深度后，边挖边设支撑。

a. 适用：基坑平面尺寸较大且深，附近有建筑物。

b. 形式：按支撑形式可分为无撑式、支撑式、锚支撑；按材料可分为木板桩、混凝土桩、钢板桩。

2. 说明

(1) 挡土板同间距不同时，不作调整。

(2) 放坡开挖不得计算挡土板，如遇上层放坡、下层支撑则按实际支撑面积计算。

(3) 挡土板支撑按槽坑两侧同时支撑挡土板考虑，支撑面积为两侧挡土板面积之和，支撑宽度在4.1m内；如槽坑宽度大于4.1m，其两侧均按一侧支挡土板考虑。按槽坑一侧支撑挡土板面积计算时，人工乘以系数1.33，除挡土板外，其他材料乘以系数2。

(4) 钢桩挡土桩的槽钢桩按设计（以t为单位）按打、拔工具桩定额执行。

(5) 如采用井字支撑时，按疏撑乘以系数0.61。

3. 清单工程量计算规则

按施工组织设计确定的支撑面积以m^2计算。

【例11.3】 某工程在雨水管道施工中，不能大开挖，采用支撑防护，采用横板、竖撑。该沟槽长50m、宽3.6m、深2.8m，上层1.0m、下层1.8m，采用支撑，求支撑面积。

【解】 当槽坑小于4m时，$S_{支撑}$＝槽深×槽长×2，因此：

$$S_{支撑}=2.8\times50\times2=280(m^2)$$

11.4 脚手架及其他工程

1. 概述

(1) 脚手架。

1) 定义：为桥涵护岸施工必须搭设的架子，称为脚手架。

2) 常用脚手架形式类型。

a. 木脚手架。

b. 竹脚手架。

c. 钢管脚手架：WDJ 碗扣式。

(2) 基坑排水。

1) 表面排水法：在坑底四周挖边沟，开挖1～2个集水坑井，后用水泵或抽水机向外排水。

2) 降低地下水位法——井点法。

a. 定义：采用井点管降低地下水位以利基础施工的一种方法。

b. 适用：粉质土、粉砂类土等采用抽水时易引起流砂现象，影响基坑稳定，渗透系数为 (0.1～80)mm/d 砂土。

c. 分类。

ⅰ. 轻型井点 ϕ。

井点管：ϕ50mm 钢管，其下端头有 1～2m 滤管。

集水管：ϕ102～127mm 管。

连接管：ϕ40～50mm 橡皮胶水管或塑胶管。

抽水设备：真空泵、离心泵。

ⅱ. 喷射井点：一般井点管间距为 2.5m。

ⅲ. 大口径井点：一般井点管间距 10m。

2. 说明

(1) 砌筑物高度大于 1.2m 可计算脚手架搭拆费用。该定额中已包括斜道与拐弯平台搭设，不另计；基础和垫层不计算仓面脚手架。

(2) 混凝土小型构件（即单位体积在 0.04m^3、重量在 100kg 内)，半成品运输是指从预制、加工厂取料中心至现场堆放使用中心距离超过 150m 运输。

(3) 基坑排水根据批准施工组织设计确定。

1) 降水深度小于 6m 采用轻型井点；降水深度大于 6m 采用喷射井点或大口径井点。

2) 井点降水成孔过程中产生泥水处理及挖沟排水另计算工程量，有天然水源不计算水费。

3) 井点降水应备有电源，费用可另计。

3. 定额工程量计算规则

(1) 脚手架工程量计算。

1) 墙面以 m^2 计算（可用墙长乘以墙高计算面积)。

2) 柱形以 m^2 计算（可用柱形砌体按图示柱结构外围长另加 3.6m 乘以砌筑高度)。

3) 浇筑混凝土仓面水平面以 m^2 计算。

4) 拱盔及支架按《江苏省市政工程计价定额》第三册桥面桥涵工程临时工程说明。

(2) 基坑排水。

1) 轻型井点 1 套 50 根，不足 25 根为 0.5 套，超过 25 根为 1 套；喷射井点 30 根，大口径以 10 根为 1 套。

2) 井点使用定额单位为套/d（1d 按 24h 计算)。

3) 井管安拆以“根”计算。

4. 清单工程量计算规则［《市政工程工程量清单计算规范》(GB 50857—2013)］

(1) 墙面脚手架（041101001）按墙面水平边线长度乘以高度计算。

(2) 柱面脚手架（041101002）按柱结构外围周长乘以砌筑高度计算。

(3) 仓面脚手架（041101003）按仓面水平面 m^2 计算。

（4）沉井脚手架（041101004）按井壁中心线周长乘以井高度计算。

（5）井字脚（041101005）按设计图示以数量计算。

（6）排水、降水（041107002）按排水降水月历天数计算。

5. 计算示例

【例 11.4】 某公司新砌大门口门柱两个，每根柱长 1m、宽 1m、高 4m，求脚手架工程量。

【解】（1）根据规定砌筑工程高度大于 1.2m 可计算脚手架搭拆费用。

（2）砌墙为墙体 $S_{脚手架}$＝墙面水平边长×墙面砌筑高度。

（3）砌墙为柱形 $S_{脚手架清}$＝（柱结构外围长＋3.6）×柱高＝7.6×4＝30.4（m^2），$S_{脚手架清计价}$＝4×4＝16(m^2)。

（4）浇筑仓面脚手架＝仓面的水平面积。

【例 11.5】 如图 11.1 所示为某桥梁拱盔和支架，试计算工程量及费用。

【解】（1）工程量计算。

依据桥涵册工程量计算规则第三节“支架空间体积计算”。

解法一：$\frac{\pi\times 2^2}{2\times(5+2)}$＝43.98$m^2$，其中，5＝桥宽＋2。

解法二：因为 $\frac{r}{l}=\frac{1}{2}$，所以查表得 K＝0.393，所以 0.393×4×4×(5＋2)＝44.02。

（2）支架 4×(5＋2)×3＝80(m^2)。

（3）本题计价时应为措施项目费，一般按《江苏省市政工程计量定额》（2014）中 130 页 1－649、1－650 套用或应按《桥涵工程》第九章临时工程中 3－574、3－575 套后计算（若不调整材差时）。

（4）分部分项工程量清单计价表见表 11.5。

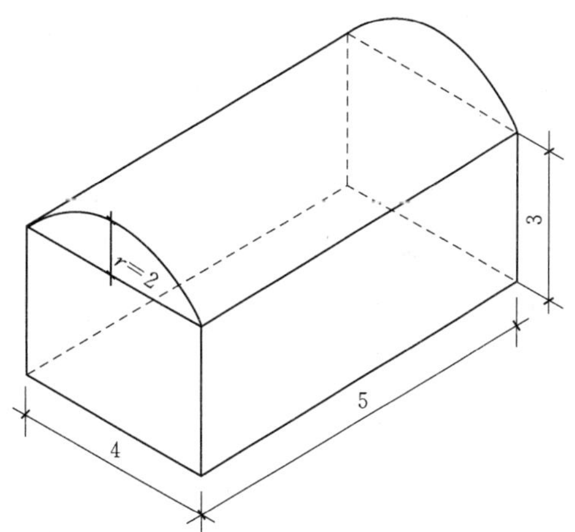

图 11.1 桥梁示意图

表 11.5 **分部分项工程量清单计价表**

序号	项目编号	项目名称	单价	数量	综合单位组成					总价/元
					人工费	材料费	机械费	管理费	利润	
1	3－574	拱盔	100m^3	2.2						12415.86×2.2＝27314.89
2	3－575	支架	100m^3	0.6						6330.96×0.6＝3798.58

【例 11.6】 轻型井点总管长度为 448m，求井点管套数。

【解】 因为轻型井点每套长度＝1.2×50＝60(m)。

所以井点套数为 48860＝8.13(套)，取 9 套。

【例 11.7】 某管道开槽中采用轻型井点降水，井点管间距为 1.2m，开槽埋管为 D_1＝1200mm，L_1＝130m，D_2＝1000，L＝170m。

求：（1）井点管使用天数。

（2）若施工期为35d，其费用为多少？

【解】 （1）$\sum L=L_1+L_2=130+170=300$(m)。

井点根数 300÷1.2=250(根)

井点使用 252÷50=5(套)

井点使用天数计算：D_1＝1200，长为130÷1.2÷50＝2.16(套)；可为2.5套，则2.5×24＝60(套·天)；D_2＝1000，长为170÷1.2÷50＝2.83(套)，3×24＝72(套·天)。

则合计为72＋60＝132(套·天)。

（2）费用计算——井点设备安装。

250×711.8＝1779.5(元)，1-679井点设备拆除262.3×25＝6557.5(元)；1-680井点设备使用费132×418.87＝55290.84(元)，合计为1779.5＋6557.5＋55290.54＝63627.84(元)。

11.5 护坡、挡土墙及防洪墙

1. 概述

（1）定义：一种挡土的结构物。

（2）分类。

1）按其在道路横断面上位置可分为路堑墙、路堤墙、路肩墙、山坡墙。

2）按结构形式分为重力式、衡重式、锚杆式、垛式、扶壁式。

3）按砌墙材料分为石砌、砖砌、混凝土、钢筋混凝土、加筋挡土墙。

（3）构造：一般由基础、墙身、排水设施、沉降缝组成。

2. 说明

（1）搭设脚手架执行脚手架定额。

（2）块石如冲洗（利用旧材料），每1m³块石增加人工0.24工，水0.5m³。

3. 工程量计算规则

（1）块石护底、护坡以不同平面厚度按m³计算。

（2）浆砌块石、预制块体积按设计断面按m³计算。

（3）浆砌台阶以设计断面的实砌体积计算。

（4）砂石滤沟按设计尺寸以m³计算。

（5）现浇混凝土压顶及挡土墙以实际体积计算，模板按设计接触面积计算。

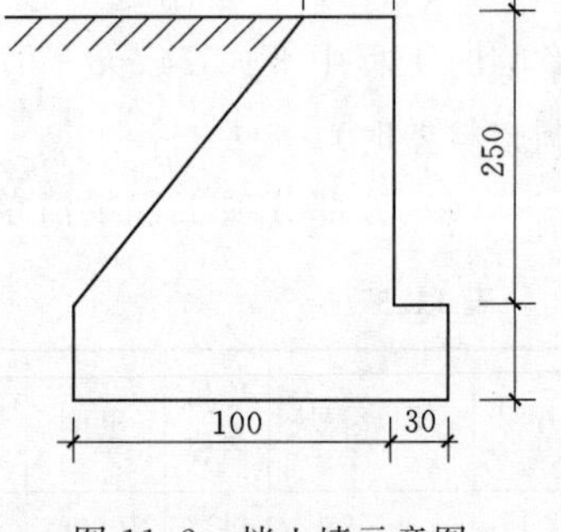

图11.2 挡土墙示意图（单位：m）

【例11.8】 某挡土墙见图11.2，其全长100m，求其基础、墙身、内外墙、勾缝工程量。

【解】 （1）基础： $1.3\times1.0\times100=130(\mathrm{m}^3)$

（2）墙身： $\dfrac{0.5+1.0}{2}\times2.5\times100=187.5(\mathrm{m}^3)$

（3）勾缝。

1）内墙$(2.5+0.1)\times100=260(\mathrm{m}^2)$

2）外墙$(2.8+0.1)\times100=290(\mathrm{m}^2)$

参 考 文 献

［1］ 中华人民共和国住房和城乡建设部. 建筑工程清单计价规范（GB 50500—2013）［S］. 北京：中国计划出版社，2013.

［2］ 中华人民共和国住房和城乡建设部. 市政工程清单计价规范（GB 50857—2013）［S］. 北京：中国计划出版社，2013.

［3］ 郭良娟. 市政工程计量与计价［M］. 北京：北京大学出版社，2012.

［4］ 曹永先. 市政工程计量与计价［M］. 北京：化学工业出版社，2011.

［5］ 王云江. 市政工程计量与计价实例解析［M］. 北京：化学工业出版社，2013.

［6］ 何俊. 建筑工程计价基础与定额原理［M］. 北京：机械工业出版社，2016.

［7］ 史静宇. 市政工程概预算工程量清单计价［M］. 哈尔滨：哈尔滨工业大学，2011.

［8］ 张国栋. 市政工程识图［M］. 北京：中国电力出版社，2017.

［9］ 吴伟民. 市政工程施工技术［M］. 厦门：厦门大学出版社，2013.